高等学校"十二五"规划教材·计算机系列

计算机导论

主　编　朱景福　　刘彦忠
副主编　于林森　　郝晓红

哈尔滨工业大学出版社

内 容 简 介

　　本书依据计算机科学与技术的学科知识结构,按照计算机专业本科生所应掌握的知识点和课程内容,讲述如何认识计算机科学与技术。全书内容以介绍基础知识为主,按计算机硬件、软件、网络和应用等几条主线阐述计算机科学与技术专业的学生所应掌握的课程和相应知识点,重点不在于技术细节,而在于让学生理解计算机的学科体系,明确自己的学习目标;书中每章后附有习题,便于训练和知识深化。

　　本书可作为普通高等学校计算机科学与技术专业本科生教材,也可作为条件好、学生素质高的专科学校和职高类学校教材,亦可供自学和欲了解计算机科学与技术专业知识的人员学习和参考。

图书在版编目(CIP)数据

计算机导论/朱景福等主编 . —哈尔滨:哈尔滨
工业大学出版社,2008.7(2015.8重印)
(高等学校"十二五"规划教材·计算机系列)
ISBN 978-7-5603-2740-2

Ⅰ.计…　Ⅱ.朱…　Ⅲ.电子计算机 – 高等学校
– 教材　Ⅳ.TP3

中国版本图书馆 CIP 数据核字(2008)第 102062 号

责任编辑　贾学斌　王桂芝
出版发行　哈尔滨工业大学出版社
社　　址　哈尔滨市南岗区复华四道街 10 号　邮编150006
传　　真　0451 – 86414749
网　　址　http://hitpress.hit.edu.cn
印　　刷　哈尔滨工业大学印刷厂
开　　本　787mm×1092mm　1/16　印张 17　字数 435 千字
版　　次　2008 年 8 月第 1 版　2015 年 8 月第 2 次印刷
书　　号　ISBN 978-7-5603-2740-2
定　　价　35.00 元

高等学校"十二五"规划教材·计算机系列

编 委 会

序

当今社会已进入前所未有的信息时代,以计算机为基础的信息技术对科学的发展、社会的进步,乃至一个国家的现代化建设起着巨大的推进作用。可以说,计算机科学与技术已不以人的意志为转移地对其他学科的发展产生了深刻影响。需要指出的是,学科专业的发展都离不开人才的培养,而高校正是培养既有专业知识、又掌握高层次计算机科学与技术的研究型人才和应用型人才最直接、最重要的阵地。

随着计算机新技术的普及和高等教育质量工程的实施,如何提高教学质量,尤其是培养学生的计算机实际动手操作能力和应用创新能力是一个需要值得深入研究的课题。

虽然提高教学质量是一个系统工程,需要进行学科建设、专业建设、课程建设、师资队伍建设、教材建设和教学方法研究,但其中教材建设是基础,因为教材是教学的重要依据。在计算机科学与技术的教材建设方面,国内许多高校都做了卓有成效的工作,但由于我国高等教育多模式和多层次的特点,计算机科学与技术日新月异的发展,以及社会需求的多变性,教材建设已不再是一蹴而就的事情,而是一个长期的任务。正是基于这样的认识和考虑,哈尔滨工业大学出版社组织哈尔滨工业大学、东北林业大学、大庆石油学院、哈尔滨师范大学、哈尔滨商业大学等多所高校编写了这套"高等学校计算机类系列教材"。此系列教材依据教育部计算机教学指导委员会对相关课程教学的基本要求,在基本体现系统性和完整性的前提下,以必须和够用为度,避免贪大求全、包罗万象,重在**突出特色**,体现**实用性和可操作性**。

(1)在体现科学性、系统性的同时,突出实用性,以适应当前IT技术的发展,满足IT业的需求。

(2)教材内容简明扼要、通俗易懂,融入大量具有启发性的综合性应用实例,加强了实践部分。

本系列教材的编者大都是长期工作在教学第一线的优秀教师。他们具有丰富的教学经验，了解学生的基础和需要，指导过学生的实验和毕业设计，参加过计算机应用项目的开发，所编教材适应性好、实用性强。

　　这是一套能够反映我国计算机发展水平，并可与世界计算机发展接轨，且适合我国高等学校计算机教学需要的系列教材。因此，我们相信，这套教材会以适用于提高广大学生的计算机应用水平为特色而获得成功！

2008 年 1 月

前　言

计算机科学技术的飞速发展,给国民经济、社会发展、国防建设、科学研究和人们的日常生活带来了众多变化。特别是20世纪90年代以来,不断掀起计算机科学与技术的学习热潮,全国大多数本科学校都开设了计算机领域的相关课程。然而,我们在对计算机专业本科学生的教学过程中发现,计算机专业的课程和知识非常丰富多彩,这让学生有些无所适从,不知该注重哪一方面,不能选择适合自己的方向去学习,从而只是泛泛地学,使得学生没有专长,步入社会后没有用武之地。

"计算机导论"是学习计算机专业知识的入门课程,是计算机科学与技术专业完整知识体系的绪论,其重要作用就在于:让学生了解计算机专业知识能解决什么问题? 作为计算机专业的学生应该学习什么? 应该如何选择适合自己的发展方向? 如何进行学习?

本书作者多年从事计算机专业一线教学工作,有着丰富的经验,对计算机专业的教学体系能从全局很好地把握。本书是按计算机硬件、软件、网络和应用等几条主线阐述,使计算机科学与技术专业的学生清楚地了解所应掌握的课程和相应的知识点。计算机硬件方面主要介绍基本逻辑代数基础、图灵机模型、硬件基本组成、五大部件的基本知识和嵌入式系统;计算机软件方面主要介绍系统软件、程序设计基础、算法、数据结构和软件工程等;计算机网络方面主要介绍网络基本知识、Internet、局域网等;计算机应用方面主要介绍人工智能、多媒体技术和虚拟现实、数据库系统基础、信息安全和办公软件的使用等内容。

本书由黑龙江八一农垦大学朱景福和齐齐哈尔大学刘彦忠主编,由哈尔滨理工大学于林森和郝晓红任副主编,参编人员包括黑龙江八一农垦大学尹淑欣、丁国超、袁杨和范慧玲,以及哈尔滨理工大学张春祥。

全书共11章,第1、9章由张春祥编写,第2、3章多数内容由刘彦忠编写,第2章嵌入式系统部分由丁国超编写,第4、5章由朱景福编写,第6章由郝晓红编写,第7章由尹淑欣编写,第8、10、11章由于林森编写。袁杨和范慧玲同志参与了其中部分内容的编写和校对工作。全书由朱景福进行统稿。

由于作者的水平有限,书中难免有不妥及疏漏之处,敬请读者批评指正。

编　者

2008 年 5 月

目　录

第1章 绪 论

本章重点:计算机的概念和特点,计算机的应用领域。

计算机的出现是 20 世纪最重要的成就之一,计算机的应用极大地促进了生产力的发展,成为现代科学研究不可或缺的工具,并且已经深入到普通百姓的日常生活中,成为现代家庭必备的工具之一。众多的科学家、工程师、业界精英为计算工具及计算机的发展做出了不懈的努力,既有成功的经验,也有失败的教训。

1.1 计算机的基本概念

20 世纪 40 年代诞生的电子数字计算机(Electronic Digital Computer)是 20 世纪最重大的发明之一,是人类科学技术发展史上的一个重要里程碑。

1.1.1 什么是计算机

计算机(Computer)在诞生初期主要是被用来进行科学计算的,因此命名为计算机。然而,现代计算机的处理对象已经远远超过了计算这个范围,它可以对数字、文字、声音及图像等各种形式的数据进行处理。计算机是一种能够按照事先存储的程序,自动、高速地对数据进行输入、处理、输出和存储的系统。计算机之所以具有如此大的灵活性,是因为计算机是可编程的,即计算机所完成的操作取决于它所使用的程序(Program:程序是一个指令序列,告诉计算机该做什么)。广义上讲,计算机系统包括硬件(Hardware)和软件(Software)两大子系统。硬件是由电子的、磁性的、机械的器件组成的物理实体,包括运算器、控制器、存储器、输入设备和输出设备 5 个基本组成部分;软件则是程序和有关文档的总称,包括系统软件和应用软件等。计算机硬件的设计要尽可能灵活,以便通过软件把这种灵活的硬件转换成用于特定用途的工具。

计算机的用途就是将数据(Data)转换为信息(Information)。数据通常是指可以输入计算机的某种未经组织的材料——需加工的一幅草图、需加工和润色的文章初稿等,将其经过处理转换为信息,数据就变得有意义了。一般来说,计算机包括以下操作。

(1)输入:计算机接收由输入设备(如键盘、扫描仪等)提供的数据。

(2)处理:计算机对数据进行操作,对数值、逻辑、字符等各种类型的数据进行操作,按指定的方式进行转换。

(3)输出:计算机在诸如打印机或显示器等设备上产生输出,显示操作处理的结果。

(4)存储:计算机可以存储程序、数据及处理结果,供以后使用。

1.1.2 计算机的分类

计算机科学技术的迅猛发展,使计算机已经形成了一个大的家族,从不同的分类角度可以分为不同的类型。

1.按规模分类

(1)巨型机(Supercomputer)。指运算速度每秒超过 1 亿次的超大型计算机,也称为超级计算机,现在最高运算速度已超过万亿次。巨型机体积最大、速度最快、功能最强,但价格也最高,可以被许多人同时访问。巨型机主要为包含大量数学运算的科学研究服务,如航空、航天、汽车、化工、电子和石油等行业。巨型机还用于天气预报和地震分析,以及军事领域。

巨型机的速度在很大程度上是通过使用多个处理器而取得的。多道处理使计算机能够同时完成多个任务,或是将不同任务分配给各个处理器,或是将复杂的任务分解后分配到几个处理器上。第一台巨型机拥有 4 个中央处理器,而如今的大规模并行处理器包含几百个处理器。

(2)大型机(Large-scale Computer)。自 1951 年第一台 UNIAC－I 推出之后,大型机就成为计算机业的基石。IBM 公司在 20 世纪 50 年代后期开始占领大型机的市场,并通过生产大型机系统而获得了名声和财富。在大型企业中,大型机是使用最广泛的计算机类型。

对于输入输出操作较多的情况,大型机比巨型机要适用得多。现代大型机均具有多道处理的能力,具有较大的存储容量及较好的通用性,但价格较贵。

大型机系统通常由主机及其他若干计算机组成。主处理器负责控制其他处理器、所有的外围设备及数学操作;前端处理器负责与所有同计算机系统相连接的远程终端的通信;有时还要使用后端处理器执行数据检索运算。尽管主机能够完成所有运算,但是如果使它从处理速度要求不高的费时操作中解放出来,则可以提高效率。

(3)小型机(Minicomputer)。集成电路的诞生使计算机的体积大大缩小,与大型机类似,大多数小型机是多用户系统。大型机与小型机的主要区别是规模。小型机能够完成与大型机相同类型的任务,只是计算速度稍微慢一些;小型机也能接纳远程用户,只是数目少一些;小型机的输入、输出和存储设备看起来与大型机的相似,不过存储容量要少一些,打印机的速度也慢一些。小型计算机与终端和各种外部设备连接比较容易,适合于作为联机系统的主机,或者工业生产过程的自动控制。

(4)微型机(Microcomputer)。由于微电子技术的飞速发展,使得计算机的体积越来越小,功能越来越强,价格越来越便宜。微型机使用大规模集成电路芯片制作的微处理器、存储器和接口,配置相应的软件,从而构成完整的微型机系统。微型机是单用户计算机,大多数微型机可以使用户在任务间切换,这一能力称为多任务,即多道程序设计的单用户变体,可极大地节省时间。正是由于微型机性价比的不断提升,才使得计算机能够进入到普通的办公环境和生活环境,进入千家万户,成为人们日常生活的一部分。如果把这种微型机制作在一块印刷线路板上,则称其为单板机;如果在一块芯片中包含了微处理器、存储器和接口等基本配置,则称为单片机。

2.按工作模式分类

(1)工作站(Workstation)。工作站是用来满足工程师、建筑师及其他需要详尽图形显示的专业人员计算需求的、功能强大的台式计算机。例如,工作站常用于计算机辅助设计(CAD),以方便设计人员制作技术零部件的图片。为处理这些复杂而详尽的图形,计算机必须具有强大的图形处理功能,拥有容量足够大的存储器,因此图形工作站一般都包括高性能的主机、扫描仪、绘图仪、数字化仪、高精度的屏幕显示器、其他通用的输入输出设备及图形处理软件,具有很强的图形处理能力。工作站看起来与台式计算机十分相似,但是内部的芯片不同,大多数工作站采用精简指令集计算机(RISC)微处理器。工作站还经常用作局域网的服务器。

(2)服务器(Server)。一种在网络环境下为多个用户提供服务的共享设备。高性能的服务器一般具有大容量的存储设备和丰富的外部设备,在其上运行网络操作系统,要求较高的运行速度,因此很多服务器是多处理器的。服务器可分为文件服务器、通信服务器、打印服务器和邮件服务器等。

3. 按处理对象分类

按照处理对象,计算机可以分为以下 3 类。

(1)数字计算机(Digital Computer)。计算机输入、处理、输出和存储的数据都是数字量,无论是声音还是图像等都要经过编码转换成数字量,这些数据在时间上是离散的。数字计算采用二进制计算,精度高,便于存储,通用性强。

(2)模拟计算机(Analog Computer)。计算机输入、处理、输出和存储的数据都是模拟量,用来处理模拟信息,这些数据在时间上是连续的,如工业控制中的温度和压力等,运算速度快,但精度不高。

(3)数字模拟混合计算机(Hybrid Computer)。计算机将数字和模拟技术相结合,兼有数字计算机和模拟计算机的功能,既能高速运算,也便于存储信息,但造价昂贵。

4. 按用途分类

按照计算机的用途可以分为以下两类。

(1)通用计算机(General Purpose Computer)。具有广泛的用途和使用范围,可以应用于科学计算、数据处理和过程控制等,功能齐全,适应性强,一般的微型机和笔记本都属于通用计算机。

(2)专用计算机(Special Purpose Computer)。适用于某些特殊领域,如智能仪表、军事设备、银行系统等。专用计算机功能单一、可靠性高、结构简单、适应性差,但在特定用途下最有效、最经济、最快速,是其他计算机无法替代的。

1.1.3　计算机的特点

(1)运算速度快。计算机内部有承担运算任务的部件——运算器,由逻辑电路构成,电子的高速度使计算机的计算能力每秒钟能进行几十亿至数万亿次的加减运算。现在微型机的运算速度也大大超过了早期的大型机的运算速度。

(2)运算精度高。数字计算机用离散数字形式模拟自然界的连续量,当然会存在精度的问题,但由于计算机内部采用浮点数表示,而且计算机的字长从 8 位、16 位增加到 64 位甚至更长,故精确度在逐渐提高。

(3)超强记忆能力。计算机具有内存储器和外存储器,用以承担记忆任务。内存储器用来存储正在运行中的程序和有关数据,外存储器用来存储需要长期保存的数据。计算机的存储器容量可以做得很大,能存储大量信息。

(4)准确的逻辑判断能力。逻辑判断即因果关系分析能力,分析某个命题是否成立以便做出相应决策。计算机能够进行各种逻辑判断,并根据判断结果自动决定下一步应该执行的指令,其判断能力是通过程序实现的,可以进行各种复杂的推理。

(5)自动执行程序的能力。计算机是自动化的电子装置,工作过程中不需要人的干预,能够自动执行存放在存储器中的程序,从而使计算机可以在程序的控制下自动地完成各种操作。

1.1.4　计算机的主要性能指标

(1)字长。字长是计算机的运算部件一次能处理的二进制数据的位数。字长越长,计算机的处理能力就越强。早期的微型机的字长为16位,如80286等,现在的微型机的字长为32位,如80386、80486、PIV等。对于数据,字长越长,运算精度越高;对于指令,字长越长,则功能越强,而寻址的存储空间也越大。现在,64位机也已经出现在人们的生活中了。

(2)速度。不同配置的微型机按相同的算法执行相同的任务所需要的时间可能是不同的,这和微型机的速度有关。微型机速度指标可以用主频和运算速度来评价。

◆ 主频:也称时钟频率,是指中央处理器(CPU)工作时的频率。主频是衡量微型机运行速度的主要参数,主频越高,执行一条指令的时间就越短,因而速度就越快。主频一般以兆赫兹(MHz)为单位。目前微型机的主频在2 000 MHz左右,甚至更高。

◆ 运算速度:是以每秒百万指令数(MIPS)为单位。这个指标较主频更能直观地反映微型计算机的运算速度。速度是一个综合指标,影响微型机速度的因素还有许多,如存储器的存取时间和系统总线的时钟频率等。

(3)存储系统容量。存储系统主要包括主存储器[也称内存(Memory)]和辅助存储器[也称外存(Secondary Memory)]。内存容量是指为计算机系统所配置的内存总字节数,如CPU可直接访问的大部分存储空间。存储容量以字节(Byte,B)为单位,一个字节由8位(bit)二进制位组成。大部分都用KB、MB、GB、TB等表示,具体换算公式为:1 B = 8 bit,1 KB = 1 024 B,1 MB = 1 024 KB,1 GB = 1 024 MB,1 TB = 1 024 GB。

目前,软件系统的体积越来越大,对存储空间的要求也越来越高,很多复杂的软件,要有足够大的硬盘空间才能装得下,要有足够大的内存空间才能运行。

1.1.5　计算机的发展趋势

(1)微型化和巨型化。近年来,计算机制造技术朝着两极化方向发展:一个方向是微型化,体积越来越小。一方面,随着计算机的应用日益广泛,在一些特定场合,需要很小的计算机,所以计算机的质量、体积都变得越来越小,但功能并不减少。另一方面,随着计算机的日益普及,个人电脑正逐步由办公设备变为电子消费品,人们要求电脑除了要保留原有的性能之外,还要有外观时尚、轻便小巧、便于操作等特点。另一个方向是巨型化,功能越来越强,出现了每秒运算数万亿次的巨型机。

计算机的微型化能更好地促进计算机的广泛应用,计算机的巨型化能解决一些特别复杂的攻关难题。

(2)智能化。到目前为止,计算机的计算工作、事务处理工作已经达到了相当高的水平,是人力望尘莫及的,但在智能性方面,计算机还远远不如人脑。如何让计算机具有人脑的智能,模拟人的推理、联想、思维等功能,是计算机技术的一个重要发展方向。

(3)网络化。因特网的建立正在改变世界,改变人们的生活。网络具有虚拟和真实两种特性,如网络游戏等具有虚拟特性,而网络通信、电子商务、网络资源共享则具备真实的特性。社会中的各种成分是相互联系、相互依存的,计算机实现网络化才能在社会发展、经济建设中发挥更重要的作用,才能够让网络上的一些微型机协同工作,完成只有巨型机才能完成的并行计算等非常复杂、困难的任务。

1.2 计算机的产生和发展

自古以来人类就在不断地发明和改进计数和计算的工具,从结绳计数、算盘、计算尺,到1946年美国宾夕法尼亚大学研制出世界上第一台电子数字计算机 ENIAC(The Electronic Numerical Integrator and Computer 电子数字积分计算机)至今,60多年的时间内,计算机系统和计算机应用得到了飞速发展。

计算机的发展与电子技术的发展密切相关,每当电子技术有突破性进展,就会导致计算机的一次重大变革。元件制作工艺水平的不断提高是计算机发展的物质基础,因此,以计算机元器件的变革作为标志将计算机的发展划分为4个阶段。

1. 第一代计算机(1946~1958年)

电子计算机的早期研究是从20世纪30年代末开始的。当时英国数学家艾伦·麦席森·图灵(Alan Mathison Turing)在一篇论文中描述了通用计算机应具有的全部功能和局限性,这种机器称为图灵机。

1936年,美国哈佛大学教授霍华德·艾肯(Howard Aiken)提出用机电的方法,而不是纯机械的方法来实现分析机的想法。艾肯教授的建议对 IBM 转向发展计算机起了推动作用,IBM 决定提给艾肯100万美元的研究经费。1944年,一台被称为 Mark I 的计算机在哈佛大学投入运行。这台机器使用了大量的继电器作为开关元件,采用穿孔纸带进行程序控制。尽管它的计算速度很慢,可靠性也不高,但仍然使用了15年。从此,IBM 转向生产计算机。1945年在进行 Mark I 的后继产品 Mark II 的开发过程中,研究人员发现在一个失效的继电器中夹着一只压扁的飞蛾,他们小心地把它取出并贴在工作记录上,在标本的下面写着"First actual case of bug being found"。从此以后,"bug"就成为计算机故障的代名词,而"debugging"就成为排除故障的专业术语。

1946年,宾夕法尼亚大学的约翰·莫克莱(John Mauchly)博士和他的研究生普雷斯帕·埃克特(Presper Eckert)一起研制了称为 ENIAC 的计算机,它被公认为世界上第一台电子计算机。ENIAC 的速度比 Mark 有了很大提高,特别是采用了普林斯顿大学数学教授冯·诺依曼(Von Neumann)"存储程序"的建议,可以方便地返回前面的指令或反复执行。

第一代计算机其主要特征是采用电子管作为主要元器件。这一代计算机体积大,运算速度低,存储容量小,可靠性差。用穿孔机作为数据和指令的输入设备,用磁鼓或磁带作为外存储器,编制程序用机器语言或汇编语言,几乎没有什么软件配置,主要用于科学计算。尽管如此,这一代计算机却奠定了计算机的技术基础,如二进制、自动计算及程序设计等,对以后计算机的发展产生了深远的影响。

2. 第二代计算机(1958~1964年)

第二代计算机的主要特征是由电子管改为晶体管,内存采用了磁心体,引入了变址寄存器和浮点运算硬件,利用 I/O 处理机提高了输入输出能力。这不仅使得计算机的体积缩小了许多,同时增加了机器的稳定性,并提高了运算速度,而且计算机的功耗减小,价格降低。一些高级程序设计语言,如 FORTRAN、COBOL 和 ALGOL 相继问世,因而,也降低了程序设计的复杂性,将计算机从少数专业人员手中解放出来,成为广大科技人员都能够使用的工具,推进了计算机的普及与应用。软件配置开始出现,外部设备由几种增加到几十种,除应用于科学计算外,还开始应用于数据处理和工业控制等方面。

3.第三代计算机(1964～1974 年)

1958 年,第一个集成电路(Integrated Circuit,IC)问世。集成电路就是将大量的晶体管和电子线路组合在一块硅晶片上,又称为芯片。1965 年,DEC(Digital Equipment Corporation)推出了第一台商业化的、使用集成电路为主要器件的小型计算机 PDP－8,从而开创了计算机发展史上的新纪元。

第三代计算机的主要特征是用半导体小规模集成电路代替分立元件的晶体管。通过半导体集成技术将许多逻辑电路集中在只有几平方毫米的硅片上,这使得计算机的体积和耗电显著减小,而计算速度和存储容量却有较大提高,可靠性也大大加强。微程序设计技术的应用简化了处理机的结构,使计算机系统结构有了很大改进,软件配置进一步完善,并有了操作系统,引入了多道程序、并行处理、虚拟存储系统,同时还提供了大量的面向用户的应用程序。计算机步入标准化、模块化、系列化,开始进入到许多科学技术领域。

4.第四代计算机(1974 年～至今)

第四代计算机主要特征是以大规模和超大规模集成电路(Large Scale and Very Large Scale Integration)为计算机的主要功能部件。大规模、超大规模集成电路在一个芯片上集成的元件数可以超过 10 000 个。使计算机沿着两个方向向前高速发展,一方面,利用大规模集成电路制造多种逻辑芯片,组装出大型、巨型计算机使运算速度向每秒十亿次、百亿次及更高发展,存储容量向百兆、千兆字节发展。另一方面,利用大规模集成电路技术,将运算器、控制器等部件集中在一个很小的集成电路芯片上,从而出现了微处理器。把微处理器和半导体存储芯片及外部设备接口电路组装在一起构成了微型计算机。

计算机发展到今天,奔腾系统微处理器的处理能力大幅度提高,使微型机的性能得到了长足的发展。目前微型机的内存容量以 GB 为单位,硬盘容量更是以 TB 为单位,主频也以 GHz 为单位了,体积越来越小,性能越来越强,可靠性越来越高,价格越来越低,应用范围越来越广。

5.向量计算机和生物计算机

向量计算机以向量作为基本操作单元,操作数和结果都以向量的形式存在,包括纵向加工向量机和纵横加工向量机。如美国的 CRAY－1 机和中国的 757 机。

向量机一般配有向量汇编和向量高级语言,供用户编制能发挥向量机速度潜力的向量程序。只有研制和采用向量型并行算法,使程序中包含的向量运算越多、向量越长,运算速度才会越高。面向各种应用领域的向量的建立,能方便用户使用和提高向量机的解题效率。

向量计算机的发展方向是多向量机系统或细胞结构向量机。实现前者须在软件和算法上取得进展,解决如任务划分和分派等许多难题;后者则须采用适当的,用硬件自动解决因用户将分散的主存当作集中式的共存使用而带来的矛盾,才能构成虚共存的细胞结构向量机。它既具有阵列机在结构上易于扩大并行台数以提高速度的优点,又有向量机使用方便的优点。

生物计算机是以生物界处理问题的方式为模型的计算机。目前主要有:生物分子或超分子芯片、自动机模型、仿生算法、生物化学反应算法等几种类型。

生物分子或超分子芯片:立足于传统计算机模式,从寻找高效、体微的电子信息载体及信息传递体人手,目前已对生物体内的小分子、大分子、超分子生物芯片的结构与功能做了大量的研究与开发。"生物化学电路"即属于此。

自动机模型:以自动理论为基础,致力于寻找新的计算机模式,特别是特殊用途的非数值计算机模式。目前研究的热点集中在基本生物现象的类比,如神经网络、免疫网络、细胞自动机等。不同自动机的区别主要是网络内部连接的差异,其基本特征是集体计算,又称集体主义,在非数值计算、模拟、识别方面有极大的潜力。

仿生算法:以生物智能为基础,用仿生的观念致力于寻找新的算法模式,虽然类似于自动机思想,但立足点在算法上,不追求硬件上的变化。

生物化学反应算法:立足于可控的生物化学反应或反应系统,利用小容积内同类分子高拷贝数的优势,追求运算的高度并行化,从而提供运算的效率。

1.3 计算机应用领域

1.3.1 计算机在制造业中的应用

1. 计算机辅助设计

CAD 是"Computer Aided Design"(计算机辅助设计)的简称。计算机辅助设计是将人和计算机的最佳特性结合起来,辅助进行产品的设计与分析的一种技术,是综合了计算机与工程设计方法的最新发展而形成的一门新兴学科。人具有图形识别、学习、思维、推理、决策和创造的能力,而计算机具有强有力的计算功能和高效率的图形处理能力,能进行大量信息的存储、检索、分析和计算及逻辑判断的能力。CAD 使人与计算机均能发挥所长,共同完成产品或者工程项目的设计工作,实现设计过程的自动化或半自动化。CAD 在建筑、机械、汽车、飞机、船舶、大规模集成电路等设计领域都得到了广泛的应用。CAD 技术的应用对于提高产品的设计效率和设计质量,增强产品的市场竞争力具有重要的作用。

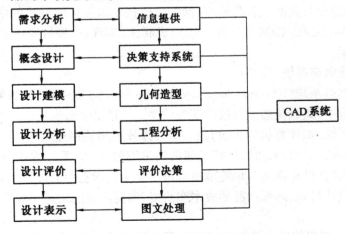

图 1.1 CAD 系统的功能

工程设计的过程包括设计需求分析、概念设计、设计建模、设计分析、设计评价和设计表示,CAD 的功能就是在工程设计的过程中起相应的作用,包括信息提供、决策支持系统、几何造型、工程分析、评价决策和图形及文字处理等。

从 CAD 系统的功能对设计进程的作用可知,应用 CAD 技术有以下优越性:

(1)可以提高设计效率,缩短设计周期,减少设计费用。

(2)为产品设计提供了有效途径和可靠保证。

(3)便于修改设计。

(4)利于设计工作的规范化、系列化和标准化。

(5)可为计算机辅助制造和检测(CAM,CAT)提供数据准备。

(6)有利于设计人员创造性的充分发挥。

2.计算机辅助制造

计算机辅助制造 CAM(Computer Aided Manufacturing)到目前为止尚无统一的定义。一般而言,它是指计算机在制造领域有关应用的统称,通常可定义为:能通过与工厂生产直接或间接的资源接口的计算机应用系统来控制制造系统的操作工序、生产计划和管理工作的相应应用总称。也就是说,利用 CAM 技术可以对设计文档、工艺流程、生产设备进行管理,也可以对加工与生产装置进行控制和操作。它有广义 CAM 和狭义 CAM 之分。

所谓广义 CAM,一般是指利用计算机辅助完成产品的从毛坯到成品制造过程中的各种活动,包括工艺准备、生产作业计划、物流过程的运行控制、生产控制、质量控制等方面。其中工艺准备包括:计算机辅助工艺过程设计、计算机辅助工装设计与制造、NC 编程、计算机辅助工时定额和材料定额的编制等内容;物流过程的运行控制包括:物料的加工、装配、检验、输送、储存等生产活动。

狭义 CAM 通常指数控程序的编制,包括刀具路线的规划、刀位文件的生成、刀具轨迹仿真以及后置处理和 NC 代码(NC 代码就是数字信息控制机的控制器能识别的代码,例如数控切割设备上就有 G 代码、ESSI 码、EIA 码等,NC 代码根据不同品牌的控制器所构成的结构也不相同)生成等。

CAD 与 CAM 系统相结合能够实现无图纸加工,进一步提高生产的自动化水平。CAD/CAM 集成实质上是指在 CAD 与 CAM 各模块之间形成相关信息的自动传递和转换。集成化的 CAD/CAM 系统借助于公共的工程数据库、网络通信技术以及标准格式的中性文件接口,把分散于各类计算机中的 CAD/CAM 模块高效地集成起来,实现软、硬件资源共享,保证系统内信息的流动畅通无阻。

3.计算机集成制造系统

计算机集成制造系统(Computer Integrated Making System)简称 CIMS,又称计算机综合制造系统。在这个系统中,集成化的全局效应更为明显。在产品生命周期中,各项作业都已有了相应的计算机辅助系统,如计算机辅助设计(CAD)、计算机辅助制造(CAM)、计算机辅助工艺规划(CAPP)、计算机辅助测试(CAT)、计算机辅助质量控制(CAQ)等。这些单项技术"CAX"原来都是生产作业上的"自动化孤岛",单纯地追求每一单项技术上的最优化,不一定能够达到总目标——缩短产品设计时间,降低产品的成本和价格,改善产品的质量和服务质量以提高产品在市场中的竞争力。

CIMS 是随着计算机辅助设计与制造的发展而产生的。它是在信息技术自动化技术与制造的基础上,通过计算机技术把分散在产品设计和制造过程中各种孤立的自动化子系统有机地集成起来,形成适用于多品种、小批量生产,实现整体效益的集成化和智能化的制造系统。集成化反映了自动化的广度,它把系统的范围扩展到了市场预测、产品设计、加工制造、检验、销售及售后服务等的全过程。智能化则体现了自动化的深度,它不仅涉及物资流控制的传统体力劳动自动化,还包括信息流控制的脑力劳动的自动化。

1.3.2 计算机在交通运输业中的应用

交通运输业是现代社会发展的最重要的工具和手段,各种交通都在使用计算机来进行监控、管理或提供服务。

1.交通监控系统

交通监控就是通过运用高科技手段,建立先进、可靠的交通监控系统,从而优化交通控制,缓解交通拥挤,降低交通污染,缩短旅行时间,减少交通事故。

一套功能完善的交通监控系统包括交通信号控制系统、电视监控系统、交通管理信息系统、通信系统和交通诱导系统等。交通监视包括沿道路分布的各类传感器和摄像机。交通信号控制建立在交通信息采集的基础上,根据采集的交通数据,依据一定的优化算法对交通实施控制。因而交通监控系统应是一个闭环控制系统。

ITS(Intelligent Traffic System)智能交通系统是一个综合的交通控制系统,除包括传统的交通监控内容外,还包括地理信息系统(GIS)、全球定位系统(GPS)、交通诱导系统、交通违章自动监视与处罚系统、驾驶员与车辆管理系统、决策支持系统等等。ITS涉及交通控制技术、电视监控技术、图像处理技术、通信技术和系统集成。

2.全球卫星定位系统

全球定位系统,简称GPS(Global Positioning System)具有在海、陆、空进行全方位实时三维导航与定位能力的新一代卫星导航与定位系统。早期仅限于军方使用,由美国国防部发起,其目的是针对军事用途,例如战机、船舰、车辆、人员、攻击目标物等的精确定位等。时至今日,GPS已开放给民间作为定位使用。

3.地理信息系统

地理信息系统,简称GIS(Geographic Information System)。一般来说,GIS可定义为:用于采集、存储、管理、处理、检索、分析和表达地理空间数据的计算机系统,是分析和处理海量地理数据的通用技术。从GIS系统应用的角度,可进一步定义为:GIS由计算机系统、地理数据和用户组成,通过对地理数据的集成、存储、检索、操作和分析,生成并输出各种地理信息,从而为土地利用、资源评价与管理、环境监测、交通运输、经济建设、城市规划以及政府部门行政管理提供新的知识,为工程设计和规划、管理决策等服务。

GIS的物理外壳是计算机化的技术系统,它由若干个相互关联的子系统构成,如数据采集子系统、数据管理子系统、数据处理和分析子系统、图像处理子系统、数据产品输出子系统等,这些子系统的结构优劣直接影响着GIS的硬件平台、功能、效率、数据处理的方式和产品的输出类型等。

1.3.3 计算机在办公自动化与电子政务中的应用

1.办公自动化

办公自动化(Office Automation,OA)是近年随着计算机科学发展而提出来的新概念。办公室自动化系统一般指实现办公室内事务性业务的自动化,而办公自动化则包括更广泛的意义,包括网络化的大规模信息处理系统。

通常办公室的业务,主要是进行大量文件的处理,起草文件、通知、各种业务文本,接受外来文件存档,查询本部门文件和外来文件,产生文件复件等等。所以,采用计算机文字处理技术生产各种文档、存储各种文档,并联用其他先进设备或网络技术,如复印机、传真机及网络等复制、传递文档,是办公自动化的基本特征。

办公自动化更深层的工作实际上是信息的收集、存储、检索、处理、分析,从而作出决策,并将决策作为信息传向下级机构、合作单位或业务关联单位。这都涉及通信和数据库等技术。

2. 电子政务

电子政务目前有很多种说法,例如,电子政府、网络政府、政府信息化管理等。真正的电子政务绝不是简单的"政府上网工程",更不是网页型网站系统。所谓电子政务,就是政府机构应用现代信息和通信技术,将管理和服务通过网络技术进行集成,在互联网上实现政府组织结构和工作流程的优化重组,超越时间和空间及部门之间的分隔限制,向社会提供优质和全方位的、规范而透明的、符合国际水准的管理和服务。

电子政务的内容非常广泛,国内外也有不同的内容规范,根据我国规划的项目来看,电子政务主要包括这样几个方面:G2G,政府间的电子政务;B2G,政府对企业的电子政务;C2G,政府对公民的电子政务。

1.3.4 计算机在医学中的应用

计算机在现代医学领域中也是必不可少的工具。它可以用于患者病情的诊断与治疗,控制各种数字化仪器及病员监护、健康护理和医学研究与教育及远程医疗服务。

1. 远程医疗

所谓远程医疗,就是运用计算机、通信网络、医疗技术与设备,通过数据、语音、视频和图像资料等的远距离传送和联络,实现专家与病人、专家与基层医学人员之间异地的"面对面"会诊。

远程医疗可以应用于远程会诊、远程教学、户内紧急救援等多方面。随着网络技术和医疗科技的飞速发展,远程医疗正日益渗入到包括皮肤医学、肿瘤学、放射医学、外科手术、心脏病学、精神病学和家庭医疗保健等医学的各个领域。

2. 数字化医疗仪器

一些现代化医疗仪器或治疗仪器已经实现了数字化,在超声仪、心电图仪、脑电图仪、核磁共振仪、X光机等医疗设备中,由于嵌入了计算机,可以采用数字成像技术,使得图像更加清晰。通过数字图像处理技术可以截取和放大所关心部位的图像(增强图像、调整图像)以供参考。

使用计算机可以对治疗设备的动作进行准确的控制。例如,进行 γ 刀手术。目前,医疗设备的研制和生产正向智能化、微型化、集成化、芯片化和系统化发展。

1.3.5 其他

计算机的应用已经深入到各行各业及寻常百姓家,前面已经介绍了一些关于计算机的应用领域,事实上,还有许多已经融入生活中的应用没有——列举,如计算机在金融业中的应用,包括电子货币、网上银行、证券交易等;计算机在商业中的应用,包括超市的收银系统、电子商务等;计算机在科学研究中的应用,包括科学计算、文献检索、计算机仿真等;计算机在教育中的应用,包括计算机辅助教育、校园网络、远程教育等。

小 结

本章在第一小节中首先介绍了计算机的基本概念,包括什么是计算机,计算机的分类,计算机的特点及评价计算机的主要性能指标。在第二小节中介绍了计算机的产生和发展过程中所经历的几个时代及相应的特征。最后对计算机的应用领域做了系统的介绍。

习 题

一、选择题

1.一台完整的微型机系统应包括硬件系统和( )。
    A.软件系统　　　　B.微型机　　　　C.存储器　　　　D.主板

2.一台个人电脑的( )应包括主机、键盘、显示器、打印机、鼠标器和音箱等部分。
    A.软件配置　　　　B.硬件配置　　　　C.配置　　　　D.CPU

3.下列叙述不正确的是( )。
    A.将信息进行数字化编码便于信息的存储
    B.将信息进行数字化编码便于信息的传递
    C.将信息进行数字化编码便于信息的加工处理
    D.将信息进行数字化编码便于人类的阅读和使用

4.早期的计算机是用来进行( )。
    A.系统仿真　　　　B.科学计算　　　　C.自动控制　　　　D.动画设计

5.世界上公认的第一代电子计算机的逻辑元件是( )。
    A.大规模集成电路　　　　　　　　B.电子管
    C.集成电路　　　　　　　　　　　D.晶体管

6.目前制造计算机所用的电子元件是( )。
    A.电子管　　　　B.晶体管　　　　C.集成电路　　　　D.超大规模集成电路

7.主机由微处理器、( )、内存条、硬盘驱动器、软盘驱动器、光盘驱动器、显示卡、机箱(含电源)和网卡等部件组成。
    A.CPU　　　　B.RAM　　　　C.主板　　　　D.运算器

8.中央处理器是计算机的核心部件,包括( )和控制器。
    A.CPU　　　　B.RAM　　　　C.主板　　　　D.运算器

9.软件系统由( )和应用软件组成。
    A.存储器　　　　B.微处理器　　　　C.系统软件　　　　D.系统总线

10.把计算机中的信息保存到软盘上,称为( )。
    A.复制　　　　B.读盘　　　　C.写盘　　　　D.输入

二、填空题

1.广义上讲,计算机包括_____和_____两大子系统。

2._____是计算机运算部件一次能处理的二进制数据的位数。

3.主频也称_____,是指 CPU 工作时的频率,一般以_____为单位。

4.存储系统主要包括_____和_____。

5._____年美国宾夕法尼亚大学研制出世界上第一台电子数字计算机。

三、简答题

1.什么是计算机系统?

2.什么是计算机软件系统?

3.从使用者角度出发,一台个人电脑的硬件系统应包括哪些部件?

4.简述计算机的分类。

5.简述计算机的性能指标。

第2章 计算机基础

本章重点：数制、数制之间的转化和相互间关系，信息的编码与表示。

本章难点：数字在计算机中的几种表示方法及文字编码方式。

计算机要想进行工作，必须按照一定的方式来表示数值和符号，并按照一定的原理进行工作。本章主要介绍计算机中数制及数制之间的转化、数字和文字的表示方法，以及计算机的基本工作原理。

2.1 数 制

计算机在进行数的计算和处理加工时，内部使用的是二进制计数制（Binary），这是因为二进制数在电子元件中容易实现和运算。由于人们最熟悉的还是十进制，因此，绝大多数计算机的终端都能够接收和输出十进制的数字。此外，还常常使用八进制和十六进制。

在计算机中，常常遇到以下几种数据单位：

(1)位(bit，比特)：记为 b，是计算机的最小单位，用"0"或"1"表示的一个二进制数值。

(2)字节(Byte)：记为 B，一个字节由 8 个二进制位构成，能表示 256 种不同的状态。

(3)字(Word)：一个字由一个或多个字节构成，不同计算机的字长是不同的。

2.1.1 进位计数制

如果数制采用 R（R 可以是 2、8、10 或 16）个基本符号来表示，则称为 R 进制数，R 称为数制的"基数"，而数制中每一固定位置对应的单位值称为"权"。

下面是几种常用的进位计数制：

二进制	R = 2	基本符号	0,1
八进制	R = 8	基本符号	0,1,2,3,4,5,6,7
十进制	R = 10	基本符号	0,1,2,3,4,5,6,7,8,9
十六进制	R = 16	基本符号	0,1,2,3,4,5,6,7,8,9,A,B,C,D,E,F

其中，十六进制的字符 A ~ F 分别对应十进制的 10 ~ 15。

为了区别各种数制，可在数的右下角注明数制，或者在数字后面加一个特定字母表示该数的进制如 $(1110.11)_2$，18H。

R 进位计数制的编码符合逢 R 进位的规则，各位的权是以 R 为底的幂，一个数可按权展开成为多项式。同一数字在不同的数位所代表的数值大小不同。

例如，十进制数 444.44 可以写成：$444.44 = 4 \times 10^2 + 4 \times 10^1 + 4 \times 10^0 + 4 \times 10^{-1} + 4 \times 10^{-2}$

二进制数$(1110.11)_2$,则写成:$(1110.11)_2 = 1 \times 2^3 + 1 \times 2^2 + 1 \times 2^1 + 0 \times 2^0 + 1 \times 2^{-1} + 1 \times 2^{-2} = (14.75)_{10}$

八进制数$(475)_8$,则为:$(475)_8 = 4 \times 8^2 + 7 \times 8^1 + 5 \times 8^0 = 256 + 56 + 5 = (317)_{10}$

十六进制数$(9B5.4)_{16}$,则为:$(9B5.4)_{16} = 9 \times 16^2 + 11 \times 16^1 + 5 \times 16^0 + 4 \times 16^{-1} = (2485.25)_{10}$

2.1.2 进位计数制之间的转换

1.十进制数与二进制数之间的转换

(1)十进制整数转换成二进制整数

方法:把被转换的十进制整数反复地除以2,直到商为0,所得的余数(从末位读起)就是这个数的二进制表示。简单地说,就是"除2取余法"。

例如,将十进制整数223转换成二进制整数,如图2.1所示。所以,$(223)_{10} = (11011111)_2$,十进制整数转换成八进制整数或十六进制整数的方法与此类似。

图2.1 十进制整数转换成二进制整数 图2.2 十进制小数转换成二进制小数

(2)十进制小数转换成二进制小数

方法:十进制小数转换成二进制小数是将十进制小数连续乘以2,选取进位整数,直到满足精度要求为止,简称"乘2取整法"。

例如,将十进制小数$(0.8750)_{10}$转换成二进制小数。将十进制小数0.8750连续乘以2,把每次所进位的整数,按从上往下的顺序写出。过程如图2.2所示。所以,$(0.8750)_{10} = (0.111)_2$

同理,可以将十进制小数转换成八进制小数或十六进制小数。

(3)二进制数转换成十进制数

方法:将二进制数按权展开求和。

例如,将$(10010111.011)_2$转换成十进制数如下所示。

$(10010111.011)_2 = 1 \times 2^7 + 0 \times 2^6 + 0 \times 2^5 + 1 \times 2^4 + 0 \times 2^3 + 1 \times 2^2 + 1 \times 2^1 + 1 \times 2^0 + 0 \times 2^{-1} + 1 \times 2^{-2} + 1 \times 2^{-3} = 128 + 16 + 4 + 2 + 1 + 0.25 + 0.125 = (151.375)_{10}$

同理,非十进制数转换成十进制数的方法是:把各个非十进制数按权展开求和。

2.二进制数与十六进制数之间的转换

二进制数与十六进制数之间的转换十分简捷方便,它们之间的对应关系是:十六进制数的每一位对应二进制数的四位。

(1)二进制数转换成十六进制数

由于二进制数转换成十六进制数之间存在特殊关系,即$16^1 = 2^4$,因此转换方法是:将二进制数从小数点开始,整数部分从右向左4位一组;小数部分从左向右4位一组,不足4位用0

补足,按组进行转换即可。

例如,二进制数$(1011011011.100101011)_2$可以用以上方法转换为十六进制数,如图2.3所示。

```
0010    1101    1011         1001    0101    1000
  ↓       ↓       ↓            ↓       ↓       ↓
  2       D       B            9       5       8
```

图2.3 二进制数转换成十六进制数

结果为 $(1011011011.100101011)_2 = (2DB.958)_{16}$

(2)十六进制数转换成二进制数

方法:以小数点为界,向左或向右,每一位十六进制数用相应的4位二进制数取代,然后将其连在一起即可。

例如,将$(2AB.11)_{16}$转换为二进制数,如图2.4所示。

```
  2        A        B         1        1
  ↓        ↓        ↓         ↓        ↓
0010     1010     1011      0001     0001
```

图2.4 十六进制数转换成二进制数

结果为 $(2AB.11)_{16} = (001010101011.00010001)_2$

2.2 数值数据的编码与表示

2.2.1 带符号数的表示

数有正负,在计算机中该如何表示数的正负呢? 计算机中所能表示的数或其他信息都是数字化的,当然数的符号也要数字化,即用数字"0"或"1"来表示数的正负。通常的做法是:约定一个数的最高位为符号位,若该位为0,则表示正数;若该位为1,则表示负数。例如,用八位二进制表示 + 20 和 – 20 分别为 00010100 和 10010100,其中第一位为符号位。这种在计算机中使用的、连同符号位一起数字化了的数,称为机器数,而机器数所表示的真实数值称为真值,见表2.1。

表2.1 机器数与真值

真 值	机器数
+ 0010100	00010100
– 0010100	10010100

计算机中带符号数的表示有原码、补码和反码3种形式。

1.原码

用原码表示机器数比较直观。如前所述,用最高位作为符号位,符号位为0,则表示正数;符号位为1,则表示负数。数值部分用二进制绝对值表示。这就是原码表示的方法。表2.2给出了八位二进制真值及对应的原码。

表2.2　十进制、二进制真值与原码

十进制	二进制真值	原码
89	1011001	01011001
−89	−1011001	11011001
127	1111111	01111111
−127	−1111111	11111111
0	0000000	00000000
−0	−0000000	10000000

原码与真值之间的转换很方便,但做减法非常不方便,而且有两种方法表示0,即有+0和−0,容易引起错误。为此,引进了补码。

2. 补码

补码表示便于进行加减法运算,补码规则为:正数的补码和其原码形式相同,负数的补码是将它的原码除符号位以外逐位取反(即0变为1,1变为0),最后在末位加1,见表2.3。

表2.3　十进制、原码与补码

十进制	二进制真值	原码	补码
86	+1010110	01010110	01010110
−86	−1010110	11010110	10101010
127	+1111111	01111111	01111111
−127	−1111111	11111111	10000001
15	+0001111	00001111	00001111
−15	−0001111	10001111	11110001

根据补码规则,可以很容易地将真值转换成补码;反过来,如何将补码转换为真值呢? 一个补码,若符号位为0,则符号位后的二进制数码序列就是真值,且为正;若符号位为1,则应将符号位后的二进制数码序列按位取反,并在末位加1,结果是真值,且为负,即$[[X]_补]_补 = [X]_原$。

例如:$[X]_补 = 00010001$,则$[X]_原 = 00010001$,真值 = +10001。

$[X]_补 = 10010000$,则$[X]_原 = 11101111 + 1 = 11110000$,真值 = −1110000。

3. 反码

反码用得较少,仅作简单介绍。原码变反码规则为:正数的反码和其原码形式相同,负数的反码是将符号位除外,其他各位逐位取反。表2.4反映了二进制、原码与反码的关系。

表2.4　二进制、原码与反码

二进制真值	原码	反码
+1010111	01010111	01010111
−1010111	11010111	10101000

2.2.2　计算机中数的表示

当所需处理的数含有小数部分时,就出现了如何表示小数点的问题。在计算机中并不用某个二进制位来表示小数点,而是隐含规定小数点的位置。根据小数点的位置是否固定,数可分为定点和浮点两种表示方法。

1. 数的定点表示

如果将计算机中数的小数点位置固定不变,就是定点表示。下面分别介绍定点整数和定点小数的表示方法。

(1)定点整数。将小数点固定在数的最低位之后。定点整数存储格式如图 2.5 所示。例如,常用二字节(16 位)存储一个整数,用补码、定点表示,见表 2.5。

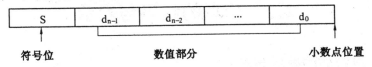

图 2.5   定点整数存储格式

表 2.5   二进制补码与十进制真值

二进制补码	十进制真值
0111111111111111	$2^{16} - 1 = 32767$(最大正数)
0111111111111110	32766
0000000000000001	1(最小非零正数)
0000000000000000	0
1111111111111111	-1(绝对值最小负数)
1000000000000001	-32767
1000000000000000	$-2^{16} = -32768$(最大负数)

如果用 n 位二进制位存放一个定点补码整数,则其表示范围为 $-2^{n-1} \sim 2^{n-1} - 1$。

(2)定点小数。将小数点固定在符号位之后,最高数值位之前。定点纯小数存储格式如图 2.6 所示。

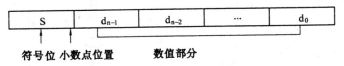

图 2.6   定点纯小数存储格式

2. 数的浮点表示

如果要处理的数既有整数部分,又有小数部分,则采用定点格式就会引起一些麻烦和困难。为此,计算机中还使用浮点表示格式。浮点数分成阶码和尾数两部分。浮点数存储格式如图 2.7 所示,其中 J 是阶符,即指数部分的符号位;$E_{m-1}, E_{m-2} \cdots, E_0$ 为阶码,表示幂次,基数通常取 2;S 是尾数部分的符号位;$d_{n-1}, d_{n-2}, \cdots, d_0$ 为尾数部分。假设阶码为 E,尾数为 d,基数为 2,则这种格式存储的数 $X = \pm d \times 2^{+E}$。在实际应用中,阶码常用补码定点整数表示,尾数常用补码定点小数表示。为了保证不损失有效数字,常对尾数进行规格化处理,即保证尾数部分最高位是 1,大小通过阶码来进行表示。

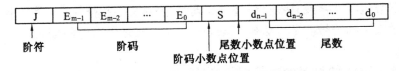

图 2.7   浮点数存储格式

例如,某机器用 32 位表示一个浮点数,阶码部分占 8 位,其中阶符占 1 位,阶码为补码;尾

数部分占 24 位,其中符号位也占 1 位,规格化补码;基数为 2。存放 257.5 这个数的浮点格式为

$$00001001\ 01000000\ 01100000\ 00000000$$

即

$$(257.5)_{10} = (0.1000000011)_2 \times 2^9$$

2.3 信息的编码与表示

2.3.1 十进制数的编码与表示

尽管计算机采用的二进制数的表示法其运算规则简单,但书写冗长,不直观,且易出错。因此,计算机的输入输出仍采用人们习惯的十进制数,输入之后转换成二进制运算,结果再转换成十进制输出。十进制数的二进制编码表示方式多种多样,其中 BCD(Binary-Coded Decimal)码比较常用。BCD 码有多种编码方法,常用的是 8421 码。8421 码是将十进制数码 0 ~ 9 中的每个数分别用 4 位二进制编码表示,自左至右每一位对应的权是 8、4、2、1,这种编码方法比较直观,见表 2.6。BCD 码有两种形式,即压缩 BCD 码和非压缩 BCD 码。

表 2.6 十进制与 BCD 码对照表

十进制数	8421 码	十进制数	8421 码
0	0000	10	00010000
1	0001	11	00010001
2	0010	12	00010010
3	0011	13	00010011
4	0100	14	00010100
5	0101	15	00010101
6	0110	16	00010110
7	0111	17	00010111
8	1000	18	00011000
9	1001	19	00011001

1.压缩 BCD 码

压缩 BCD 码的每一位用 4 位二进制数表示,一个字节表示两位十进制数。例如,10010110B 表示十进制数 96D。

2.非压缩 BCD 码

非压缩 BCD 码用 1 个字节表示一位十进制数,高 4 位总是 0000,低 4 位的 0000 ~ 1001 表示 0 ~ 9。例如,00001000B 表示十进制数 8D。

2.3.2 西文信息的编码与表示

计算机对非数值的文字或其他符号进行处理时,要对文字和符号进行数字化处理,即用二进制编码来表示文字和符号。字符编码(Character Code)就是用二进制编码来表示字母、数字及专门的符号。

计算机系统中有两种重要的字符编码方式:ASCII(American Standard Code for Information Interchange)和 EBCDIC。EBCDIC(扩展的二 – 十进制交换码)主要用于 IBM 的大型主机,ASCII 主要用于微型机与小型机。

EBCDIC 是西文字符的一种编码,采用 8 位二进制表示,共有 256 种不同的编码,可表示 256 个字符。目前,计算机中普遍采用的是 ASCII 码。ASCII 码有七位版本和八位版本 2 种,国际上通用的是七位版本。七位版本的 ASCII 码有 128 个元素,只需用 7 个二进制位($2^7 = 128$)表示,见表 2.7。

表 2.7 基本 ASCII 码表

$b_4b_3b_2b_1$ ＼ $b_7b_6b_5$	000	001	010	011	100	101	110	111
0000	NUL	DLE	SP	0	@	P	`	p
0001	SOH	DC1	!	1	A	Q	a	q
0010	STX	DC2	"	2	B	R	b	r
0011	ETX	DC3	#	3	C	S	c	s
0100	EOT	DC4	$	4	D	T	d	t
0101	ENQ	NAK	%	5	E	U	e	u
0110	ACK	SYN	&	6	F	V	f	v
0111	BEL	ETB	'	7	G	W	g	w
1000	BS	CAN	(	8	H	X	h	x
1001	HT	EM	)	9	I	Y	i	y
1010	LE	SUB	*	:	J	Z	j	z
1011	VT	ESC	+	;	K	[	k	{
1100	FF	FS	,	<	L	\	l		
1101	CR	GS	-	=	M	]	m	}
1110	SO	RS	.	>	N	^	n	~
1111	SI	US	/	?	O	_	o	DEL

其中控制字符 33 个,阿拉伯数字 10 个,大小写英文字母 52 个,各种标点符号和运算符号 33 个。在计算机中实际用 8 位表示一个字符,最高位"0"。例如,数字 0 的 ASCII 码为 48,大写英文字母 A 的 ASCII 码为 65,空格的 ASCII 码为 32。如用十六进制数表示,则数字 0 的 ASCII 码为 30H,字母 A 的 ASCII 码为 41H。

2.3.3 中文信息的编码与表示

汉字也是字符,是中文的基本组成单位。由于汉字数量大(目前汉字的总数已超过 6 万个)、字形复杂、异体字多、同音字多,因此,汉字信息的处理相对比较复杂。汉字信息的处理一般包括汉字的编码、输入、输出、存储、处理与传输。

1. 汉字字符集与编码

1981 年我国实施了《信息交换用汉字编码字符集——基本集》(GB 2312—80),这种编码称为国标码,又称为国际交换码。在国标码字集中共收录了 7 445 个字符,其中常用汉字 6 763 个(一级汉字 3 755 个,二级汉字 3 008 个),非汉字字符 682 个。每个字符都有一个唯一的标准代码,该标准代码用于在不同计算机系统之间进行信息交换。

GB2312—80 规定,所有的国标汉字与符号组成一个 94 × 94 的矩阵,即构成一个二维平面,它分成 94 行 94 列,每一行称为一个"区",每一列称为一个"位",实际上组成了一个有 94 个区(区号分别为 01～94)、每个区有 94 个位(位号分别为 01～94)的汉字字符集。一个汉字所在的区号和位号的二进制代码就称为该汉字的区位码。区位码与汉字或符号之间是一一对应的。其中,1 ~ 15 区为图形符号区;16 ~ 55 区为一级常用汉字区;56 ~ 87 区为二级次常用汉字区;88 ~ 94 区为自定义汉字区。

【注意】汉字的区位码还不是它的国标码(即国际交换码)。由于信息传输的原因,每个汉字的区号和位号(各使用 7 进制表示)必须加上 32 之后,他相应的二进制代码才是它的国标码。

汉字的区位码和国标码是唯一的、标准的,而机内码的表示则只能随系统的不同而使用不同的方式。

2.汉字的输入

汉字的输入是指利用计算机的英文键盘输入汉字。由于汉字数量大,无法使每个汉字与英文键盘上的键一一对应,因此必须使每个汉字用一个或几个键输入的一个或多个编码来表示,这种编码称为汉字的输入编码,也称外码。目前汉字的输入方案有几百种之多,但要找到一种易学习、易记忆、效率高(击键次数少、重码少、容量大即汉字的字数多)的编码却很困难。

汉字的输入编码方式大体分为以下三类:

(1)数字编码。用一串数字来表示汉字的编码方法,如电报码、区位码等。该编码无重码,但难记,不易推广。

(2)拼音编码。是一种基于汉语拼音的编码方法,如全拼、双拼、智能 ABC 输入法等。该编码简单易学,但同音字引起的重码多。

(3)字形编码。根据汉字的字形分解归类而给出的编码方法,如五笔字型、表形码等。该编码重码少,输入速度快,但不易掌握。

用不同的输入编码方法输入同一个汉字,它们的区位码、国标码是一样的。

3.汉字的机内码

汉字的机内码是指计算机系统内部为存储、处理和传输汉字而使用的代码,简称内码,是汉字在设备或信息处理系统内部最基本的表达形式。外码不适合汉字在机内的存储和处理,需要转换成长度相等且较短的内部编码。目前国内采用的机内码大约有 30 多种。

4.汉字的输出

汉字经过计算机处理后,如要显示或打印出来,必须把汉字的机内码转换成人们可以阅读的方块字形式。每一个汉字的字形都必须预先存放在计算机内。国标汉字字符集所有字符的形状描述信息集合在一起,称为字形信息库,简称字库。目前汉字字形的产生方式之一是点阵方式,计算机采用点阵表示的汉字字形代码。根据汉字输出精度的要求,有不同密度的点阵。汉字字形点阵有 16 × 16 点阵、24 × 24 点阵、32 × 32 点阵等。汉字字形点阵中每个点的信息用一位二进制码来表示:"1"表示对应位置处是黑点,"0"表示对应位置处是空白。字形点阵的信息量很大,所占存储空间也很大,例如 16 × 16 点阵的每个汉字就要占 32 个字节(16 × 16 ÷ 8 = 32);每个 24 × 24 点阵的字形码需要用 72 字节(24 × 24 ÷ 8 = 72),因此,字形点阵只能用来构成字库,而不能替代机内码用于机内存储。字库中存储了每个汉字和字形的点阵代码,不同的字体(如宋体、仿宋、楷体、黑体等)对应着不同的字库。输出汉字时,计算机都要先到字库中去找到相应的字形描述信息,然后将字形信息输出。

在计算机内汉字字形描述方法除点阵字形外,还有轮廓字形。轮廓字形是把汉字、字母、符号中笔画的轮廓用一组直线和曲线来勾画,记下每一直线和曲线的数字描述(端点及控制点的坐标)的方法。

5.汉字信息处理的工作过程

从汉字代码转换的角度,一般可以把汉字信息系统抽象为一个结构模型,各种汉字代码之间的关系如图 2.8 所示。

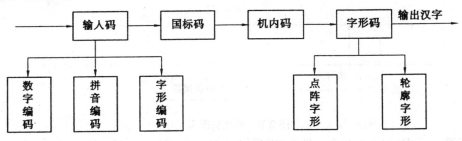

图2.8　汉字信息系统处理模型

2.4　计算机基本工作原理

2.4.1　计算的概念

著名计算机科学家马纳(Z. Manna)曾在其著作《计算的数学理论(Mathematical Theory of Computation)》的开头写道:"什么是计算? 我相信,世界上没有两个计算机科学家会就这一概念给出相同的定义。"

1.狭义的计算概念

狭义的计算(传统的计算的概念),是指数的计算,即通过掌握的数学知识对数进行的一些运算,如加、减、乘、除、三角函数和微积分等,这也是我们日常生活中所说的计算。

2.广义的计算概念

广义的计算,则是指"一个问题有没有方法来解决",即什么能有效地自动进行? 什么不能有效地自动进行? 这就是"能行性"的问题。计算研究的主要问题是怎样判断一类数学问题是否机械可解,这其中就涉及需要找到一种最基本的计算模型,使得判断机械可解的判定问题及其结果有一个共同的、合理的基础,以便确定可计算与不可计算的边界。

3.计算机的计算模型

计算模型是刻画"计算"这一概念的一种抽象形式系统或数学系统,而算法是对计算过程步骤(或状态)的一种刻画,是计算方法的一种能行实现方式。在计算科学中,通常所说的计算模型,不是指在其静态或动态描述基础上建立的求解某一(类)问题计算方法的数学模型,而是指具有状态转换特征,能够对所处理的对象的数据或信息进行表示、加工、变换、输出的数学机器。由于观察计算的角度不同,产生的计算模型也各不相同。

20 世纪 30 年代是计算模型研究取得突破性进展的时期。由于受到数理逻辑发展中判定问题引起的计算模型研究的影响,哥德尔、丘奇(A.Church)、图灵(A. M. Turing)、波斯特(E. L. Post)等人在研究中陆续提出了一批计算模型,如递归函数、入演算、图灵机、波斯特系统等,并称这些模型是用算法方法解决问题的极限。即凡是能用算法方法解决的问题,也一定能用这些计算模型解决;同样,这些计算模型解决不了的问题,任何算法也解决不了。进一步的研究发现,这些计算模型之间在计算能力上是等价的。其中,以图灵机的特点和性质更接近普通人计算的思想方法,并且因其好用而被现代计算机的研究、开发者所采纳。

图灵提出的形式化的理想计算模型(称为图灵机)(图 2.9)深刻地揭示了"计算"这一本质概念,为可计算理论奠定了基础。

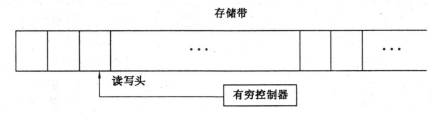

图 2.9　图灵机模型

(1)图灵机基本结构和功能。图灵机如图 2.9 所示的控制器具有有限个状态,其中两类特殊状态为开始状态和结束状态(或结束状态集合)。图灵机的存储带分成格子,右端可无限延伸,每个格子上可以写一个符号,图灵机有有限个不同的符号。其读写头可以沿着带子左右移动,既可扫描符号,也可写下符号。在计算过程的每一时刻,图灵机处于某个状态,通过读写头注视带子某一格子上的符号。根据当前时刻的状态和注视的符号,机器执行下列动作:转入新的状态;把被注视的符号换成新的符号;读写头向左或向右移动一格。这种由状态和符号对决定的动作组合称为指令。例如,指令 $q_1a_i \mid a_jq_2L$ 表示当机器处在状态 q_1 下注视符号 a_i 时,将 a_i 换成符号 a_j,转入新的状态 q_2,读写头左移一格。决定机器动作的所有指令表称为程序。结束状态或程序中如出现没有的状态、符号对,将导致停机。

(2)图灵机接受语言。图灵机(简记为 T)可作为接受语言的装置,它所接受的语言 L 恰是所有这样的符号串 ω 的集合:如果把符号串 ω 记录在 T 的带子上,开始工作时 T 处于初始状态 q_0,读写头处于带子最左端,则经过有限步之后,T 进入某个结束状态 q。被图灵机接受的语言类也就是递归可枚举集,或 O 型语言。

(3)图灵机产生语言。图灵机作为语言的产生装置,它在带子上枚举出该语言中所有的字。如果这个语言是无限的,这个枚举过程就是无穷的。图灵机产生的语言恰是递归可枚举集。图灵机按字长增长的顺序产生的语言,恰是递归集。

(4)图灵机计算函数。设机器带子上的输入符号串为自然数 n 的编码,如果机器从这样的带子出发,到达结束状态时,带子上符号串已改造为 m 的编码,则称机器计算了函数 $f(n) = m$。如果一个函数以自然数为值域和定义域,并且有一个图灵机计算它,则称此函数为"可计算函数"。

由于图灵机的带子是可以向右无限延伸的,所以其存储空间和计算时间也都是可无限制增加的。因此,图灵机是一般算法概念的精确化,即任何算法均可由适当的图灵机模拟。并且,已有的关于直观可计算函数的另一些精确化定义,如递归函数等,也都等价于图灵机定义的可计算函数。

2.4.2　冯·诺依曼结构

随着计算机及相关产业(半导体、集成电路等)的发展,计算机的系统结构经过不断改进,性能大大提高。但万变不离其宗,到目前为止,基本上还都是基于冯·诺依曼结构(EDVAC,建成于 1952 年)。

1.程序

什么是程序呢？其实,一个智力正常的人,或者是一个"有头脑的人",每天都在编制和使用程序。如,我们经常在规划着自己今后一段时间内的活动,事先想好应该先做什么事,后做什么事,遇到什么情况怎样处理等等。其实这就是程序。

计算机程序是指预先设定好的,能够在计算机系统中运行的指令集。为了提高工作效率和可靠性,围绕程序的设计、描述、构造、分析、测试和验证等方面,发展了许多技术,被统称为程序技术。

2."存储程序"原理

图灵机诞生后不到十年,在以冯·诺依曼为代表的大批科学家的努力下,现代存储程序式电子数字计算机的基本结构与工作原理被确定下来。

"存储程序"原理,是将根据特定问题编写的程序存放在计算机存储器中,然后按存储器中存储程序的首地址执行程序的第一条指令。以后就按照该程序的规定顺序执行其他指令,直至程序结束执行。

3.冯·诺依曼结构

存储程序式电子数字计算机的基本结构主要由5部分组成:存储器、运算器、控制器、输入设备和输出设备。由于该结构是由冯·诺依曼等人于1946年提出的一个完整现代计算机雏形,所以该结构称为冯·诺依曼结构,如图2.10所示。

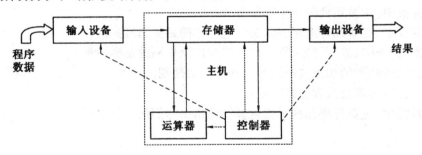

图2.10 冯·诺依曼结构

(1)运算器(Arithmetic Unit):是计算机对各种数据和信息加工处理的主要部件,它能完成算术与逻辑运算。

(2)控制器(Control Unit):是计算机的神经中枢和指挥中心。它按照程序指挥计算机完成一定的功能。根据用户下达的加工处理指令,按照时序向计算机其他部件发出控制信号,并保证各部件协调一致地工作。

(3)存储器(Storage):是计算机存放数据和程序的设备。

(4)输入设备(Input Device):是人或外部与计算机进行交互的一种装置,它的主要作用是把程序和数据信息转换成计算机中的电信号,存入计算机中。常用的输入设备有键盘、鼠标、光笔和扫描仪等。

(5)输出设备(Output Device):也是人或外部与计算机进行交互的一种装置,它的主要作用是把计算机内部需要输出的信息以文字、数据、图形等人们能够识别的方式显示或打印出来。常用的输出设备有显示器、绘图仪和打印机等。

小　结

计算机中所能表示的数或其他信息都是数字化的。计算机中带符号数的表示有原码、补码和反码三种形式,其中最常用的是前两种,原码表示方法直观,补码能够使运算比较简单。

尽管计算机采用的二进制数的表示法其运算规则简单,但书写冗长,不直观,且易出错,因此,计算机的输入输出仍采用人们习惯的十进制数。十进制数在计算机中也需用二进制编码表示,其编码方式多种多样,其中 BCD(Binary – Coded Decimal)码比较常用。

计算模型是刻画计算这一概念的一种抽象形式系统或数学系统,而算法是对计算过程步骤(或状态)的一种刻画,是计算方法的一种能行实现方式。图灵提出的形式化的理想计算模型(称为图灵机)深刻地揭示了计算这一本质概念,为可计算理论奠定了基础。图灵机诞生后不到十年,在以冯·诺依曼为代表的一批科学家的努力下,现代存储程序式电子数字计算机的基本结构与工作原理被确定下来。冯·诺依曼结构存储程序式电子数字计算机的基本结构主要由五部分组成:存储器、运算器、控制器、输入设备和输出设备。

习　题

1.在计算机中,常被用到的数据单位有哪些?
2.在计算机中,有哪几种进制表示法? 它们之间是如何转换的?
3.简述原码、补码和反码的区别。计算机中广泛采用的是哪一种?
4.请指出二进制数的加法、减法、乘法和除法的规则。
5.请指出补码运算公式和注意事项。
6.在计算机中,主要有哪几种逻辑运算? 请指出它们的运算规则。

第**3**章　计算机硬件系统

本章重点:计算机硬件的基本工作原理和计算机的基本体系结构。

本章难点:存储器工作方式。

现代计算机硬件系统可分为:中央处理单元、存储系统和输入输出(I/O)系统 3 个主要组成部分,通过系统总线连接在一起,如图 3.1 所示。

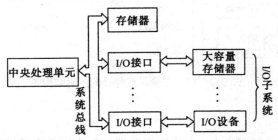

图 3.1　计算机硬件系统

其中中央处理单元(CPU,Central Process Unit)包括运算器和控制器两部分:运算器执行所有的算术和逻辑运算指令;控制器则负责全机的控制工作,保证正确完成程序所要求的功能。存储器是计算机的记忆部件,用来存放编写的程序、程序中所用到的数据、信息及中间结果等。系统总线把 CPU、存储器和 I/O 设备连接起来,用来传送各部分之间的信息。

3.1　中央处理单元

CPU 是计算机的核心部件,其作用很像人的大脑。主要功能是从主存储器中取出指令,经译码分析(解释指令)后执行取数、运算、存数等命令,即按指令控制计算机各部件操作,并对数据进行处理,以保证正确完成程序所要求的功能。主要具有以下 4 方面的功能:

(1)指令控制:程序是指令的序列,指令序列的执行顺序不能任意颠倒,必须按程序规定的顺序执行,因此,保证计算机按顺序执行是 CPU 的首要任务。

(2)操作控制:一条指令的功能往往由若干个操作信号的组合来实现。因此,CPU 产生每条指令的一系列操作信号,送往相应的部件,控制这些部件按指令的要求进行动作,完成取指令及执行指令的操作。

(3)时间控制:对各种操作实施时间上的控制,称为时间控制。计算机中各条指令的操作信号受时间严格控制,每条指令的执行过程也受时间的严格控制。

(4)数据加工:实际上就是对数据进行算术运算和逻辑运算处理。原始数据只有经过加工处理才能为人们所用,因此,完成数据加工处理,是 CPU 的根本任务。CPU 主要组成部分的逻辑结构如图 3.2 所示。

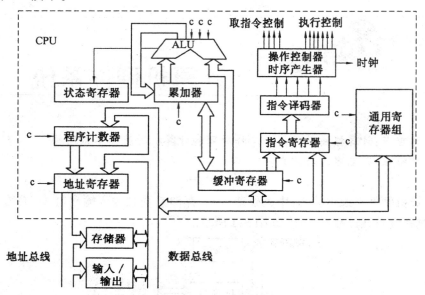

图 3.2　CPU 主要组成部分的逻辑结构图

3.1.1　运算器

运算器是数据的加工处理部件,主要实现数据的算术运算和逻辑运算,其主要功能如下:

(1)执行所有算术运算。

(2)执行所有逻辑运算,并进行逻辑测试,如进行零值测试或两个值的比较等。

各种计算机运算器的结构可能有所不同,但它们最基本的逻辑构建是相同的,即都由算术逻辑运算单元 ALU、通用寄存器组、累加器、多路转换器和数据总线等组成。

1.算术逻辑运算单元 ALU

ALU 实现对数据的算术与逻辑运算。ALU 有两个输入端口,一个输出端口。两个输入端口分别接收参加运算的两个操作数,它们一般来自通用寄存器或数据总线。输出取决于其完成的操作,当完成加、减、与、或等操作之一时,其输出为对应的和、差、与、或值等。

低档机中通常只设一个 ALU,速度较快的机器可设置多个运算部件。

2.通用寄存器组

CPU 内部通常都设有一组通用寄存器。每个寄存器可与算术逻辑运算单元 ALU 配合实现多种功能,可为 ALU 提供操作数并存放运算结果,也可用作计数器等。

每个通用寄存器都有一个唯一的编号,称为寄存器地址。程序可按寄存器地址访问任一通用寄存器,并指定它所承担的功能。通用寄存器一般有 8 个、16 个、32 个甚至更多,CPU 暂存数据的能力越强,使得访问存储器的次数越少,从而提高处理速度。

3.累加寄存器

累加寄存器简称累加器,运算器中至少要有一个累加器。当算术逻辑运算单元 ALU 执行算术和逻辑运算时,为 ALU 提供一个工作区。例如,在执行加法运算前,先将一个操作数暂时存放在累加器中,再从存储器/寄存器取出另一个操作数,然后同累加器中的内容相加,结果再送回累加器中,累加器中原来的内容随即被破坏。顾名思义,累加器中暂时存放 ALU 运算的结果信息。

4.数据缓冲寄存器

数据缓冲寄存器用来暂时存放由主存储器读出的一条指令或一个数据字;反之,当向主存储器存入一条指令或一个数据字时,也暂时把它们存放在数据缓冲寄存器中。数据缓冲寄存器的作用是:

◆ 作为 CPU 和主存、I/O 设备之间信息传送的中转站;
◆ 补偿 CPU 和主存、I/O 设备之间操作速度上的差别。

5.状态条件寄存器

状态条件寄存器用来记录程序中指令运行结果的状态信息。这些状态信息常作为后续条件转移指令的专业控制条件,如溢出标志、进位标志、零标志和符号标志等。

3.1.2　控制器

控制器是指挥和控制计算机各部件按一定时序协调操作的中心部件。主要功能有:

◆ 根据指令在存储器中的存放地址,从存储器中取出指令;
◆ 对指令进行译码分析,并按一定时序发出执行该指令所需要的一系列操作控制信号、控制运算器、存储器及输入/输出设备等部件进行操作;
◆ 执行完一条指令后,自动从存储器中取出下一条要执行的指令。

控制器一般由程序计数器、指令寄存器、指令译码器、操作控制器和时序产生器等组成。

1.程序计数器(PC,Program Counter)

PC 用来寄存将要执行的指令在主存储器中存放的地址。程序开始执行前,必须将它的起始地址,即程序第一条指令所在的主存单元地址送入 PC,PC 的内容即是从主存储器中提取的第一条指令的地址。当指令执行时,CPU 自动修改 PC 的内容,使其始终保持将要执行的下一条指令的地址。由于大多数指令是按顺序执行的,因此,每当从存储器中取出一条指令后,程序计数器就自动加 1(PC←PC + 1),指向下一条指令在存储器中的存放地址。

当遇到转移指令时,需改变程序的执行顺序,后续指令的地址(即 PC 的内容)将由转移指令来形成,而不是像通常那样按顺序取得。

2.指令寄存器(IR,Instruction Register)

指令寄存器用来保存当前正在执行的指令。当执行一条指令时,必须先把它从存储器中取到指令寄存器,经过译码分析,才能执行。

3.指令译码器(ID,Instruction Decoder)

指令一般由两部分组成:一部分用来指明该指令所要完成的操作(如运算操作、数据传送、移位、输入输出操作等),通常称为操作码部分;另一部分用来指明需进行某种操作的数据(如输入数据、参加运算的操作数及所产生的结果等)来自何处及被送往何处,称为地址码部分。为了执行给定的指令,必须对操作码进行译码分析,以便识别所要求的操作。指令译码器即用来实现对指令操作码的译码分析,其输入为指令寄存器中的操作码部分。操作码一经译码后,即可向操作控制器发出具体的操作控制信号。

4.操作控制器和时序产生器

CPU 中有若干个寄存器,如程序计数器、指令寄存器、数据缓冲寄存器等,信息如何能在寄存器之间进行传送呢? 通常把寄存器之间传送信息的通路,称为数据通路。操作控制器根据指令操作码和时序信号,产生各种操作控制信号,以便在寄存器之间建立数据通路,完成取指令和执行指令的任务。

CPU 中除了操作控制器外,还必须有时序产生器。因为计算机高速地进行工作,每个动作执行的时间非常严格,不能有任何差错。时序产生器的作用,就是对各种操作控制信号进行时间上的约束。

3.2　存储系统

存储系统是计算机中的"记忆"部件,在计算机中占据十分重要的地位。它的职能是存放要计算和处理的数据、程序以及中间结果等,使计算机能脱离人的直接干预,自动连续地工作。

一个高性能的计算机系统要求存储容量大,用户可使用的编程空间大,存取速度快,成本低廉。但这些要求往往是相互矛盾,彼此制约的。因此,在一个计算机系统中,常采用几种不同的存储器,构成多级存储系统,以适应不同层次的需求。

目前,计算机系统中通常采用三级存储器结构,即主存储器(简称主存)、高速缓冲存储器 Cache 和辅助存储器(简称辅存),如图 3.3 所示。辅助存储器用于存放需联机保存但暂不使用的程序和数据,作为对主存的补充,需要时成批调入主存储器供 CPU 使用。高速缓冲存储器,用在 CPU 和主存之间交换信息时起缓冲作用。

3.2.1　主存储器

主存储器由半导体存储器构成,用于存放 CPU 当前执行的程序与数据,是计算机的重要存储器,存储直接与 CPU 交换的信息。通常位于主机范畴之内,又称内存储器,简称主存或内存。它的特点是速度较高,但容量较小,价格高。

1.主存储器概述

(1)存储单元及其编址

为了存放信息,存储器中包含了许许多多个存储单元。如果把存储器比作"仓库",那么存储单元就是"仓库"中的"货架"。计算机存储信息的基本单位是一个二进制位,每个存储单元可存放若干位二进制数。一个存储单元可存放一个字节或若干个字节。若干个字节构成一个字。平时所说的某种计算机是多少位机,都是指该机字长是多少位(bit)。

为了区分不同的存储单元,必须对存储器中的所有存储单元进行编号,称为存储单元的地址,其作用类似"货架"的编号。访问存储单元时必须按地址进行。用二进制表示的地址码长度(即位数),表明了能访问的存储单元数目,称为地址空间。例如,一个 16 位的地址码,可以表示多少个存储单元的地址呢? 显然是 2^{16} 个,所以它可表示的地址范围为 0 ~ 65 535。在计算机里为方便起见,在讨论存储器时以 2^{10} = 1024 为基本单位,称其为 1 K。65 536 个存储单元即是 64 K,其他地址空间用十六进制数(数字后的 H 表示十六进制数)表示为 0000H ~ FFFFH。打个比方,若用 2 位十进制数对"货架"进行编号,最多可有 10^2 = 100 个"货架",编号从 00 ~ 99

个,100 个"货架"就是 2 位十进制编号的编码空间,或称地址空间。

16 位地址码的地址编号如下所示:

0000,0001,0002,…,FFF9,FFFA,FFFB,FFFC,FFFD,FFFE,FFFF.

一个存储单元中存放的信息称为该存储单元的内容。如 3 号单元中存放的信息为 12H,也就是说 3 号单元中的内容为 12H,表示为(0003H) = 12H。从某个单元取出内容后,该单元仍然保存着原来的内容不变。只有当存入新的信息后,原来保存的内容才自动丢失。

(2)主存储器的基本结构及操作

为实现存储单元的按"地址"读出或写入数据,存储器至少由存储体、地址寄存器、地址译码驱动电路、数据寄存器、读/写放大电路和时序控制线路等部件组成,如图 3.3 所示。

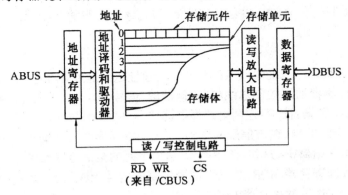

图 3.3　主存储器的基本结构

图中各组成部分的功能如下:

◆ 存储体(MB, Memory Bank)。存储体由若干个存储单元组成,每个存储单元包含若干个存储元件(Memory Cell),每个存储元件可存储一位二进制数("1"或"0")。通常一个存储单元由 8 个存储元件组成,可存放一个字节的数据。

◆ 地址寄存器(MAR, Memory Address Register)。地址寄存器由若干个触发器组成,用来存放被访问存储单元的地址。地址寄存器的长度(即位数)应该与存储器的容量相匹配。如存储器的容量为 4 K,则地址寄存器的长度至少为 $2^i = 4$ K,即 i = 12。

◆ 地址译码驱动电路。该部件接受地址寄存器提供的访问地址,经译码驱动选中存储体中与该地址相应的存储单元。如提供的访问地址为"0000,0101",则选中存储体的第 5 号存储单元。

◆ 数据寄存器(MDR, Memory Data Register)。数据寄存器由若干位触发器组成,用来暂存从存储单元中读出的数据(或指令),或暂存从数据总线来的即将写入存储单元的数据。显然,数据寄存器的宽度应与存储单元的长度相匹配,若存储单元的长度为一个字节,则数据寄存器的位数应为 8 位。

◆ 读/写放大电路(Read/Write Amplifier)。该部件用于实现信息电平的转换,即将存储单元表示"1"和"0"的电平转换为数据寄存器中触发器所需的电平,反之亦然。另外,该电路还有放大读出信息的作用。

◆ 读/写控制电路(Read/Write Control Circuit)。读/写控制电路根据计算机控制器发来的"存储器读/写"信号 RD/WR,发出实现存储器读或写操作的控制信号,控制被选中的单元进行读或写操作。片选信号(CS, Chip Select)由若干位地址码经译码形成,当片选信号 CS = 0(低电位有效)时,该芯片工作;否则该芯片不工作。

◆ 主存储器有两种基本操作:"读"与"写"。通过读操作,CPU 可以从主存中取出一条指令或一个数据;通过写操作,CPU 可以将一条指令或一个数据写入主存。通常我们把这两种操作称为对存储器的"访问"。当对某一存储器芯片进行访问时,该芯片应处于工作状态,故必须先选中该芯片,即使其片选信号 CS = 0。CPU 通过三组总线即地址总线 ABUS(Address Bus)、数据总线 DBUS(Data Bus)、控制总线 CBUS(Control Bus)与主存相连。地址总线(双向)用于 CPU 和主存之间传送读/写的 n 位数据信息;控制总线由若干条控制信号线组成,用于具体控制主存的读/写操作。其中应有一根读信号线 RD(read)和一根写信号线 WR(Write),或者合用一根,称为读/写信号线 RD/WR。通常,存储器在完成读或写操作后,给 CPU 回送一个存储器完成信号 MFC 或准备好信号 Ready,CPU 收到此信号后,才结束当前的操作。下面结合图 3.3 简述存储器的读写操作过程。

1)读操作过程

◆ 送地址:控制器通过地址总线 ABUS 将 K 位地址送入地址寄存器 MAR 中。

◆ 发读命令:控制器通过控制总线将"存储器读"信号(RD = 0)送入时序控制电路。

◆ 从存储器读出数据:读/写控制电路根据读信号(RD = 0)和片选信号(CS = 0)有效,向存储器内部发出"读"控制信号,在该信号的作用下,地址寄存器中的地址经地址译码驱动电路进行译码,选中并驱动存储器中的相应存储单元,从该单元的全部存储元件中读出数据,经读/写放大器放大,送入数据寄存器 MDR,并发出读操作完成信号 MFC;CPU 接收到 MFC 信号后,将数据从数据寄存器 MDR 经数据总线 DBUS 取走。至此,读操作过程完毕。

2)写操作过程

①送地址:同读操作。

②送数据:将待写入的数据经数据总线送入数据寄存器 MDR。

③将数据写入存储器:时序控制电路根据写信号(WR = 0)和片选信号(CS = 0)有效,向存储器内部发出"写入"控制信号,在该信号的作用下,地址寄存器中的地址经译码,选中并驱动存储体中的某存储单元,与此同时,将数据寄存器 MDR 中的数据写入到被选中的存储单元,并向 CPU 发回 MFC 信号。至此,写操作过程完毕。

(3)主存储器的主要性能指标

主存储器是计算机中极为重要的部分,直接提供 CPU 运行期间用到的程序与数据。辅助存储器中的程序与数据在需要时也要先调入主存,才能供 CPU 使用。主存储器性能的优劣将直接影响整机的运行效率和程序的执行速度。评价主存性能优劣的指标主要有存储容量、存取速度、每位价格和可靠性等。

①存储容量。一个存储器中可以容纳的存储单元总数,称为该存储器的存储容量,它反映了一个计算机的存储能力,常用字数或字节数(Byte)来表示,如 128 MB。现在微型计算机的主存容量通常为 MB 级甚至 GB 级。主存容量越大,所能存储的程序与数据就越多,运行程序时必须与辅存打交道的次数就越少,程序执行的速度也就越快。

②存取速度。主存储器的存取速度常用存取时间和存取周期来表示。存取时间是指从启动一次存储器操作到完成该操作所需要的时间。如从主机发出一条读命令开始到主存完成读操作为止所经历的时间,就是主存的存取时间。存取周期是指连续两次启动独立的存储器操作(如连续两次的读操作)所必须间隔的最小时间。通常,存取周期略大于存取时间,其差别与

主存的物理实现细节有关。半导体 MOS 存储器的存取时间为 100~300 ns,半导体双极型存储器则为 10~200 ns。

③每位价格。每位价格,即总价格/总位数。通常以美分、毫美分或微美分计算。随着半导体技术的发展,产量的增加,主存的每位价格下降十分迅速。

④可靠性。存储器的可靠性常用平均故障间隔时间(MTBF, Mean Time Between Failure)来描述,显然,MTBF 越长,表示可靠性越高,即保持正确工作的能力就越强。另外,也常使用性价比这一综合性指标。这里,"性能"包括以上各项性能指标,"价格"则为主存的总价格。

2. 半导体存储器

半导体存储器是随着大规模集成电路技术发展起来的。20 世纪 70 年代初,半导体存储器问世,当时的单片容量(即一个存储器芯片内能存储的二进制位数)为 1 K 位。之后发展相当迅速,目前,几乎所有的计算机主存都采用半导体存储器构成。

半导体存储器种类很多。按存取方式不同,可分为随机存取储器和只读存储器。

(1)随机存取存储器(RAM, Random Access Memory)。RAM 是一种可读写存储器,在程序执行过程中,可对每个存储单元随机地进行读出或写入信息的操作。按照其不同的半导体材料,RAM 又可分为双极型(TTL, Transistor-transistor Logic)和单极型(MOS, Metal Oxide Semiconductor)两类。双极型 RAM 存取速度高,主要用作高速缓冲存储器;MOS 型 RAM 具有集成度高、制造简单、成本低、功耗小等特点,是目前广泛应用的半导体存储器。

RAM 的特点是:掉电后所存储的信息全部丢失。因此,对于重要的程序和数据,应考虑掉电保护措施,如采用后备电源等。

(2)只读存储器(ROM Read Only Memory)。ROM 是一种在程序执行过程中只能将内部信息读出而不能写入的存储器,其内部信息是在脱机状态下用专门的设备写入的。ROM 按存储信息的方式又分为 3 类:

◆掩模式 ROM(Mask ROM)。这类 ROM 中的信息是在制造过程中写入的,用户不可改变。厂家根据用户事先提供的存储内容,利用集成电路工艺设计相应的光刻掩模图案,生产出 ROM 芯片。

◆可编程只读存储器(PROM, Programmable ROM)。这类 ROM 在制造时,厂家不写入有效信息,由用户根据需要写入,但只能写入一次,一旦写入,不能更改。

◆可擦除可编程只读存储器(EPROM, Erasable Programmable ROM)。这类 ROM 可以使用专门的写入工具多次改变内容(重复写入信息),使用起来相当方便。当用户写入的信息不需要时,可用"擦除器"(紫外线照射或通以大电流)将原来的信息擦除,再写入新的内容。

为清楚起见,将上述半导体存储器分类情况表示在图 3.4 中。

3. RAM 芯片实例

图 3.5 给出了一个容量为 1 K×4 位的 MOS 型静态 RAM 芯片,型号为 Intel 2114。因容量为 1 K 个字,所以共设地址输入线 10 根(A0~A9)。其中 6 根(A3~A8)用于行译码,产生 2^6 = 64 根行选线,用于控制选择 64 行中的一行;4 根(A0~A2 及 A9)用于列译码,产生 64/4 = 16 条列选线,用于控制选择 64 列中的 4 列(即每一根列选线均同时接至 4 列存储电路)。这样,一个特定的 10 位地址经双向译码可同时选中 4 个存储电路,即一个字的 4 位。

存储器的内部数据通过 I/O 电路及输入三态门和输出三态门与数据线 1/01~1/04 相连,由片选信号 $\overline{CS}$ 和写允许信号 WE 一起控制这些三态门。在片选信号 $\overline{CS}$ 有效时,若写命令 WE

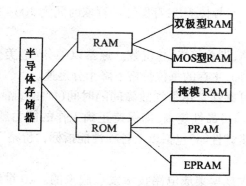

图 3.4　半导体存储器的分类

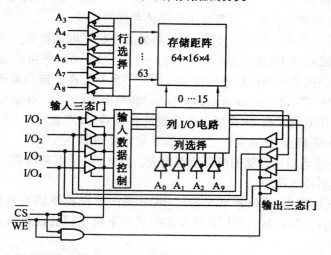

图 3.5　Intel 2114 MOS 型静态 RAM 芯片

有效,则输入三态门打开,数据总线上的 4 位数据便写入芯片;否则,若 WE 无效,则表示读存储器,此时输出三态门打开,4 位数据从存储器中读出,送至外部数据总线上。

4.存储器芯片构成半导体存储器

目前的半导体存储芯片集成度很高,但它在字数或字长方面与实际存储器的要求相比,还是远远不够的。所以,用存储器芯片来构成一个存储器时,需要在字向和位向两方面进行扩充才能满足实际存储器的容量要求。

用现有的存储器芯片构成一个一定容量的半导体存储器,大致需要完成以下工作。

◈ 根据所要求的容量大小,确定所需芯片的数目。

◈ 完成地址分配。

◈ 实现系统总线的连接。

◈ 解决存储器与 CPU 的速度匹配问题。

3.2.2　高速缓冲存储器(Cache)

高速缓冲存储器(Cache)位于 CPU 与主存储器之间。虽然 Cache 问世不久,但已在各种类型的计算机中广泛采用,近年出现的微机芯片已将 Cache 集成在 CPU 芯片上,例如 Intel 公司生产的 Pentium Pro 微处理器。采用 Cache 的主要目的是为了弥补主存速度的不足。在 CPU 和主存之间设置一个高速、小容量的 Cache,构成 Cache—主存储器层次,使之从 CPU 来看,速度接近于 Cache,容量却是主存的,从而使主存的速度与 CPU 的速度相匹配。但 Cache 芯片价格较高,不适于实现大容量的主存储器,在主存储器速度不能满足 CPU 要求的系统中,采用 Cache 是提高系统性能的有效手段。Cache 容量比主存小得多,一般在 1~256 KB 左右,CPU 每次访问存储器时,系统自动将主存地址转换为 Cache 地址。为提高 Cache 的访问速度,其物理位置应尽可能地靠近 CPU,以减少 CPU 与 Cache 之间的传输延迟。

图 3.6 所示是一典型的多级存储体系结构,从上到下,各种存储器离 CPU 越来越远,存储容量越来越大,每位价格越来越便宜,但访问速度越来越慢。CPU 中的寄存器堆可看作是最高层次的存储器,它的容量最小,速度最快。寄存器以下有高速缓冲存储器、主存储器、辅助存储器等层次。

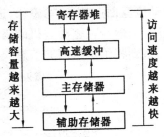

图 3.6　多级存储体系结构

3.2.3　辅助存储器

辅助存储器用以存放系统软件、大型文件、数据库等大量程序与数据信息,它们位于主机范畴之外,常称为外存储器,简称外存。常用的辅助存储器有磁带存储器、磁盘存储器和光盘存储器,统称为磁表面存储器。这类存储器具有以下特点。

(1)存储容量大、可靠性高、每位价格低;

(2)记录信息可以长期保存而不丢失;

(3)非破坏性读出,读写时不需要再生;

(4)主要缺点是存取速度较慢,机械结构复杂。

1.磁带存储器

以磁带为存储介质,能存储大量数字信息的装置,是计算机的一种辅助存储器。通常由磁带控制器和磁带驱动器(或称磁带机)组成。磁带控制器是连接计算机与磁带机之间的接口设备,一个磁带控制器可以连接多台磁带机。它是计算机在磁带上存取数据用的控制电路设备,可控制磁带机执行写、读、进退文件等操作。磁带机是以磁带为记录介质的数字磁性记录装置,它由磁带传送机构、伺服控制电路、读写磁头、读写电路和有关逻辑控制电路等组成。磁带是一种柔软的带状磁性记录介质,它由带基和磁表面层两部分组成。磁带存储器是以顺序方式存取数据。存储数据的磁带可以脱机保存和互换读出。除此之外,它还有存储容量大、价格低廉、携带方便等特点,它是计算机的重要外围设备之一。

2.磁盘存储器

磁盘存储器按其载体的基片分为硬磁盘存储器(硬盘)和软磁盘存储器(软盘),它们的工作原理大致相同。

(1)硬盘。硬盘是以铝合金圆盘为基片,上下两面涂有磁性材料而制成的磁盘。硬盘将硬盘片、磁头、电机及驱动部件全部做在一个密封的盒子里,因而具有体积小、质量轻、防尘性好、可靠性高、使用环境要求低等特点,具有存储容量大、存取速度快等优点。但是,硬盘多固定于主机箱内,不便于携带。

(2)软盘。软盘是以塑料圆盘为基片,上下两片涂有磁性材料而制成的磁盘。它质地较软,需封装在一个专用套内。与硬盘相比,软盘的容量较小,存取速度较慢,但软盘携带方便,价格低廉,便于保存,是目前使用最广泛的辅助存储器。

磁盘片是存储信息的媒体,每个磁盘有两个盘面,每个盘面有一个读/写磁头,用于读出或写入盘面上的信息。磁盘表面的信息存放格式如图3.7所示,每个盘面(或称记录面)上有几十条到几百条同心圆(称为磁道),由外向里分别为0磁道、1磁道……n磁道。每条磁道又分若干个扇区,每个扇区可存放若干字节的信息。磁盘上的信息以块作为存取单位,一个信息块可以是一个扇区或是多个扇区。当主机访问磁盘存储器时,应先给出磁盘的盘面号、磁道号、扇区及存储信息块的长度,这些参数实际上是访问磁盘存储器的"地址";根据给定的盘面号,启动该盘面上的读/写磁头,进入读/写状态,然后由磁头步进电机将磁头移动到给定磁道号的磁道上,磁盘在驱动电机的驱动下旋转,当给定扇区进入磁头之下时,便可以从磁头中存取信息,直到将给定长度的信息块全部存取完毕为止。

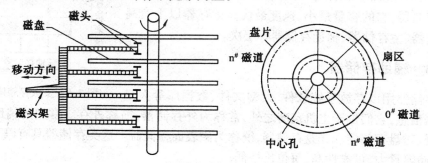

图3.7　磁盘表面的信息存放格式

3. 光盘存储器

光盘存储器是一种利用光学原理记录高密度信息的新型存储装置,现在通常称为压缩磁盘(CD,Compact Disk),可用于存放数字化的文字、声音、图像、图形、动画和视频影像,提供高达550~680 MB的存储空间。由于光盘存储器具有记录密度高、存储容量大、信息保存寿命长、工作稳定可靠等特点,已受到人们的高度重视,广泛应用于存储各种数字信息,用作磁盘存储器的后援设备。

根据性能和用途的不同,光盘存储器可分为3类。

(1)CD-ROM,只读型光盘(Compact Disc Read Only Memory)。

(2)CD-R,可记录光盘(Compact Disc Recordable)。

(3)DVD,数字视盘(Digital Video Disc)。

3.3　输入输出(I/O)系统

CPU和主存储器构成了计算机的硬件主体主机。一台计算机只有主机是不够的。程序、原始数据和各种现场信息要送入计算机,以便执行和加工处理;计算机的计算结果和各种控制信息则必须送出计算机,以便显示、打印或实现各种控制动作,这些统称为输入输出(I/O)。I/O设备是计算机与外界之间进行联系的桥梁,相当于计算机的"五官四肢",是计算机系统的重要组成部分。一台计算机的综合处理能力、可扩展性、兼容性和性价比等都与I/O设备有关。本节主要介绍几种常用的输入输出设备,输入输出设备接口及输入输出控制方式。

3.3.1　输入设备

常用的计算机输入设备分为图形输入、图像输入、语音输入等几类。

1.图形输入设备

图形输入方法很多,特别是交互图形系统要求具有人 – 机对话功能。为此必须具有方便的输入手段,才能体现"交互式"的优越性。

(1)键盘。键盘是字符和数字的输入装置,是一种最基本的输入设备。它由一组开关矩阵组成,包括数字键、字母键、符号键、功能键及控制键等。每个按键都有一个唯一的代码,当按下某个键时,键盘接口将该键的二进制代码送入计算机,并将按键字符显示在显示器上。

(2)光笔。光笔外形与钢笔相似,头部装有一个透镜系统,能把进入的光聚为一个光点。在光笔的头部附近有一个开关,当按下开关时,进行光的检测,光笔就可拾取显示器屏幕上的坐标。光笔与屏幕上的光标配合,可使光标跟踪光笔移动,在屏幕上画出图形或修改图形,其过程与人用钢笔画图的过程类似。

(3)鼠标。鼠标器是一种手持式坐标定位输入装置,用它来移动光标和做菜单选择操作,要比使用传统的键盘光标方便得多,因此使用非常普及。鼠标制造小巧玲珑,后拖一根长导线与计算机接口相连,像老鼠样,故称为鼠标。鼠标工作原理比较简单,其内部装有测量位移部件,当鼠标移动时,把移动距离和移动方向的信息变成脉冲信号送给计算机,计算机再把脉冲信号转换成鼠标光标的坐标数据,从而达到指示位置的目的。根据测量部件的不同,鼠标器分为机械式和光电式两种。

2.图像输入设备

常用的图像输入设备有摄像机、扫描仪和传真机。摄像机是最直接的图像输入设备,它可以摄取任何地点、任何环境的自然景物和物体,经量化后变成数字图像存入磁带或磁盘。

当图像已经记录到某种介质上时,需用读出装置读出图像。例如记录在录像带上的图像要用录像机读出,再将视频信号图像量化后输入计算机。如果想把纸上的图像输入计算机,一种方法是用摄像机对着纸上图像摄像输入;另一种方法是利用图文扫描仪或图文传真机,将纸上的图像信号转换成数字图像输入。

由于一帧数字图像要占很大的存储空间,因此数字图像的传送与存储是一个十分重要的研究课题,目前普遍采用的方法是压缩 – 恢复技术。

3.语音输入设备

利用人的自然语音实现人机对话是新一代计算机的主要标志之一。图 3.8 给出了一种语音输入/输出设备的原理图。语音识别器作为输入设备,可以将人的声音转换成计算机能够识别的信息,并将这些信息送入计算机。计算机处理的结果通过语音合成器变成声音输出,以实现真正的人机对话。语音识别器和语音合成器通常放在一起做成语音输入/输出设备。图3.8中声音通过话筒进入语音识别器,然后进入计算机;计算机输出数据送入语音合成器变为声

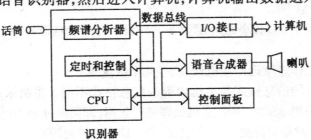

图 3.8　语音输入/输出原理图

音,然后由喇叭输出。

3.3.2 输出设备

常用的计算机输出设备有打印机、显示器和绘图仪等。

1.打印机

打印机是计算机最基本的输出设备之一。按印字方式,打印机分为击打式和非击打式两类。击打式利用机械作用使印字机构与色带和纸相撞击而打印字符,如针式打印机。击打式打印机的成本低,但噪音大,速度慢。非击打式是采用电、磁、光、喷墨等各种物理或化学方法印刷字符,如激光打印机、喷墨打印机等。非击打式打印机具有打印速度快、印字质量高、运行无噪音等特点,但其价格较高,是目前的主要发展趋势。

2.显示器

显示器是计算机必备的输出设备。显示设备种类很多,按所用的显示器件分类,有阴极射线管(CRT)、液晶显示器(LCD)和等离子显示器等。按所显示的信息分类,有字符显示器、图形显示器和图像显示器三类。

液晶和等离子显示器是平板式,体积小、功耗少,主要用于笔记本电脑。字符显示器只能显示字符,不能显示图形。图形显示器的出现扩大了计算机图形学的应用领域。图形与图像不同,图形是指工程图,即由点、线、面、体组成的图形;图像是景物图,即由摄像机摄取下来存入计算机的数字图像。无论哪种显示器,其工作原理都与电视机相似,它们都由电子枪发射电子束,电子束从左向右、从上向下逐行扫描荧光屏,只要两次扫描的时间间隔少于 0.01 秒,人们在屏幕上看到的就是一个稳定的画面。

3.绘图仪

绘图仪用于生产图形、图纸的硬拷贝,主要包括平板式和滚筒式两类。

(1)平板式绘图仪将绘图纸固定在平板上,计算机执行绘图程序,将加工成的绘图信息送入绘图仪,绘图仪产生驱动 X、Y 方向步进电机的脉冲,使绘图笔在 XY 平面上运动,从而在图纸上绘出图形。

(2)滚筒式绘图仪将图纸卷在一个滚筒上,在计算机的控制下,图纸沿垂直方向随滚筒卷动,绘图笔则沿水平方向移动,图纸卷动一行,绘图笔绘制一行。

与平板式绘图仪相比,滚筒式绘图仪具有结构紧凑、占地面积小、绘图速度快等优点,但对绘图纸要求较高。

3.3.3 输入输出设备接口

1.I/O 设备的特点

输入输出设备简称 I/O 设备或外围设备或外设。各类 I/O 设备与主机相比,具有以下几个特点:

(1)I/O 设备的工作速度远比主机慢,相差几个数量级。

(2)I/O 设备采用的信息格式与主机内部的信息格式不同。主机采用二进制编码表示信息,I/O 设备则大多采用 ASCII 编码;主机处理并行数据(即同时处理 16 位、32 位、64 位二进制信息等),而一些 I/O 设备只能处理串行数据(即一位一位地处理)。

(3)I/O 设备与主机各有自身的时钟和定时控制逻辑,无法取得同步。

这些特点表明：I/O 设备与主机之间存在着速度、信息格式、时序的不匹配问题，两者不能直接连接，必须经过一个"转换"机制。用于连接主机与 I/O 设备的转换机构称为 I/O 接口电路，简称 I/O 接口，也称适配器（Adapter）、设备控制卡（Device Control Card）或 I/O 控制器，起"匹配器"和"转换器"的作用，是 I/O 设备与主机之间的重要交界面。

2. I/O 接口的功能

I/O 接口通常具有下面的基本功能。

（1）识别地址码，即地址译码功能。一个计算机系统往往配备有多个 I/O 设备，如 CRT 显示器、打印机、磁盘等。每个 I/O 设备通过各自的接口与主机相连。为了区分不同的设备，必须对系统中的所有设备进行编址，以实现按地址访问，该地址称为设备地址或设备号。显然，每一个设备要占用多个地址，以区分设备接口中不同的寄存器（称为端口），所以设备地址具体表现为端口地址，是识别不同设备、不同端口的标志。

（2）实现主机与 I/O 设备之间的通信联络控制，包括同步控制、设备选择、中断控制等。

（3）实现数据缓冲。在接口中一般设置了多个数据缓冲寄存器，当主机与 I/O 设备交换数据时，先将数据暂存在数据缓冲器中，然后再输出到输出设备或输入到主机，以达到主机和 I/O 设备之间的速度匹配。

（4）能够将 I/O 设备的工作状态"记录"下来，并"通知"主机，为主机管理 I/O 设备提供必要的信息。I/O 设备的工作状态一般可分为"空闲"、"忙"和"结束"3 种，这 3 种状态在接口中用状态寄存器记录下来。

（5）能够接受主机发来的各种控制命令，以实现对 I/O 设备的控制操作。为此，在接口中设置了控制寄存器，以存放主机发来的控制命令。

（6）进行数据类型、格式等方面的转换。例如 CPU 字长为 16 位，而 I/O 设备按串行方式（即逐位传送方式）传送数据，则 I/O 接口需进行串 – 并数据格式的转换。一些设备的信号电平与主机不同，需要进行电平转换。在电信号形式方面也可能需要进行转换，例如测量温度时，传感器送出的是模拟信号，则接口需进行模/数（A/D）转换，将其变为数字信号，才能送往主机进行处理。

3.3.4　输入输出控制方式

I/O 设备与 CPU 之间的数据传送通过接口来进行，其控制方式有程序查询方式、中断控制方式、直接存储器存取方式（DMA 方式）及 I/O 处理机方式。

1. 程序查询方式（Program Inquiry）

许多 I/O 设备的工作状态是很难事先预知的，比如何时按键，一台打印机是否能接受新的打印信息等。这就要求 CPU 不断地去查询 I/O 设备的状态，只有当 I/O 设备准备就绪时，才能开始数据传送，否则 CPU 等待。这种控制方式称为程序查询方式。程序查询方式下的 I/O 接口中要设置状态位，以表示 I/O 设备的工作状态。有些设备的状态信息较多，可组成一个或多个状态字，由 CPU 通过输入指令读取，其工作流程如图 3.9 所示。

（1）程序查询方式的工作过程

在相应的 I/O 程序中必须进行以下几点操作：

① 读取 I/O 设备的状态信息。

② 判断是否进行新的操作。例如判断键盘是否有新键按下，或打印机是否准备好接受新

的数据。

③执行所需的 I/O 操作。例如从键盘接口读数,或送出打印信息到打印机接口。

(2)程序查询方式的主要特点

在 I/O 设备准备期间,CPU 将查询等待状态,使 CPU 的工作效率降低。因此,这种方式适用于 I/O 设备较少,数据传送率较低的场合。

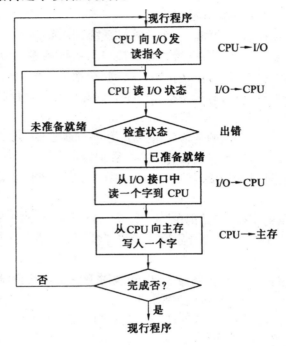

图 3.9　程序查询方式流程

2. 中断控制方式(Interrupt Control)

(1)中断控制方式的工作过程

为了克服程序查询方式的缺点,使 CPU 和 I/O 设备能够同时进行工作,常采用中断控制方式进行输入输出操作。中断控制方式中,CPU 不用循环检测 I/O 设备的状态,而是当 I/O 设备准备就绪时"主动"通知 CPU。CPU 执行程序的过程中,需进行 I/O 操作时,就启动 I/O 设备工作。一旦 I/O 设备被启动,CPU 就继续执行原来的程序,I/O 设备则进入准备状态。当 I/O 设备准备就绪后,向 CPU 发出"中断请示"信号,"通知"CPU 可以进行输入输出操作了。当 CPU 接收到该信号后,经中断优先级排队后确定可以响应中断,则向 I/O 设备发出中断响应信号,并转入中断服务程序,在中断服务程序中完成主机与 I/O 设备之间的数据交换。I/O 操作完成后,CPU 由中断服务程序返回原来的程序继续执行。

(2)中断控制方式的特点

在 I/O 设备准备数据期间,CPU 可以继续执行原来的程序,无需查询 I/O 设备的工作状态。显然,与程序查询方式相比,中断控制方式提高了 CPU 的工作效率,因为对于慢速的 I/O 设备而言,其 I/O 设备准备数据的时间远远大于 CPU 执行中断服务程序的时间。中断控制方式如图 3.10 所示。

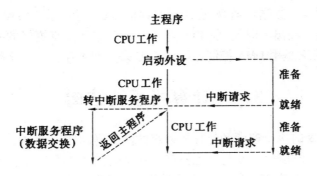

图 3.10　中断控制方式流程

3.DMA 方式(Direct Memory Access)

中断控制方式可以提高 CPU 的利用率,但每次中断都需要保存原程序的执行现场,进入中断服务程序进行 I/O 操作,再恢复原程序的执行现场,开销很大,对于一些高速的 I/O 设备,如磁盘、磁带等仍显得传送速度太慢。为解决这类问题,又引入了直接存储器传送方式,简称 DMA 方式。DMA 方式操作过程如图 3.11 所示。

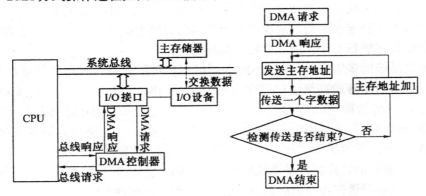

图 3.11　DMA 操作过程及传送数据流程

(1)DMA 方式的工件过程。

当 I/O 设备准备就绪后,向 DMA 控制器发出"DMA 请求";DMA 控制器接收到该请求后,向 CPU 发出"总线请求";CPU 接收到该请求信号后,向 DMA 控制器发回"总线响应"信号,与此同时,CPU 让出系统总线,将总线控制权暂交 DMA 控制器;DMA 控制器接收到"总线响应"信号,表明它已接管系统总线,向 I/O 设备发出"DMA 响应",以通知 I/O 设备可与主存进行数据传送,同时 DMA 控制器利用总线向主存提供地址信息,发出读写控制信号,在主存和 I/O 设备之间直接进行数据传送;每传送一个字,DMA 控制器内地址计数器和字计数器都加 1,当一组(批)数据传送结束后,DMA 控制器释放总线,将总线控制权归还 CPU。

(2)DMA 方式的主要特点。

①在 I/O 设备与主存之间直接开辟了数据传送通道,因此当 I/O 设备与主存交换数据时,不需要经过 CPU。

②数据交换以成批方式进行,一次交换一个数据块或一批数据。

③数据的交换由 DMA 控制器控制实现,而不是通过程序控制实现的。所以,这种方式非常适合于高速 I/O 设备进行数据块或成批的数据传送。

DMA 方式有着很高的数据传送率,适用于高速的 I/O 设备。采用 DMA 方式,可进一步减少 CPU 花费到管理输入输出的时间,使 CPU 和 I/O 设备之间具有更好的并行性,但要以增加硬件成本为代价,因为它是用 DMA 控制器取代 CPU 来实现主存和 I/O 设备之间的数据交换。

3.4 计算机系统结构

围绕如何提高指令的执行速度和计算机系统的性价比,出现了多种计算机系统结构,如精简指令集计算机、流水线处理机、并行处理机等。尽管这些计算机系统在结构上做了较大的改进,但仍没有突破冯·诺依曼(Von Neumann)型计算机的体系结构,其基本特征仍是顺序执行和数据共享,促使指令执行的因素仍是事先编好的指令执行顺序。

3.4.1 计算机系统结构的概念

计算机系统结构(Computer Architecture)最初是由 IBM 360 系列机的主设计师 Amdahl 提出的:计算机系统结构是程序员所看到的计算机的基本属性,即概念性结构与功能特性。

现代通用计算机系统由紧密相关的硬件和软件组成。从使用语言的角度,可以将计算机系统按功能划分为多级层次结构。层次结构由高到低分别为应用语言级、高级语言级、汇编语言级、操作系统级、传统机器语言级和微程序机器级。

按照计算机系统的多级层次结构,不同级别的程序员所看到的计算机的基本属性不同。例如,对于使用 FORTRAN 的高级语言程序员来说,一台 IBM 3090 大型机、一台 VAX11/780 小型机或是一台 PC 386 微机,在他看来都是一样的,因为在这三台机器上运行他所编写的程序,得到的结果是一样的。但对使用汇编语言编程的程序员来讲,由于必须熟悉这三台机器完全不同的汇编语言指令,他就感到这三台机器是完全不同的。即使对同一台机器来讲,处在不同级别的程序员,所看到的计算机的基本属性也有所不同。例如,传统机器程序员所看到的计算机基本属性是该机机器语言指令集的功能特性,而高级语言程序员所看到的计算机基本属性是该机所配置的高级语言所具有的功能特性。那么通常所说的计算机系统结构是指处在哪一级的程序员所看到的基本属性呢? 比较一致的看法是机器语言程序员或编译程序编写者所看到的基本属性。由机器语言程序员或编译程序编写者所看到的基本属性是指传统机器级的系统结构,在系统机器级上的功能被视为属于软件功能,其下的则属于硬件/固件功能,因此计算机系统的概念性结构和功能特性实际上已成为计算机系统中软、硬件之间的分界面。

虽然软、硬件在实质上不同,但它们的功能在逻辑上是等价的,即绝大部分软件功能可以用硬件实现,反之亦然。但两者在实现时,性价比和实现难易程度却大不相同。一般而言,用硬件代替软件所实现的功能往往性能优越,占用存储空间较少,但成本相对较高,改变的灵活性较差;使用软件代替硬件则正好相反。

具有相同功能的计算机系统,它们的软、硬件功能分配可以随各种因素在一定的范围内动态地变化。计算机系统结构作为一门学科,主要研究软、硬件功能分配和软、硬件计算机系统结构的外特性,一般包括以下几个方面:

(1)指令系统。反映了机器指令的类型、形式以及控制机制。

(2)数据表示。反映了能由硬件直接识别和处理的数据类型和指令。

(3)操作数的寻址方式。反映了系统能寻址的最小单位、寻址方式和表示方法。

(4)寄存器的构成定义。反映了通用寄存器和专用寄存器的数量、定义和使用方式。

(5)中断结构和例外条件。反映了中断的类型、响应的硬件功能和例外条件。

(6)存储体系和管理。包括主存储器、编址方式、最大可编址空间等。

(7)I/O 结构。包括 I/O 设备的连接,数据传输方式等。

(8)信息保护。包括保护方式及有关的硬件支持等。

3.4.2　精简指令集计算机系统

指令系统是程序设计者看到的机器的主要属性,是软、硬件的主要界面,在很大程度上决定了计算机具有的基本功能。计算机指令系统的设计有两个截然不同的方向,一是为了增强指令的功能,在指令系统中引入了各种各样的复杂指令,这种计算机系统称为复杂指令集计算机 CISC(Complex Instruction Set Computer);二是尽量简化指令功能,只保留那些使用频率高、功能简单的指令,这种计算机系统称为精简指令集计算机 RISC(Reduced Instruction Set Computer)。

CISC 结构和 RISC 结构的重要区别之一在于其指令功能的强弱。一般来说,CISC 结构追求的目标是强化指令功能,减少程序的指令条数,以达到提高性能的目的。

CISC 结构存在下列一些缺点:

(1)CISC 指令系统中,各种指令的使用频度相差悬殊。据统计,约 80%的指令只在 20%的运行时间里用到。

(2)CISC 指令系统的复杂性带来了计算机系统结构的复杂性,这不仅增加了研制时间和成本,而且容易造成设计错误。

(3)CISC 指令系统的复杂性给超大规模集成电路 VLSI(Very-Large Scale Integration)的设计带来了困难,不利于单片集成。

(4)CISC 指令系统中许多复杂指令需要很复杂的操作,运行速度慢。

(5)CISC 指令系统中,由于各条指令的功能不均衡性,不利于采用先进的计算机体系结构技术(如流水线技术)来提高系统的性能。

针对 CISC 结构存在的这些问题,人们提出了精简指令集计算机 RISC 的构想,并先后研制了 RISC－Ⅰ和 RISC－Ⅱ计算机。20 世纪 80 年代,美国斯坦福大学研制了 MIPS RISC 计算机,使得 RISC 结构设计风格得到了很大的发展。进入 90 年代以后,已很难找到哪一家计算机公司在生产开发中不采用 RISC 结构了。

RISC 结构在本质上仍属于 Von Neumann 型,但已作了较大的改进。与 CISC 相比,RISC 不只是简单地将指令系统中的指令减少,并且在体系结构的设计和实现技术上也有其明显的特色,使计算机结构更加合理、高效,机器运算速度更快,运行时间更短,提高了计算机的性能。进行 RISC 计算机指令集的设计时,必须遵循如下原则:

(1)选取使用频率最高的指令,并补充一些很有用但并不复杂的指令。

(2)每条指令的功能应尽可能简单,并在一个机器周期内完成。

(3)简化指令格式,指令长度固定。

(4)CPU 中采用大量的通用寄存器,一般不少于 32 个,以尽可能减少访存操作。

(5)通过精简指令和优化设计编译程序,以简单有效的方式来支持高级语言的实现。

同时,RISC 在技术实现方面采取了一系列措施,如,在逻辑实现上采用以硬件为主,固件为辅的技术,延迟转移技术及窗口重叠寄存器技术等。

3.5 嵌入式系统

嵌入式系统(Embedded System)是指以应用为中心,以计算机技术为基础,软硬件可裁减,能满足应用系统对功能、成本、体积、功耗等指标严格要求的专用计算机系统。它可以实现对其他设备的控制、监视和管理等功能。简单地说,嵌入式系统集系统的应用软件和硬件于一体,类似于 PC 中 BIOS 的工作方式,具有软件代码小、高度自动化、响应速度快等特点,特别适合于要求实时、多任务的体系。

本节首先介绍嵌入式系统的组成、特点,然后介绍目前广为应用的 ARM 微处理器,以及计算机硬件发展的前沿——可编程片上系统(SOPC)。

3.5.1 嵌入式系统的组成

嵌入式系统通常由嵌入式处理器、嵌入式外围设备、嵌入式操作系统和嵌入式应用软件等4大部分组成。它不具备像硬盘那样大容量的存储介质,大多使用 EPROM、EEPROM 或闪存(Flash Memory)作为存储介质。软件部分包括操作系统软件(要求实时和多任务操作)和应用程序编程。应用程序控制系统的运作和行为,而操作系统控制应用程序编程与硬件的交互作用。

1.嵌入式处理器

嵌入式处理器一般具备 4 个特点:

◆ 对实时和多任务有很强的支持能力,能完成多任务,并且有较短的中断响应时间,从而使内部代码和实时操作系统的执行时间减少到最低限度。

◆ 具有功能很强的存储区保护功能,这是由于嵌入式系统的软件结构已模块化,而为了避免在软件模块之间出现错误的交叉作用,需要设计强大的存储区保护功能,同时也有利于软件诊断。

◆ 可扩展的处理器结构,能迅速地扩展出满足应用的高性能的嵌入式微处理器。

◆ 功耗必须很低,尤其是用于便携式的无线及移动的计算和通信设备中靠电池供电的嵌入式系统更是如此。

嵌入式处理器通常包括嵌入式微处理器、嵌入式微控制器、嵌入式 DSP 处理器和嵌入式片上系统。

(1)嵌入式微处理器(Embedded Microprocessor Unit)

嵌入式微处理器采用"增强型"通用微处理器(CPU)。由于嵌入式系统通常应用于比较恶劣的环境中,因而嵌入式微处理器在工作温度、电磁兼容性以及可靠性方面的要求较通用的标准微处理器高,但功能方面基本上是一样的。根据实际嵌入式应用要求,将嵌入式微处理器装配在专门设计的主板上,只保留和嵌入式应用有关的主板功能,以大幅度减小系统的体积和功耗。与工业控制计算机相比,嵌入式微处理器组成的系统具有体积小、质量轻、成本低、可靠性高的优点,但在其电路板上必须包括 ROM、RAM、总线接口、各种外设等器件,从而降低了系统的可靠性,技术保密性也较差。嵌入式微处理器及其存储器、总线、外设等安装在一块电路主板上,即构成一个通常所说的单板机系统。嵌入式处理器目前主要有 Atmel 86/88、386EX、SC – 400、Power PC、68000、MIPS、ARM 系列等。

(2)嵌入式微控制器(Microcontroller Unit,MCU)

嵌入式微控制器又称单片机,它将整个计算机系统集成到一块芯片中。一般以某种微处理器内核为核心,根据某些典型的应用,在芯片内部集成了 ROM/EPROM、RAM、总线、总线逻辑、定时/计数器、看门狗、I/O、串行口、脉宽调制输出、A/D、D/A、Flash、RAM、EEPROM 等各种必要功能部件和外设。为适应不同的应用需求,对功能的设置和外设的配置进行必要的修改和裁减定制,使得一个系列的单片机具有多种衍生产品,每种衍生产品的处理器内核都相同,不同的是存储器和外设的配置及功能的设置。这样可以使单片机最大限度地和应用需求相匹配,从而减少整个系统的功耗和成本。

与嵌入式微处理器相比,微控制器的单片化使应用系统的体积大大减小,从而使功耗和成本大幅度下降,可靠性提高,已成为嵌入式系统应用的主流。

嵌入式微控制器可分为通用和半通用两类,比较有代表性的通用系列包括 8051、P51XA、MCS-251、MCS-96/196/296、C166/167、68300 等;而比较有代表性的半通用系列包括支持 USB 接口的 MCU 8XC930/931、C540、C541 和支持 IZC、CAN 总线、LCD 等的众多专用 MCU 和兼容系列。

(3)嵌入式 DSP 处理器(EDSP,Embedded Digital Signal Processor)

在数字信号处理应用中,各种数字信号处理算法相当复杂,一般结构的处理器无法实时地完成这些运算。而 DSP 处理器对系统结构和指令进行了特殊设计,适合于实时地进行数字信号处理。因此,在数字滤波、FFT、谱分析等方面,DSP 算法正大量进入嵌入式领域,DSP 应用正从在通用单片机中以普通指令实现 DSP 功能,过渡到采用嵌入式 DSP 处理器。

嵌入式 DSP 处理器有两类:

①DSP 处理器经过单片化、EMC 改造、增加片上外设成为嵌入式 DSP 处理器,TI 的 TMS320C2000/C5000 等属于此范畴。

②在通用单片机或 SOC 中增加 DSP 协处理器,例如 Intel 的 MCS-296 和 Infineon(Siemens) 的 TriCore。

另外,智能方面的应用中也需要嵌入式 DSP 处理器,例如各种带有智能逻辑的消费类产品、生物信息识别终端、带有加解密算法的键盘、ADSL 接入、实时语音解压系统、虚拟现实显示等。这类智能化算法一般运算量都较大,特别是向量运算、指针线性寻址等较多,而这些正是 DSP 处理器的优势所在。

(4)嵌入式片上系统(SOC,System On Chip)

随着 EDI 的推广和 VLSI 设计的普及化,以及半导体工艺的迅速发展,可以在一块硅片上实现一个更为复杂的系统,这就产生了 SOC 技术。各种通用处理器内核作为 SOC 设计公司的标准库和其他许多嵌入式系统外设一样,成为 VLSI 设计中一种标准的器件,用标准的 VHDL、Verilog、HDL 等硬件语言描述,存储在器件库中。用户只需定义出整个应用系统,仿真通过后就可以将设计图交给半导体工厂制作样品。这样除某些无法集成的器件以外,整个嵌入式系统大部分均可集成到一块或几块芯片中去,应用系统电路板将变得很简单,对于减小整个应用系统体积和功耗、提高可靠性非常有利。SOC 分为通用和专用两类。

2.嵌入式外围设备

嵌入式外围设备指在一个嵌入式硬件系统中,除了中心控制部件(MCU、DSP、EMPU、SOC)以外的完成存储、通信、保护、调试、显示等辅助功能的其他部件。根据外围设备的功能可分为以下三类。

(1)存储器类

存储器类包括静态易失型存储器(RAM、SRAM)、动态存储器(DRAM)、非易失型存储器(ROM、EPROM、EEPROM、FLASH)。其中 FLASH(闪存)以可擦写次数多、存储速度快、容量大及价格便宜等优点在嵌入式领域得到广泛应用。

(2)接口类

目前存在的所有接口在嵌入式领域中都有广泛的应用,但是以下几种接口应用最为广泛,包括 RS232 接口(串口)、IRDA(红外线接口)、SPI(串行外围设备接口)、IC 接口、USB(通用串行接口)、Ethernet(以太网接口)和普通并口等。

(3)显示类

显示类包括监视器 CRT、液晶显示器 LCD 和触摸屏等外围显示设备。

3.嵌入式操作系统

在嵌入式大型应用中,为了使嵌入式开发更快捷、方便,就需要具备相应的管理存储器分配、中断处理、任务间通信和定时器响应,以及提供多任务处理等功能的稳定的、安全的软件模块集合,即嵌入式操作系统。嵌入式操作系统的引入大大提高了嵌入式系统的功能,方便了嵌入式应用软件的设计,但同时也占用了宝贵的嵌入式资源。一般在比较大型或需要多任务的应用场合才考虑使用嵌入式操作系统。

当今流行的嵌入式操作系统包括 Vxworks、pSOS、Linux、Delta OS、WinCE 和 μC/OS－II 等。每一种嵌入式操作系统都有其自身的优越性,用户可根据自己的实际应用选择适当的操作系统。

4.嵌入式应用软件

嵌入式应用软件是针对特定的专业领域,基于相应的嵌入式硬件平台,并能完成用户预期任务的计算机软件。有些嵌入式应用软件需要嵌入式操作系统的支持,但在简单的应用场合下不需要专门的操作系统。

嵌入式应用软件和普通的应用软件有一定的区别。由于嵌入式应用对成本十分敏感,因此,为减少系统的成本,除了精简每个硬件单元的成本外,还要尽可能地减少嵌入式应用软件的资源消耗。这就要求嵌入式应用软件不但要保证准确性、安全性、稳定性以满足应用要求,还要尽可能地优化。

3.5.2 嵌入式系统特点

嵌入式系统是应用于特定环境下执行面对专业领域的应用系统,与通用的计算机系统相比具有以下特点。

(1)嵌入式系统通常是面向特定应用的,一般都有实时要求。嵌入式 CPU 大多工作在为特定用户群所设计的系统中。它通常具有低功耗、体积小、集成度高、成本低等特点,能够把通用 CPU 中许多由板卡完成的任务集成在芯片内部,从而使嵌入式系统的设计趋于小型化、专业化,移动能力大大增强,与网络的结合也越来越紧密。

(2)嵌入式系统是先进的计算机技术、半导体工业、电子技术和通信网络技术与各领域的具体应用相结合的产物。这一特点决定了它必然是一个技术密集、资金密集、高度分散、不断创新的知识继承系统。

(3)嵌入式系统和具体应用有机地结合在一起,它的升级换代也和具体产品同步进行。因此,嵌入式系统产品一旦进入市场,一般具有较长的生命周期。

(4)嵌入式系统的硬件和软件都必须高效率地设计,在保证稳定、安全、可靠的基础上量体裁衣,去除冗余,力争在同样的硅片面积上实现更高的性能。这样,才能最大限度地降低应用成本,从而在具体应用中对处理器的选择更具有市场竞争力。

(5)为了提高执行速度和系统可靠性,嵌入式系统中的软件一般都固化在存储芯片或处理器的内部存储器件中,而不存储于外部的磁盘等载体中。

(6)嵌入式系统本身不具备自主开发能力,即使设计完成以后,用户通常也不能对其中的程序功能进行修改,必须有一套交叉开发工具和环境才能进行开发。

3.5.3 ARM 微处理器

1.ARM 简介

ARM(Advanced RISC Machines),既可以认为是一个公司的名字,也可以认为是对一类微处理器的通称,还可以认为是一种技术的名字。

1991 年,ARM 公司成立于英国剑桥,主要出售芯片设计技术的授权。目前,采用 ARM 技术知识产权(IP)核的微处理器,即我们通常所说的 ARM 微处理器,已遍及工业控制、消费类电子产品、通信系统、网络系统、无线系统等各类产品市场。

ARM 公司是专门从事基于 RISC 技术芯片设计开发的公司,作为知识产权供应商,本身不直接从事芯片生产,靠转让设计许可由合作公司生产各具特色的芯片。世界各大半导体生产商从 ARM 公司购买其设计的 ARM 微处理器核,根据各自不同的应用领域,加入适当的外围电路,从而形成自己的 ARM 微处理器芯片进入市场。

2.ARM 微处理器的应用领域

到目前为止,ARM 微处理器及技术的应用几乎已经深入到各个领域。

(1)工业控制领域:作为 32 位的 RISC 架构,基于 ARM 核的微控制器芯片不但占据了高端微控制器市场的大部分市场份额,同时也逐渐向低端微控制器应用领域扩展,ARM 微控制器的低功耗、高性价比,向传统的 8 位/16 位微控制器提出了挑战。

(2)无线通讯领域:目前已有超过 85% 的无线通讯设备采用了 ARM 技术,ARM 以其高性能和低成本,在该领域的地位日益巩固。

(3)网络应用:随着宽带技术的推广,采用 ARM 技术的 ADSL 芯片正逐步获得竞争优势。此外,ARM 在语音及视频处理上进行了优化,并获得广泛支持,也对 DSP 的应用领域提出了挑战。

(4)消费类电子产品:ARM 技术在目前流行的数字音频播放器、数字机顶盒和游戏机中得到广泛采用。

(5)成像和安全产品:现在流行的数码相机和打印机中绝大部分采用 ARM 技术。手机中的 32 位 SIM 智能卡也采用了 ARM 技术。

除此以外,ARM 微处理器还应用到许多不同的领域,并会在将来取得更加广泛的应用。

3.ARM 微处理器的特点

采用 RISC 架构的 ARM 微处理器一般具有如下特点。

(1)体积小、低功耗、低成本、高性能。

(2)支持 Thumb(16 位)/ARM(32 位)双指令集,能很好地兼容 8 位/16 位器件。

(3)大量使用寄存器,指令执行速度更快。

(4)大多数数据操作都在寄存器中完成。

(5)寻址方式灵活简单,执行效率高。

(6)指令长度固定。

4. ARM 微处理器的寄存器结构

ARM 处理器共有 37 个寄存器,被分为若干个组(BANK),包括如下寄存器。

(1) 31 个通用寄存器,包括程序计数器(PC 指针),均为 32 位的寄存器。

(2) 6 个状态寄存器,用以标识 CPU 的工作状态及程序的运行状态,均为 32 位,目前只使用了其中的一部分。

同时,ARM 处理器又有 7 种不同的处理器模式,在每一种处理器模式下均有一组相应的寄存器与之对应。在所有的寄存器中,有些是在 7 种处理器模式下共用的同一个物理寄存器,而有些则是在不同的处理器模式下有不同的物理寄存器。

5. ARM 微处理器的指令结构

ARM 微处理器在较新的体系结构中支持两种指令集:ARM 指令集和 Thumb 指令集。其中,ARM 指令为 32 位的长度,Thumb 指令为 16 位长度。Thumb 指令集为 ARM 指令集的功能子集,但与等价的 ARM 代码相比较,可节省 30%～40%以上的存储空间,同时具备 32 位代码的所有优点。

3.5.4　可编程片上系统

可编程片上系统即 SOPC(System On Programmable Chip),或者说是基于大规模 FPGA 的单片系统。SOPC 的设计技术是现代计算机辅助设计技术、EDA 技术和大规模集成电路技术高度发展的产物,是将尽可能大而完整的电子系统,包括嵌入式处理器系统、接口系统、硬件协处理器或加速系统、DSP 系统、数字通信系统、存储电路及普通数字系统等,在单一 FPGA 中嵌入实现。大量采用 IP 核复用、软硬件协同设计、自顶向下和自底向上混合设计的方法,边设计、边调试、边验证,原本需要写上几千行的 VHDL 代码的功能模块,嵌入 IP 核后,只需几十行 C 代码即可实现。因此,可以使得整个设计在规模、可靠性、体积、功耗、功能、性能指标、上市周期、开发成本、产品维护及其硬件升级等多方面实现最优化。

传统的设计技术已经很难满足系统化、网络化、高速度、低功耗、多媒体等实际需求,SOPC 可将处理器、存储器、外设接口和多层次用户电路等系统设计需要的功能模块集成到一块芯片上,因其灵活、高效、设计可重用特性,已经成为集成电路未来的发展方向,广泛应用到汽车、军事、航空航天、广播、测试和测量、消费类电子、无线通信、医疗、有线通信等领域。

SOPC 技术是一门全新的综合性电子设计技术,涉及面广。因此,在知识构成上对于新时代嵌入式创新人才有更高的要求,除了必须了解基本的 EDA 软件、硬件描述语言和 FPGA 器件相关知识外,还必须熟悉计算机组成与接口、汇编语言或 C 语言、DSP 算法、数字通信、嵌入式系统开发、片上系统构建与测试等知识。

3.5.5　嵌入式系统的应用前景

嵌入式控制器的应用几乎无处不在:移动电话、家用电器、汽车……无不有它的踪影。因其体积小、可靠性高、功能强、灵活方便等许多优点,其应用已深入到工业、农业、教育、国防、科研以及日常生活等各个领域,对各行各业的技术改造、产品更新换代、加速自动化进程、提高生产率等方面起到了极其重要的推动作用。

嵌入式计算机在应用数量上远远超过了各种通用计算机,一台通用计算机的外部设备中就包含了 5～10 个嵌入式微处理器。制造工业、过程控制、网络、通讯、仪器、仪表、汽车、船舶、航空、航天、军事装备、消费类产品等方面均是嵌入式计算机的应用领域。

嵌入式系统工业是专用计算机工业,其目的就是要把一切变得更简单、更方便、更普及、更适用;通用计算机的发展变为功能电脑,普遍进入社会,嵌入式计算机发展的目标是专用电脑,实现"普遍化计算",因此可以称嵌入式智能芯片是构成未来世界的"数字基因"。正如我国资深嵌入式系统专家——沈绪榜院士的预言,"未来十年将会产生针头大小、具有超过一亿次运算能力的嵌入式智能芯片",将为我们提供无限的创造空间。

小　　结

一个完整的计算机系统由硬件和软件两部分组成。硬件包括中央处理单元、存储器和 I/O 子系统 3 个主要组成部分,通过系统总线把它们连接在一起。计算机中各硬件子系统根据一定的原则进行协同工作。

计算机系统结构是指对计算机系统中软、硬件之间界面的描述,它反映了程序员所看到的计算机的基本属性。并行处理技术是提高计算机性能的重要手段,而流水线技术则是目前使用相当普遍的一种指令级并行处理技术。

嵌入式系统(Embedded System)是以应用为中心的,以计算机技术为基础的,并且软硬件是可裁减的,能满足应用系统对功能、成本、体积、功耗等指标的严格要求的专用计算机系统。它可以实现对其他设备的控制、监视和管理等功能。

习　　题

1. CPU 的基本功能是什么? 它由哪些基本部件组成?
2. 控制器由哪些部件组成? 简述各个部件的功能。
3. 什么是 RAM? 什么是 ROM?
4. 试比较程序查询方式、中断控制方式和 DMA 方式等输入输出控制方式的优缺点。
5. 简述 RISC 和 CISC 的本质区别。
6. 简述 I/O 接口的基本功能。
7. 简述嵌入式系统的定义。
8. 简述一套典型的嵌入式系统的开发步骤,并给予说明。

第4章

系统软件

本章重点：程序设计语言的工作方式和操作系统的功能。
本章难点：程序设计语言及操作系统在整个计算机系统中的作用。

软件是计算机的灵魂，没有软件的计算机就如同没有磁带的录音机一样，与废铁没什么差别。使用不同的软件，计算机可以完成许许多多不同的工作。软件使计算机具有非凡的灵活性和通用性。也正是这一原因，决定了计算机的任何动作都离不开由人安排的指令。人们针对某一需要而为计算机编制的指令序列称为程序。程序连同有关的说明资料称为软件。配上软件的计算机才成为完整的计算机。人们把这些指令集中组织在一起，形成专门的软件，用来支持应用软件的运行，这种软件称为系统软件。系统软件在为应用软件提供上述基本功能的同时，也进行着对硬件的管理，使在一台计算机上同时或先后运行的不同应用软件有条不紊地合用硬件设备。

4.1 程序设计语言

只有当计算机配备了软件系统，它才拥有了人类所赋予的智能，能够进行科学计算、信息处理等，软件是计算机的灵魂，而软件的基础是程序，程序是通过一定的方法设计而产生的。

程序设计语言是人与计算机交互的工具，人要把需要计算机完成的工作告诉计算机，并指挥计算机一步步完成，这就要通过程序设计语言，使计算机能够理解人的意图，并按指令工作。随着计算机的发展，程序设计语言经历了机器语言、汇编语言和高级程序设计语言 3 个阶段。

4.1.1 机器语言

机器语言(Machine Language)是用二进制代码表示的计算机能直接识别和执行的一种机器指令的集合。它是计算机的设计者通过计算机的硬件结构赋予计算机的操作功能。机器语言具有灵活、直接执行和速度快等特点。不同型号的计算机其机器语言是不相通的，按照一种计算机的机器指令编制的程序，不能在另一种计算机上执行。

指令是用"0"和"1"组成的一串代码，有一定的位数，并分成若干段，各段的编码表示不同的含义，例如某台计算机字长为 16 位，即由 16 个二进制数组成一条指令或其他信息。16 个"0"和"1"可组成各种排列组合，通过线路变成电信号，让计算机执行各种不同的操作。

如某种计算机的指令为 1011011000000000，它表示让计算机进行一次加法操作；而指令 1011010100000000 则表示进行一次减法操作。它们的前八位表示操作码，而后八位表示地址码。从上面两条指令可以看出，它们只是在操作码中从左边第 0 位算起的第 6 和第 7 位不同。

这种机型可包含 256($=2^8$)个不同的指令。

机器语言程序可以直接在计算机上运行。用机器语言编写程序,编程人员要首先熟记所用计算机的全部指令代码和代码的含义。手编程序时,程序员需要自己处理每条指令和每一数据的存储分配和输入输出,还得记住编程过程中每步所使用的工作单元处在何种状态。这是一件十分繁琐的工作,编写程序花费的时间往往是实际运行时间的几十倍或几百倍。而且,编出的程序全是些"0"和"1"的指令代码,直观性差,还容易出错。用机器语言编写程序不便于记忆、阅读和书写,它的书面形式全是"密"码,可读性差,不便于交流与合作。它严重地依赖于具体的计算机,所以可移植性差,重用性差。现在,除了计算机生产厂家的专业人员外,绝大多数程序员已经不再去学习机器语言了。

尽管如此,由于计算机只能接受以二进制代码形式表示的机器语言,所以,任何高级语言最后都必须翻译成二进制代码程序(即目标程序),才能为计算机所接受并执行。

4.1.2 汇编语言

汇编语言(Assembly Language)是面向机器的程序设计语言。汇编语言是一种功能很强的程序设计语言,也是利用计算机所有硬件特性并能直接控制硬件的语言。

在汇编语言中,用助记符(Memoni)代替操作码(如用 ADD 表示加法操作码),用地址符号(Symbol)或标号(Label)代替地址码。这样用符号代替机器语言的二进制码,就把机器语言变成了汇编语言。汇编语言是机器语言符号化的结果,是为特定的计算机或计算机系统设计的面向机器的语言。汇编语言的指令与机器指令基本上保持了一一对应的关系。

汇编语言容易记忆,便于阅读和书写,在一定程度上克服了机器语言的缺点。使用汇编语言编写的程序,机器不能直接识别,要由一种程序将汇编语言翻译成机器语言,这种起翻译作用的程序叫汇编程序,汇编程序是系统软件中的语言处理系统软件。汇编语言把汇编程序翻译成机器语言的过程称为汇编。

汇编语言比机器语言易于读写、调试和修改,同时具有机器语言的全部优点。但比机器语言容易理解和记忆,且能够直接描述计算机硬件的操作,具有很强的灵活性,因此在实时控制、实时检测等许多应用程序中仍然使用汇编语言来编写。但在编写复杂程序时,相对于高级语言来说,汇编语言代码量较大,而且依赖于具体的处理器体系结构,不能通用,因此不能直接在不同处理器体系结构之间移植,编写汇编语言程序时必须深入了解计算机硬件的许多细节。

1. 汇编语言的特点

汇编语言具有以下特点:

(1)面向机器的低级语言,通常是为特定的计算机或系列计算机专门设计的。

(2)保持了机器语言的优点,具有直接和简捷的特点。

(3)可有效地访问、控制计算机的各种硬件设备,如存储器、CPU、I/O 端口等。

(4)目标代码简短,占用内存少,执行速度快,是高效的程序设计语言。

(5)经常与高级语言配合使用,应用十分广泛。

2. 汇编语言的应用

(1)70%以上的系统软件是用汇编语言编写的。

(2)某些快速处理、位处理、访问硬件设备等高效程序是用汇编语言编写的。

(3)某些高级绘图程序、视频游戏程序是用汇编语言编写的。

4.1.3 高级程序设计语言

机器语言和汇编语言都是面向机器的语言，它们虽然运行效率高，但编写的效率却很低。高级语言是同自然语言和数学语言比较接近的计算机程序设计语言，容易为人们掌握，用来描述一个解题过程或某一问题的处理过程十分方便、灵活。由于它独立于机器，因此具有一定的通用性。

程序设计语言(Programming Language)是一组用来定义计算机程序的语法规则。它是一种被标准化的交流技巧，用来向计算机发出指令。一种计算机语言让程序员能够准确地定义计算机所需要使用的数据，并精确地定义在不同情况下所应当采取的行动。

高级程序设计语言往往使程序员能够比使用机器语言更准确地表达他们所想表达的目的。对那些从事计算机科学的人来说，懂得程序设计语言是十分重要的，因为当今所有的计算都需要程序设计语言才能完成。高级程序设计语言独立于计算机的类型，且表达形式更接近于被描述的问题，更容易被人掌握、更便于程序的编写。

在过去的几十年间，大量的程序设计语言被发明、被取代、被修改或组合在一起。尽管人们多次试图创造一种通用的程序设计语言，却没有一次尝试是成功的。之所以有那么多种不同的编程语言存在的原因是：编写程序的初衷各不相同；新手与老手之间技术的差距非常大，而有许多语言对新手来说太难学；还有，不同程序之间的运行成本各不相同。有许多用于特殊用途的语言，只在特殊情况下使用。例如，PHP专门用来显示网页；Perl更适合文本处理；C语言被广泛用于操作系统和编译器的开发（所谓的系统编程）。

高级程序设计语言（也称高级语言）的出现使得计算机程序设计语言不再过度地依赖某种特定的机器或环境。这是因为高级语言在不同的平台上会被编译成不同的机器语言，而不是直接被机器执行。最早出现的编程语言之一FORTRAN的一个主要目标，就是实现平台独立。

同样，用高级语言编制的程序不能直接在计算机上运行，必须将其翻译成机器语言程序才能为计算机所理解并执行。将用高级语言编写的程序翻译成机器语言程序，其翻译过程有编译和解释两种方式。

任何一种高级程序设计语言都有严格的词法规则、语法规则和语义规则。词法规则规定了如何从语言的基本符号集构成单词；语法规则规定了如何由单词构成各个语法单位，语义规则规定了各个语法单位的含义。

4.2 程序设计语言翻译系统

计算机硬件只能识别并执行机器指令，但对普通人来说，这是不可能的任务，因为人们普遍习惯于使用高级语言或汇编语言来编写程序。为了让计算机能够理解这些程序，并且能够自动执行，必然要有一个翻译，这就是程序设计语言翻译系统。

程序设计语言翻译系统是一类系统软件，它能够将使用某一种源语言编写的程序翻译为与其等价的使用另一种目标语言编写的程序。使用源语言编写的程序称为源程序，使用目标语言编写的程序称为目标程序。源程序是原料，目标程序是产品，而程序设计语言翻译系统就是加工工具。当然不同的程序设计语言需要不同的程序设计语言翻译系统。某种类型的计算机配备了某种程序设计语言就是指计算机上配置了该语言的翻译系统。

程序设计语言翻译系统可以分成 3 种：汇编语言翻译系统，高级语言源程序翻译系统和高级语言源程序解释系统。其不同之处在于它们生成计算机可以执行的机器语言的过程不同。

4.2.1 汇编语言翻译系统

使用汇编语言编写的程序，机器不能直接识别，要由一种程序将汇编语言翻译成机器语言，这种起翻译作用的程序称为汇编程序，汇编程序是系统软件中语言处理系统软件。汇编程序把汇编语言翻译成机器语言的过程称为汇编。汇编程序翻译过程如图 4.1 所示。

图 4.1 汇编程序翻译器示意图

汇编语言的翻译步骤如下：
(1)用机器操作码代替符号化的操作符；
(2)用数值地址代替符号名字；
(3)将常数翻译为机器的内部表示；
(4)分配指令和数据的存储单元。

4.2.2 高级程序设计语言翻译系统

1.什么是高级程序设计语言翻译系统

高级程序设计语言翻译系统是将用高级语言书写的源程序翻译成等价的机器语言程序或汇编程序的处理系统，也称为编译程序。高级语言书写的源程序作为输入，以机器语言或汇编语言表示的程序作为输出，最终产生一个可以在计算机上执行的目标程序。编译出的目标程序通常还要经历运行阶段，以便在运行程序的支持下运行，加工初始数据，算出所需的计算结果。

由于源程序中的每一个语句与目标程序中的指令通常是一对多的关系，同时它还要处理递归调用、动态存储分配、多种数据类型，以及语句间的紧密依赖关系，因而编译程序的实现算法比较复杂。但是，由于高级程序设计语言书写的程序具有易读、易移植和表达能力强等特点，因而其编译程序广泛地应用于翻译规模较大、复杂性较高、且需要高效运行的高级语言书写的源程序。

2.编译程序的功能

编译程序的基本功能是把源程序翻译成目标程序。但是，作为一个具有实际应用价值的编译系统，除了基本功能之外，还应具备下面的重要功能。

(1)**语法检查**：检查源程序是否合乎语法。如果不符合语法，编译程序要指出语法错误的部位、性质和有关信息。

(2)**调试措施**：检查源程序是否合乎设计者的意图。为此，要求编译程序在编译出的目标程序中安置一些输出指令，以便在目标程序运行时能输出程序动态执行情况的信息，如变量值的更改、程序执行时所经历的路线等。

(3)**修改手段**：为用户提供简便的修改源程序的手段。编译程序通常要提供批量修改手段（用于修改数量较大或临时不易修改的错误）和现场修改手段（用于运行时修改数量较少、临时易改的错误）。

(4)覆盖处理:主要是为处理程序长、数据量大的大型问题程序而设置的。基本思想是让一些程序段和数据公用某些存储区,其中只存放当前要用的程序或数据,其余暂时不用的程序和数据先存放在磁盘等辅助存储器中,待需要时动态地调入。

(5)目标程序优化:提高目标程序的质量,即占用的存储空间少,程序的运行时间短。

(6)不同语言合用:其功能有助于用户利用多种程序设计语言编写应用程序或套用已有的不同语言书写的程序模块。

(7)人机联系:确定编译程序实现方案时达到精心设计的功能。目的是便于用户在编译和运行阶段及时了解内部工作情况,有效地监督、控制系统的运行。

早期编译程序的实现方案,是把上述各项功能完全收纳在编译程序之中。然而,习惯做法是在操作系统的支持下,配置调试程序、编辑程序和连接装配程序,用以协助实现编译程序的各种功能。但在设计编译程序时,仍需精心考虑如何与这些子系统的衔接等问题。

3.编译程序的工作过程

编译程序是怎样工作的呢? 如图 4.2 所示,其中各模块的功能如下。

(1)词法分析:扫描以字符形式输入的源程序,识别出一个个的单词,并将其转换为机内表示形式。

(2)语法分析:对单词进行分析,按照语法规则分析研究出一个个的语法单位,如表达式和语句等。

(3)中间代码生成:将语法单位转换为某种中间代码,如三元式或逆波兰式等。

(4)优化程序:负责对中间代码进行优化,使得生成的目标代码在运行速度、存储空间方面具有较高的质量。

(5)目标代码生成:将优化后的中间代码转换为目标程序。

编译程序将源程序作为一个整体输入到编译程序中,任何一个错误都会使得编译不成功,只有当源程序完全正确,它才会最终生成一个目标程序,然后可执行此目标程序。

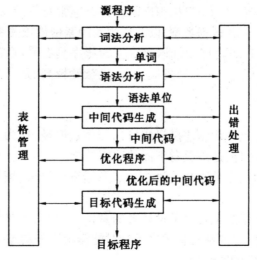

图 4.2　编译程序工作过程

4.2.3 高级程序设计语言解释系统

1.高级程序设计语言解释系统工作原理

高级程序设计语言解释程序是按照源程序中语句的动态顺序一条一条翻译,并立即执行相应的功能的处理系统,它不是把源程序翻译成一个完整的目标程序的形式,而是直接按源程序的语句一句一句转换,一条语句转换正确了,就立即执行并获得结果,并不形成目标程序。就像外语翻译中的"口译"一样,说一句译一句,不产生全文的翻译文本。这种工作方式非常适合于人通过终端设备与计算机会话,如在终端输入一条命令或语句,解释程序就立即将此语句解释成一条或几条指令,并提交硬件立即执行,且将执行结果反映到终端。解释程序执行速度很慢,如源程序中出现循环,则解释程序也重复地解释并提交执行这一组语句,这就造成很大浪费。

2.解释系统工作过程

解释系统的工作过程如图 4.3 所示,具体工作过程如下:

(1)由总控程序完成初始化工作。

(2)依次从源程序中取出一条语句进行语法检查,如果有错误,输出错误信息;如果正确,就将此语句翻译成相应的指令并执行。

(3)检查源程序是否检查完毕,如果未完成则继续解释并执行下一语句,否则处理完毕。

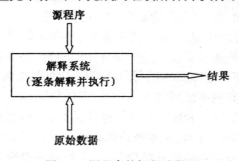

图4.3 源程序的解释过程

4.3 操作系统

操作系统(Operating System, OS)负责管理计算机系统的全部资源:软硬件资源及数据资源;控制程序运行;改善人机界面;为其他应用软件提供支持等。OS 使计算机系统所有资源最大限度地发挥作用,为用户提供方便、有效、友善的服务界面。操作系统是一种特殊的用于控制计算机硬件的程序,它是计算机底层的系统软件,负责调度、管理和指挥计算机的软硬件资源,使其协调工作。它在资源使用者和资源之间充当"中间人",把硬件裸机改造成为功能更加完善的虚拟机器,使得对计算机系统的使用和管理更加方便。

4.3.1 什么是操作系统

计算机系统是十分复杂的系统,要使其协调、高效地工作,必须有一套进行自动管理和便于用户操作的机构。操作系统就是用来管理计算机系统的软硬件资源、提高计算机系统资源的使用效率、方便用户使用的程序集合,它是对计算机系统进行自动管理的控制中心。

操作系统是计算机硬件的直接外层,它对硬件的功能进行首次扩充。操作系统通过各种命令提供给用户操作界面,给用户带来了极大的方便,同时操作系统又是其他软件运行的基础。

为了让操作系统进行工作,首先要将它从外存储器装入主存储器,这一过程称为引导系统。安装完毕后,操作系统中的管理程序部分将保持在主存储器中,称其为驻留程序,其他部分在需要时再自动从存储器调入主存储器中,称为临时程序。

操作系统中的某些部分可以自动工作,不需要人为干预,有的部分则需要用户干预来维护系统的正常运转。

4.3.2　操作系统的功能

操作系统是计算机系统软件的核心,它在计算机系统中负责管理系统资源,控制输入输出处理,并实现用户和计算机系统间的通信。操作系统的功能从不同的角度来理解,可以分成资源管理和人机交互两大功能。

1.资源管理功能

计算机系统的硬件资源和软件资源都由操作系统根据用户需求按一定的策略分配和调度。在资源管理上,操作系统是一个庞大的管理控制程序,大致包括 5 个方面的管理功能:进程与处理器管理、设备管理、文件管理、存储管理、作业管理。

(1)操作系统处理器管理功能:根据一定的策略,操作系统将处理器交替地分配给系统内等待运行的程序。操作系统的重要任务是控制程序的执行,它负责对系统中各个处理机及其状态进行登记,管理各程序对处理机的要求,并按照一定的策略将系统中的各个处理机分配给申请的用户作业。目前计算机中使用的大多数是"多任务"、"多线程"的操作系统。

(2)设备管理功能:由于输入和输出设备的速度远远低于 CPU 的处理速度,操作系统应对设备的输入输出性能有清晰的分类,以便当外部有输入输出要求时,能及时地响应。操作系统的设备管理功能主要负责分配和回收外部设备,以及控制外部设备按用户程序的要求进行操作。

(3)文件管理功能:是对存放在计算机中的信息进行逻辑组织和物理组织,维护文件目录的结构,以及实现对文件的各种操作(包括创建、撤消、读写、打开和关闭文件等)。有了文件管理,用户可以按文件名存取数据,而不必了解这些数据的确切物理位置。

(4)存储管理功能:是指管理内存资源。它按照一定的策略为用户作业分配存储空间,记录主存储器的使用情况,并对主存储器中的信息提供保护,在该作业结束后将它占用的内存单元收回,以便其他程序使用。

(5)作业管理功能:是为用户提供一个使用系统的良好环境,使用户能有效地组织自己的工作流程,并使整个系统高效地运行。

当多个程序同时运行时,操作系统负责规划,以优化每个程序的处理时间。一个操作系统可以在概念上分割成两部分:内核(Kernel)及壳(Shell)。

有些操作系统内核与壳完全分开(例如 Unix、Linux 等),这样用户就可以在一个内核上使用不同的壳;有些内核与壳关系紧密(例如 Microsoft Windows),内核与壳只是操作层次上不同而已。

2.人机交互功能

计算机的界面是否"友好",与操作系统的人机交互功能的完善与否密切相关。人机交互功能主要靠可以进行输入输出的外部设备和相应的软件来完成。这些外部设备主要有键盘、显示器、鼠标、语音输入设备、文字输入设备及图形图像设备等。驱动这些设备进行工作的软件,就是操作系统提供用户进行人机交互功能的源泉。这些软件的主要作用是控制有关设备的运行,理解并执行通过人机交互界面传来的各种命令和要求。

4.3.3　操作系统的分类

操作系统一般可以分为3种基本类型:批处理操作系统、分时操作系统和实时操作系统。随着计算机系统结构的发展,又出现了许多类型的操作系统:个人计算机操作系统、网络操作系统、分布式操作系统和嵌入式操作系统。

1.批处理操作系统

(1)基本工作方式

用户将作业交给系统操作员,系统操作员收到作业后并不立即将作业输入计算机,而是在收到一定数量的用户作业之后,组成一批作业,再把这批作业输入到计算机中。

(2)特点与分类

特点是成批处理。批处理操作系统追求的目标是系统资源利用率高,作业吞吐率高。依据系统的复杂程度和出现时间的先后,可以把批处理操作系统分为简单批处理系统和多道批处理系统。

(3)设计思想

简单批处理系统是在操作系统发展的早期出现的,也称为监控程序。其设计思想是:在监控程序启动之前,操作员有选择地把若干作业合并成一批作业,将这批作业安装到输入设备上;然后启动监控程序,监控程序将自动控制这批作业的执行。

(4)作业控制说明书

作业控制说明书是用作业控制语言编写的一段程序,它通常存放在被处理作业的前面。在运行过程中,监控程序读入并解释作业控制说明书中的语句,以控制各个作业的执行。作业运行后,监控程序逐条解释每一行语句。

(5)一般指令和特权指令

特权指令包括输入/输出指令、停机指令等,只有监控程序才能执行特权指令。用户程序只能执行一般指令。一旦用户程序需要执行特权指令,处理器会通过特殊的机制将控制权移交给监控程序。

(6)系统调用过程

①当系统调用发生时,处理器通过一种特殊的机制,通常是中断或者异常处理,把控制流程转移到监控程序内的一些特定位置。同时,处理器模式转变为特权模式。

②由监控程序执行被请求的功能代码。这个功能代码代表着对一段标准程序段的执行,用以完成所请求的功能。

③处理结束后,监控程序恢复系统调用之前的现场;把运行模式从特权模式恢复成为用户方式;最后将控制权转移回原来的用户程序。

(7)SPOOLing 技术

真正引发并发机制的是多道批处理系统。在多道批处理系统中，关键技术就是多道程序运行、假脱机(SPOOLing)技术等等。假脱机(SPOOLing, Simultaneous Peripheral Operating On-line)技术的全称是"同时的外部设备联机操作"。这种技术的基本思想是用磁盘设备作为主机的直接输入输出设备，主机直接从磁盘上选取作业运行，作业的执行结果也存在磁盘上；相应的，通道则负责将用户作业动态写入磁盘，这一操作与主机并行。

2．分时操作系统

从操作系统的发展历史上看，分时操作系统出现在批处理操作系统之后，是为了弥补批处理方式不能向用户提供交互式快速服务的缺点而发展起来的。

(1)基本工作方式

在分时操作系统中，一台计算机主机连接了若干个终端，每个终端可由一个用户使用。用户通过终端交互式地向系统提出命令请求，系统接受用户的命令之后，采用时间片轮转方式处理服务请求，并通过交互方式在终端向用户显示结果。用户根据系统送回的处理结果发出下一道交互命令。

(2)设计思想

分时操作系统将 CPU 的时间划分成若干个小片段，称为时间片。操作系统以时间片为单位，轮流为每个终端用户服务。

(3)特点

总体上看，分时操作系统具有多路性、交互性、独占性和及时性的特点。"多路性"是指有多个用户在同时使用一台计算机；"交互性"是指用户根据系统响应的结果提出下一个请求；"独占性"是指用户感觉不到计算机为其他人服务，就好像整个系统为自己所独占一样；"及时性"是指系统能够对用户提出的请求及时给予响应。

分时操作系统追求的目标是及时响应用户输入的交互命令。典型的通用操作系统是 Unix 操作系统。一般通用操作系统结合了分时与批处理两种操作系统的特点，其处理原则是：分时优先，批处理在后。

3．实时操作系统

实时操作系统(RTOS, Real Time Operating System)是指使计算机能在规定的时间内，及时响应外部事件的请求，同时完成该事件的处理，并能够控制所有实时设备和实时任务协调一致工作的操作系统。实时操作系统的主要目标是：在严格的时间范围内，对外部请求做出反应，系统具有高度可靠性。

实时操作系统主要有两类：第一类是硬实时系统。硬实时系统对关键外部事件的响应和处理时间有着极严格的要求，系统必须满足这种严格的时间要求，否则会产生严重的不良后果。第二类是软实时系统。软实时系统对事件的响应和处理时间有一定的时间范围要求。不能满足相关的要求会影响系统的服务质量，但是通常不会引发灾难性的后果。

实时操作系统为了能够实现硬实时或软实时的要求，除了具有多道程序系统的基本能力外，还需要有以下几方面的能力。

(1)实时时钟管理

实时操作系统的主要设计目标是对实时任务能够进行实时处理。实时任务根据时间要求可以分为两类：第一类是定时任务，它依据用户的定时启动并按照严格的时间间隔重复运行；第二类是延时任务，它非周期地运行，允许被延后执行，但是往往有一个严格的时间界限。

(2)过载防护

实时操作系统在出现过载现象时,要有能力在大量突发的实时任务中,迅速分析判断并找出最重要的实时任务,然后通过抛弃或者延后次要任务以保证最重要任务成功地执行。

(3)高可靠性

高可靠性是实时操作系统的设计目标之一。实时操作系统的任何故障,都有可能对整个应用系统带来极大的危害,所以实时操作系统需要有高可靠性。

4.个人计算机操作系统

个人计算机操作系统(Personal Computer Operating System)是一种单用户的操作系统。个人计算机操作系统主要供个人使用,功能强,价格便宜,几乎在任何地方都可安装使用。它能满足一般人操作、学习、游戏等方面的需求。个人计算机操作系统的主要特点是:计算机在某一时间内为单个用户服务;采用图形界面人机交互的工作方式,界面友好;使用方便,用户无需具备专门知识,就能熟练地操纵系统。

5.网络操作系统

网络操作系统(Network Operating System)是基于计算机网络的、在各种计算机操作系统之上按网络体系结构协议标准设计开发的软件,它包括网络管理、通信、安全、资源共享和各种网络应用。网络操作系统把计算机网络中的各个计算机有机地连接起来,其目标是相互通信及资源共享。

6.分布式操作系统

将大量的计算机通过网络联结在一起,可以获得极高的运算能力及广泛的数据共享,这样的系统称为分布式系统(Distributed System)。为分布式系统配置的操作系统称为分布式操作系统(Distributed Operating System)。分布式操作系统具备如下特征:

(1)分布式操作系统是一个统一的操作系统,系统中所有的主机使用的是同一个操作系统。

(2)实现资源的深度共享。

(3)透明性。在网络操作系统中,用户能够清晰地感觉到本地主机和非本地主机之间的区别。

(4)自治性。自治性是指即处于分布式系统中的各个主机都处于平等的地位,各个主机之间没有主从关系。一个主机的失效一般不会影响整个分布式系统。

分布式系统的优点:第一,在于它的分布式,分布式系统可以以较低的成本获得较高的运算性能。第二个优点是它的可靠性。机群是分布式系统的一种,一个机群通常由一群处理器密集构成,机群操作系统专门服务于这样的机群。

网络操作系统与分布式操作系统的主要不同之处在于,网络操作系统可以构架于不同的操作系统之上,即可以在不同的本机操作系统上通过网络协议实现网络资源的统一配置。分布式操作系统强调单一操作系统对整个分布式系统的管理、调度。

7.嵌入式操作系统

嵌入式操作系统 EOS(Embedded Operating System)是一种用途广泛的系统软件,主要应用于工业控制和国防系统领域。EOS 负责嵌入式系统的全部软、硬件资源的分配、调度工作,控制协调并发活动;它必须体现其所在系统的特征,能够通过装卸某些模块来达到系统所要求的功能。EOS 是相对于一般操作系统而言的,它除具备了一般操作系统最基本的功能,如任务调

度、同步机制、中断处理、文件功能等外,还具有以下特点:

(1)可装卸性。开放性、可伸缩性的体系结构。

(2)强实时性。EOS 实时性一般较强,可用于各种设备控制当中。

(3)操作方便、简单、提供友好的图形 GUI,图形界面,追求易学易用。

(4)强稳定性,弱交互性。嵌入式系统一旦开始运行就不需要用户过多的干预,这就要负责系统管理的 EOS 有较强的稳定性。嵌入式操作系统的用户接口一般不提供操作命令,它通过系统调用命令向用户程序提供服务。

(5)固化代码。在嵌入系统中,嵌入式操作系统和应用软件被固化在嵌入式系统计算机的 ROM 中。

(6)更好的硬件适应性,也就是良好的移植性。

4.3.4 操作系统的形成和发展

从 1946 年诞生第一台电子计算机以来,它的每一代进化都以减少成本、缩小体积、降低功耗、增大容量和提高性能为目标。计算机硬件技术的发展也加速了操作系统的形成和发展。操作系统的发展和计算机硬件技术、体系结构息息相关,经历了四个发展阶段:

◆ 第一代(1946～1955 年):真空管时代,无操作系统。

◆ 第二代(1955～1965 年):晶体管时代,批处理操作系统。

◆ 第三代(1965～1980 年):集成电路时代,多道程序设计。

◆ 第四代(1980～至今):大规模和超大规模集成电路时代,分时操作系统。现代计算机正向着巨型、微型、分布、网络化和智能化几个方面发展。

最初的电脑并没有操作系统,人们通过各种操作按钮来控制计算机,后来出现了汇编语言,操作人员通过有孔的纸带将程序输入电脑进行编译。这些将语言内置的电脑只能由操作人员自己编写程序来运行,不利于设备、程序的共用。为了解决这种问题,就出现了操作系统,这样就很好地实现了程序的共用,以及对计算机硬件资源的管理。

随着计算技术和大规模集成电路的发展,微型计算机迅速发展起来。从 20 世纪 70 年代中期开始出现了计算机操作系统。

计算机操作系统的发展经历了两个阶段。第一个阶段为单用户、单任务的操作系统,其代表为 DOS 操作系统;第二个阶段是多用户多道作业和分时系统,其典型代表有 Unix、XENIX、OS/2 及 Windows 操作系统。

4.3.5 常见的操作系统

目前微机上常见的操作系统有 DOS、OS/2、Unix、XENIX、LINUX、Windows2000 和 Netware 等。

1. MS - DOS

MS - DOS(Microsoft Disk Operating System),意即由美国微软公司提供的磁盘操作系统。在 Windows 95 以前,DOS 是 PC 兼容电脑的最基本配备,而 MS - DOS 则是最普遍使用的 PC 兼容 DOS。

最基本的 MS - DOS 系统由一个基于 MBR 的 BOOT 引导程序和 3 个文件模块组成。这 3 个模块是输入输出管理模块(IO. SYS)、文件管理模块(MSDOS. SYS)及命令解释模块

(COMMAND.COM),3 个模块分别完成 3 个方面的功能。除此之外,微软还在零售的 MS - DOS 系统包中加入了若干标准的外部程序(即外部命令),这才与内部命令(即由 COMMAND.COM 解释执行的命令)一同构建起一个在磁盘操作时代相对完备的人机交互环境。最初的 Windows 系统只是 DOS 下的一个应用程序。

(1)输入输出管理模块:实现对标准输入输出设备的控制和管理。

(2)文件管理模块:对建立在磁盘上的文件进行建立、打开、读/写、修改、查找、删除等操作的控制和管理。

(3)命令解释模块:提供一个人机界面,使用户能够通过 DOS 命令对计算机进行操作。

MS - DOS 由引导程序(BOOT)负责将系统装入主存储器。启动计算机后,引导程序检查驱动器 A 或 C 中是否有装有系统文件 MSDOS.SYS 和 IO.SYS 的系统盘。如果有,则将 MS - DOS 引导入主存储器,否则,将显示出错信息。这个过程称为启动。

启动 DOS 有两种方法:冷启动和热启动。冷启动是指当计算机处于关机状态时,通过打开电源加电启动 DOS 的方式。热启动是指在不断电状态下通过按 CTRL + ALT + DEL 组合键或者按主机箱上的 RESET 来重新启动计算机的方式。

DOS 启动后,将显示系统提示符,这时系统处于接受用户输入命令的状态。图 4.4 是 Windows XP 下的 MS - DOS 界面。

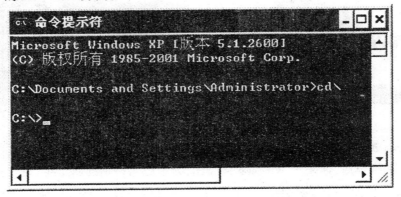

图 4.4　MS - DOS 界面

MS - DOS 采用命令行界面,其中的命令需要用户记忆,这给用户学习和使用带来了不少困难,尤其是不懂英语的用户,要想记住每一条命令的含义是比较困难的事。计算机中文件名分两个部分,中间用“.”分开,前面部分称为主文件名,标识文件的存储内容或功能,后面部分称为扩展名,表明文件的属性(文本的、可执行的等),DOS 中主文件名所用的字符个数不能超过 8 个,扩展名的字符不能超过 3 个。在 MS - DOS 提示符下,用户可以输入命令,按 Enter 键表示命令结束,命令的格式和语法都必须正确才能执行。

2.Microsoft Windows

Microsoft Windows 是由微软公司开发的基于图形界面、多任务的操作系统。Windows 正如它的名字一样,它在计算机与用户之间打开了一个窗口,用户可以通过这个窗口直接使用、控制和管理计算机。其主要特征为:

◆ 丰富的应用程序:Word,Excel,AutoCAD 等。

◆ 统一的窗口操作方式:掌握一个就可以掌握其他的。

◆ 多任务的图形化用户界面：图形永远比语言和文字来得更加直接易懂。

◆ 事件驱动程序的运行方式：外部消息产生于用户环境引发的事件(键盘、鼠标等)。

◆ 标准的应用程序接口：Windows 系统为应用程序开发人员提供了功能很强的应用程序接口(API)，开发者可以通过调用应用程序接口创建图形界面的窗口、菜单、滚动条、按钮等，使得各种应用程序在操作界面层次风格一致。这种标准的应用程序的开发，容易学习。

◆ 实现数据共享：剪贴板的功能可以将一个应用程序中的数据粘贴到另一个应用程序中。

◆ 支持多媒体和网络技术。

◆ 先进的主存储器管理技术：自动扩充内存和虚拟内存技术。

◆ 与 DOS 的兼容性：可以直接使用 DOS 程序。

◆ 不断增强的功能。

从 Windows 出现至今，出现了很多版本，如 Windows 1.0，Windows 2.0，Windows 3.0，Windows 3.1，Windows 3.2，Windows 95，Windows 98，Windows ME，Windows NT 4.0，Windows NT 5.0，Windows 2000，Windows XP，Windows Server 2003 等，下面仅从 Windows 2000 开始做以简单介绍。

图 4.5　Windows 2000 和 Windows XP 操作系统截图

(1)Windows 2000

在千禧年的钟声后，迎来了 Windows NT 5.0，为了纪念特别的新千年，这个操作系统也被命名为 Windows 2000。Windows 2000 包含新的 NTFS 文件系统、EFS 文件加密、增强硬件支持等新特性，向一直被 Unix 系统垄断的服务器市场发起了强有力的冲击，最终硬生生地从 IBM、HP、Sun 公司口中抢下一大块地盘。

Microsoft Windows 2000 是一个由微软公司发行于 2000 年 12 月 19 日的 Windows NT 系列的纯 32 位图形的视窗操作系统，主要面向商业。

Windows 2000 有 4 个版本：

①Windows 2000 Professional：即专业版，用于工作站及笔记本电脑。它的原名就是 Windows NT 5.0 Workstation，最高可以支持双处理器，最低支持 64 MB 内存，最高支持 2 GB 内存。

②Windows 2000 Server：即服务器版，面向小型企业的服务器领域。它的原名就是 Windows NT 5.0 Server。最高可以支持 4 处理器，最低支持 128 MB 内存，最高支持 4 GB 内存。

③Windows 2000 Advanced Server：即高级服务器版，面向大中型企业的服务器领域。它的原名就是 Windows NT 5.0 Server Enterprise Edition，最高可以支持 8 处理器，最低支持 128 MB 内存，最高支持 8 GB 内存。

④Windows 2000 Datacenter Server：即数据中心服务器版，面向最高级别的可伸缩性、可用性与可靠性的大型企业或国家机构的服务器领域。最高可以支持32位处理器，最低支持256 MB内存，最高支持64 GB内存。

（2）Windows XP

Windows XP于2001年8月24日正式发布。字母XP表示英文单词的"体验"（Experience）。Windows XP是微软把用户所有的要求合成一个操作系统的尝试，与以前的Windows桌面系统相比，稳定性有所提高，而为此付出的代价是丧失了对基于DOS程序的支持。微软把很多以前是由第三方提供的软件整合到操作系统中，如防火墙、媒体播放器（Windows Media Player）、即时通讯软件（Windows Messenger），以及它与Microsoft Passport网络服务的紧密结合，这些都被很多计算机专家认为是安全风险以及对个人隐私的潜在威胁。这些特性的增加被认为是微软继续其传统的垄断行为的持续。

Windows XP的外部版本是2002，内部版本是5.1（即Windows NT 5.1）。微软最初发行了两个版本：专业版（Windows XP Professional）和家庭版（Windows XP Home Edition），后来又发行了媒体中心版（Media Center Edition）和平板电脑版（Tablet PC Edition）等。

（3）Windows Server 2003

Windows Server 2003是目前微软最新的服务器操作系统。一开始，该产品叫做"Windows .NET Server"，改成"Windows .NET Server 2003"后，最终被改成"Windows Server 2003"，于2003年3月28日发布，并在同年4月底上市。Windows Server 2003有多种版本，每种都适合不同的商业需求：

◆ Windows Server 2003 Web版：主要是为网页服务器设计的。

◆ Windows Server 2003 标准版：是一个可靠的网络操作系统，可迅速方便地提供企业解决方案。这种灵活的服务器是小型企业和部门应用的理想选择，提供了较高的可靠性、可伸缩性和安全性。

◆ Windows Server 2003 企业版：是为满足各种规模的企业的一般用途而设计的。它是各种应用程序、Web服务和基础结构的理想平台，它提供高可靠性、高性能和出色的商业价值。

◆ Windows Server 2003 数据中心版：极高端系统使用，是为运行企业和任务所倚重的应用程序而设计的，这些应用程序需要最高的可伸缩性和可用性。

图4.7　Windows Sever 2003操作系统截图

（4）Windows Vista

Windows Vista是美国微软公司开发的代号为Longhorn的下一版本Microsoft Windows操作系统的正式名称。它是继Windows XP和Windows Server 2003之后的又一重要的操作系统。该系统带有许多新的特性和技术。图4.8为其操作系统截图。

图 4.8 Windows Vista 操作系统截图

3. Unix

Unix 是使用比较广泛、影响比较大的主流操作系统之一。它结构简练,功能强大,可移植性和兼容性都比较好,因而被认为是开放系统的代表。

(1)Unix 的发展

Unix 是历史最悠久的通用操作系统。1969 年,美国贝尔实验室的 K. Thompson 和 D. M. Ritchie 在规模较小及较简单的分时操作系统 MULTICS 的基础上开发出 Unix,1970 年正式投入运行。此后数年,Unix 一直是一个限于在 AT&T 内部使用的操作系统,1971 年,发展出以 PDP-11/20 汇编语言所写成的 V1 版,包括最基本的文件系统和一些简单的软件,1973 年,应用新的 C 语言改写原来用汇编语言编写的 Unix,这就是 V5,这使得 Unix 修改更容易,并且具有在不同 CPU 平台上的可移植性,成为 Unix 的一大重要特点,1975 年,V6 推出,此后,在大学校园中尤其风行。

AT&T 在 V6 推出后,于 1978 年又推出 V7,包括了更多的命令并可支持大尺度的文件,V7 后来被移植到 VAX 机上,称为 32 V,1981 年,研制出 System III。1983 年,推出适用于教育并且易于维护的 System V。

(2)Unix 的特点

Unix 系统之所以得到如此广泛的应用,是与其特点分不开的。其主要特点表现在:

◆ 多用户的分时操作系统:即不同的用户分别在不同的终端上,进行交互式的操作,就好像各自单独占用主机一样。

◆ 可移植性好:由于 Unix 几乎全部是用可移植性很好的 C 语言编写的,其内核极小,模块结构化,各模块可以单独编译。所以,一旦硬件环境发生变化,只要对内核中有关的模块作修改,编译后与其他模块装配在一起,即可构成一个新的内核,而内核上层完全可以不动。

◆ 可靠性强:经过十几年的考验,Unix 系统已是一个成熟而且比较可靠的系统。在应用软件出错的情况下,虽然性能会有所下降,但工作仍能可靠进行。

◆ 开放式系统:即 Unix 具有统一的用户界面,使得 Unix 用户的应用程序可在不同环境下运行。此外,其核心程序和系统的支持软件大多都用 C 语言编写。

◆ 界面友好:它向用户提供了两种友好的用户界面。其一是程序级的界面,即系统调用,它是程序员的编程接口,编程人员可以直接使用这些标准的实用子程序。其二是操作级的界面,即命令,它直接面向普通的最终用户,为用户提供交互式功能。程序员可用编程的高级语言直接调用它们,大大减少编程难度和设计时间。

◆ 结构简单的文件系统:具有可装卸的树型分层结构文件系统。该文件系统具有使用方便、检索简单等特点。

◆ 设备与文件的统一:将所有外部设备都当作文件看待,分别赋予它们对应的文件名,用户可以像使用文件那样使用任一设备,而不必了解该设备的内部特性,这既简化了系统设计,又方便了用户的使用。

◆ 功能强大:适合于将终端或工作站连接到小型机或主机的场合使用。

◆ 提供可编程的命令语言:Unix 提供了功能完备、使用灵活、可编程的命令语言(Shell 语言)。

◆ 输入输出缓冲技术:主存储器和磁盘的分配与释放可以高效、自动地进行。

◆ 网络通信功能强:Unix 有一系列网络通信工具和协议。TCP/IP 就是在 Unix 上开发成功的。

(3)Unix 的组成

Unix 系统也是采取层次结构,外层是用户层,内层是内核层。用户层包括 Shell 语言解释程序,程序设计语言的编译程序,各种应用程序包子系统,以及 41 个系统调用命令。用户层通过这些命令来调用内核的功能。内核是 Unix 的核心,它划分为 44 个源代码文件、233 个模块,其功能分别是存储管理、进程管理、进程通信、系统调用、输入输出管理和文件管理。

Unix 操作系统包含 4 个最基本的成分:内核、Shell、文件系统和公用程序。

◆ 内核:是 Unix 操作系统的核心,它的作用是调度和管理计算机系统的各种资源。

◆ 文件系统:主要用来组织并管理数据资源。

◆ Shell:是一种命令解释程序,用来读入用户输入的命令,并调用相应的程序来执行用户提出的命令。

◆ 公用程序:是 Unix 系统提供给用户的常用标准软件,包括编辑工具、网络管理工具、开发工具及保密与安全工具。

4. Linux

(1)什么是 Linux

Linux 操作系统是由芬兰赫尔辛基大学的学生 Linus Torvalds 在 1991 年开发的。Linux 操作系统是自由软件和开放源代码发展中最著名的例子。

严格来讲,Linux 这个词本身只表示 Linux 内核,但实际上人们已习惯了用 Linux 来形容整个基于 Linux 内核,并且使用 GNU 工程(GNU:GNU's Not Unix,是由 Richard Stallman 在 1983 年 9 月 27 日公开发起的,它的目标是创建一套完全自由的操作系统)各种工具和数据库的操作系统,也被称为 GNU/Linux。基于这些组件的 Linux 软件被称为 Linux 发行版。一般来讲,一个 Linux 发行套件包含大量的软件,比如软件开发工具、数据库、Web 服务器(例如 Apache)、X Window、桌面环境(比如 GNOME 和 KDE)、办公套件(比如 OpenOffice.org),等等。

Linux 内核最初是为英特尔 386 微处理器设计的。现在 Linux 内核支持从个人电脑到大型主机甚至包括嵌入式系统在内的各种硬件设备。开始时,Linux 只是个人狂热爱好的一种产物,但是现在,Linux 已经成为一种受到广泛关注和支持的操作系统。包括 IBM 和惠普在内的一些计算机业巨头也开始支持 Linux。很多人认为,和其他的商用 Unix 系统及微软 Windows 相比,作为自由软件的 Linux 具有成本低、安全性高、更加可信赖的优势。

(2)Linux 的发展

Linux 的发展是和 GNU 紧密联系在一起的。从 1983 年开始,GNU 就计划致力于开发一个自由并且完整的类 Unix 操作系统,包括软件开发工具和各种应用程序。到 1991 年,Linux 内核发布,GNU 几乎已经完成了除系统内核之外的各种必备软件的开发。在 Linus Torvalds 和其他开发人员的努力下,GNU 组件可以运行于 Linux 内核之上。整个内核是基于 GNU 通用公共许可,也就是 GPL(GNU General Public License,GNU 通用公共许可证)的,但是 Linux 内核并不是 GNU 计划的一部分。1994 年 3 月,Linux 1.0 版正式发布,Marc Ewing 成立了 Red Hat 软件公司,成为最著名的 Linux 分销商之一。

现在主要流行的版本有 Red Hat Linux、Turbo Linux 及我国自己开发的版本红旗 Linux、蓝点 Linux。

(3)Linux 的特点

Linux 操作系统在短短的几年之内得到非常迅猛的发展,这与 Linux 具有的良好特性是分不开的。Linux 包含了 Unix 的全部功能和特性。简单地说,Linux 具有以下主要特性:

◆ 开放性:是指系统遵循世界标准规范,特别是遵循开放系统互联(OSI)国际标准,支持 TCP/IP、SLIP 和 PPP。凡遵循国际标准所开发的硬件和软件,彼此都能兼容,可方便地实现互联。在 Linux 中,用户可以使用所有的网络服务,如网络文件系统、远程登录等。SLIP 和 PPP 能支持串行线上的 TCP/IP 协议的使用,这意味着用户可用一个高速 Modem 通过电话线连入 Internet 网中。

◆ 多用户:是指系统资源可以被不同用户各自拥有使用,即每个用户对自己的资源(如文件、设备)有特定的权限,互不影响。

◆ 多任务:是指计算机同时执行多个程序,而且各个程序的运行互相独立。Linux 系统调度每一个进程,平等地访问微处理器。由于 CPU 的处理速度非常快,其结果是,启动的应用程序看起来好像在并行运行。

◆ 良好的用户界面:Linux 向用户提供了用户界面和系统调用两种界面。

◆ 兼容性:Linux 是与 Unix 兼容的 32 位操作系统,它能运行主要的 Unix 工具。

◆ 采用页式存储管理:页式存储管理使 Linux 能更有效地利用物理存储空间,页面的换入换出为用户提供了更大的存储空间。

◆ 支持动态链接:用户程序的执行往往离不开标准库的支持,一般的系统往往采用静态链接方式,即在装配阶段就已将用户程序和标准库链接好,这样,当多个进程运行时,可能会出现库代码在内存中有多个副本而浪费存储空间的情况。Linux 支持动态链接方式,当运行时才进行库链接,如果所需要的库已被其他进程装入内存,则不必再装入,否则才从硬盘中将库调入。这样能保证内存中的库程序代码是唯一的。

◆ 支持多种文件系统:Linux 能支持多种文件系统。目前支持的文件系统有:EXT2、EXT、XIAFS、ISOFS、HPFS、MSDOS、UMSDOS、PROC、NFS、SYSV、MINIX、SMB、UFS、NCP、VFAT、AFFS。Linux 最常用的文件系统是 EXT2,它的文件名长度可达 255 个字符,并且还有许多特有的功能,使它比常规的 Unix 文件系统更加安全。

◆ 支持硬盘的动态 Cache :这一功能与 MS－DOS 中的 Smartdrive 相似。所不同的是,Linux 能动态调整所用的 Cache 存储器的大小,以适合当前存储器的使用情况,当某一时刻没有更多的存储空间可用时,Cache 将被减少,以增加空闲的存储空间,一旦存储空间不再紧张,Cache 的大小又将增加。

◆ 支持不同格式的可执行文件:Linux 具有多种模拟器,这使它能运行不同格式的目标文件。

(4)Linux 的用户群

　　传统的 Linux 用户一般都安装并设置自己的操作系统,他们往往比其他操作系统,例如微软 Windows 和 Mac OS 的用户更有经验。这些用户有时被称作"黑客"或是"极客"(geek)。然而,随着 Linux 越来越流行,越来越多的原始设备制造商(OEM)开始在其销售的电脑上预装上 Linux,Linux 的用户中也有了普通电脑用户,Linux 系统也开始慢慢抢占桌面电脑操作系统市场。同时,Linux 也是最受欢迎的服务器操作系统之一,在嵌入式电脑市场上也拥有优势,低成本的特性使 Linux 深受用户欢迎。使用 Linux 的主要成本为移植、培训和学习的费用,早期由于会使用 Linux 的人较少,这方面费用较高,但现在已经随着 Linux 的日益普及和 Linux 上的软件越来越多、越来越方便而降低。

小　　结

　　系统软件中最常用的就是程序设计语言和操作系统,通过对程序设计语言工作方式的理解,可以更深入地理解计算机的工作方式和原理。计算机程序是指令的序列,而通过指令序列可以指挥计算机完成指定的作业,从而为我所用。计算机的智能就是通过指令序列赋予的。操作系统是计算机系统中软件和硬件的桥梁,它使用户可以方便、灵活地操作计算机,而操作系统的多种多样也反映了计算机发展的历程和技术的进步。

习　　题

一、选择题

1. 以下(　　)不是程序设计语言翻译系统。

　　A.汇编语言翻译系统　　　　　　B.高级语言源程序翻译系统

　　C.高级语言源程序解释系统　　　D.操作系统

2. 汇编语言把汇编程序翻译成机器语言的过程称为(　　)。

　　A.汇编　　　　B.翻译　　　　C.解释　　　　D.分析

3. 以下(　　)不是汇编语言的特点。

　　A.面向机器的低级语言,通常是为特定的计算机或系列计算机专门设计的

　　B.保持了机器语言的优点,具有直接和简捷的特点

　　C.可有效地访问、控制计算机的各种硬件设备,如磁盘、存储器、CPU、I/O 端口等

　　D.目标代码复杂,占用大量内存,执行速度较慢

4. (　　)是计算机系统软件的核心,它在计算机系统中负责管理系统资源、控制输入输出处理和实现用户和计算机系统间通信的重要任务。

　　A.CPU　　　　B.操作系统　　　C.应用软件　　　D.注册表

5. 以下不属于操作系统基本类型之一的是(　　)

　　A.批处理系统　　B.分时系统　　C.分布式系统　　D.实时系统

6. 下列不属于微软公司的操作系统是(　　)

　　A.Windows 2000　　　　　　　B.Windows XP 4.0

　　C.LINUX　　　　　　　　　　D.Vista

7. 以下(　　)不属于 Unix 操作系统的最基本组成成分。

A.内核　　　　B.Shell　　　　C.文件系统　　　D.DOS 系统

8.Linux 操作系统出现于(　　　)。

A.1983 年　　　B.1981 年　　　C.1991 年　　　D.1999 年

9.Windows 系统支持容量大于 2 GB 以上的分区,应选用(　　　)文件系统。

A.FAT4　　　　B.FAT8　　　　C.FAT16　　　　D.FAT32

10.Windows 操作系统采用多级目录结构(　　　)来组织与管理文件。

A.分支　　　　B.树型　　　　C.网状型　　　　D.链型

二、填空题

1.程序设计语言翻译系统可以分成 3 种:_____,高级语言源程序翻译系统和高级语言源程序解释系统。

2._____是一种特殊的用于控制计算机硬件的程序,它是计算机底层的系统软件,负责调度、管理和指挥计算机的软硬件资源使其协调工作。

3.SPOOLing:Simultaneous Peripheral Operating On-line 即_____技术的全称,是"同时的外部设备联机操作"。

4._____是 Unix 操作系统的核心,它的作用是调度和管理计算机系统的各种资源。

5._____计算机操作系统是由芬兰赫尔辛基大学的学生 Linus Torvalds 在 1991 年开发的。

三、简答

1.什么是程序设计语言翻译系统?

2.程序设计语言翻译系统包括哪几种类型?

3.简述高级程序设计语言解释系统的工作原理和工作过程。

4.什么是操作系统?它有什么样的功能?

5.什么是 SPOOLing 技术?

6.简述操作系统的分类。

7.Unix 操作系统的特点是什么?

8.Linux 操作系统的特点是什么?

9.Unix 和 Linux 操作系统有什么区别和联系?

10.结合你使用操作系统的体会,简述该操作系统的优缺点。

第**5**章
软件设计与开发

本章重点：软件开发和程序设计的基本概念和任务，算法与数据结构的基本知识，软件开发在计算机科学与技术领域中的地位。

本章难点：软件工程的概念和软件开发模型。

在计算机科学与技术领域中，软件开发技术是一大门类。软件是计算机智能的来源，是人类智能的产品，在生产过程中无不涉及人类的智能与技巧，因此，软件的设计与生产也拥有着与其他产品不同的特征。本章将介绍有关软件设计与开发的基础知识，包括程序设计基础、算法与数据结构的基础知识、软件工程的过程和方法。

5.1 程序设计基础

软件是计算机智能的来源，没有软件的计算机是没有任何用处的，只有有了计算机软件才能使其完成交付的任务。而软件是程序及相关文档的集合，单纯的计算机程序不是软件，只有加上一系列的文档（如设计文档、帮助文档）后，才成为完整的计算机软件。程序是解决某具体问题的命令组合，是由某种计算机语言编写的指令序列，程序 = 数据结构 + 算法。数据结构是指数据集合、数据集合中数据的组织形式以及建立在数据集合上的操作所构成的完整的结构。算法是指为实现某目标功能而设计的处理流程，以及如何使用计算机语言实现它，是解决问题的方法和步骤。

如何设计并实现计算机程序是制造计算机软件的基础，而从计算机程序设计语言出现以来，程序设计技术经历了一系列的变革。程序设计初期，由于计算机硬件条件的限制，运算速度与存储空间都迫使程序员追求高效率，编写程序成为一种技巧与艺术，而程序的可理解性、可扩充性等因素被放到第二位。随着计算机硬件与通信技术的发展，计算机应用领域越来越广，应用规模也越来越大，程序设计不再是一两个程序员可以完成的任务。在这种情况下，编写程序不再片面追求高效率，而是综合考虑程序的可靠性、可扩充性、可重用性和可理解性等因素。正是这种需求刺激了程序设计方法与程序设计语言的发展，程序设计方法经历了初期程序设计、结构化程序设计和面向对象程序设计几个阶段。

5.1.1 初期程序设计

早期出现的高级程序设计语言有 FORTRAN、COBOL、ALGOL、BASIC 等语言。这一时期，由于追求程序的高效率，程序员过分依赖技巧与天分，不太注重所编写程序的结构，可以说是无固定程序设计方法的时期。存在的一个典型问题是：程序中的控制随意跳转，即不加限制地使用 goto 语句,对别人来说难以理解,就是程序员自己也难以修改程序。

5.1.2 结构化程序设计

1.结构化程序设计

结构化程序设计(Structured Program Designing)的思想是在 20 世纪 60 年代末、70 年代初为解决"软件危机"而形成的。由迪杰斯特拉(E.W.Dijkstra)于 1969 年提出,以模块化设计为中心,将待开发的软件系统划分为若干个相互独立的模块,使完成每一个模块的工作变得单纯而明确,为设计一些较大的软件打下了良好的基础。多年来的实践证明,结构化程序设计策略确实使程序执行效率提高,并且由于减少了程序的出错率,从而大大减少了维护费用。

由于各模块相互独立,因此在设计其中一个模块时,不会受到其他模块的牵连,因而可将原来较为复杂的问题简化为一系列简单模块的设计。模块的独立性还为扩充已有的系统、建立新系统带来了不少的方便,因为可以充分利用现有的模块作积木式的扩展。

按照结构化程序设计的观点,任何算法功能都可以通过由程序模块组成的三种基本程序结构的组合:顺序结构、选择结构和循环结构来实现,如图 5.1 所示。顺序结构是指从上至下,按照语句的顺序一句一句执行。选择结构是根据条件语句中条件的逻辑值是真或假来选择执行其中的哪一部分。循环结构在循环条件没有达到结束时,反复执行其中的循环体。利用三种结构的合理的组合,完成各种各样的任务。

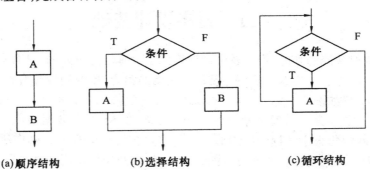

(a)顺序结构　　　　　(b)选择结构　　　　　(c)循环结构

图 5.1　三种基本结构

结构化程序设计的基本思想是采用"自顶向下、逐步求精"的程序设计方法和"单入口单出口"的控制结构。"自顶向下、逐步求精"的程序设计方法从问题本身开始,经过逐步细化,将解决问题的步骤分解为由基本程序结构模块组成的结构化程序框图;"单入口单出口"的思想认为一个复杂的程序,如果它仅是由顺序、选择和循环三种基本程序结构通过组合、嵌套构成,那么这个新构造的程序一定是一个单入口单出口的程序。如下面的 C 语言代码段,左侧为顺序结构,中间为选择结构,右侧为循环结构。

```
int a = 10;                    int a;                        int i;
cout < <"a = " < <a< <endl;    cin< <a;                      int sum = 0;
                               if (a > 100)                  for (i = 1;i <= 100;i ++ )
                                   cout < <"YES" < <endl;     {
                               else                              sum + = i;
                                   cout < <"NO" < <endl;      }
                                                             cout < < sum < <endl;
```

按照结构化程序设计的原则和方法,可设计出结构清晰、容易理解、容易修改、容易验证的程序,使程序具有一个合理结构,以保证和验证程序的正确性,从而开发出正确、合理的程序。

2. 结构化程序设计的特征与风格

结构化程序设计的主要特征与风格如下所述。

(1)按结构化程序设计方式构造的结构化程序,一般都由三种基本控制结构:顺序结构、选择结构和循环结构构成。这三种结构都是单入口/单出口的程序结构。已经证明,一个任意大且复杂的程序总能转换成这三种标准形式的组合。

(2)有限制地使用 goto 语句。鉴于 goto 语句的存在使程序的静态书写顺序与动态执行顺序十分不一致,导致程序难读难理解,容易存在潜在的错误,应有限制地使用 goto 语句。

(3)借助于结构化程序设计语言来书写结构化程序,并采用一定的书写格式,可以提高程序结构的清晰性,增进程序的易读性。

(4)强调程序设计过程中人的思维方式与规律,是一种"自顶向下"的程序设计策略,通过一组规则、规律与特有的风格对程序设计进行细分和组织。对于小规模程序设计,它与逐步精化的设计策略相联系,对其进行分析和设计;对于大规模程序设计,它则与模块化程序设计策略相结合,即将一个大规模的问题划分为几个模块,每一个模块完成一定的功能。

例如下面代码段,是典型的应用结构化程序设计方法的 C++ 代码,其中在 main() 函数段中,调用了另一段代码 bubble(),在 main 程序段中包含了顺序结构、循环结构,而在 bubble 程序段中包含了顺序、选择和循环结构,两个模块完成了冒泡排序算法。

```cpp
# include < iostream.h >
void bubble(int [ ], int);
void main()
{
    int a[ ] = {9,3,0,5,7,1,6,4,2,8};
    int len = sizeof(a)/sizeof(int);
    for(int I = 0; I < len; I++ ) cout << a[I] << " ";
    cout << endl << endl;
    bubble(a, len);
}
void bubble(int a[ ], int size)
{
    int I, temp;
    for(int pass = 1; pass < size; pass++ )
    {
        for(I = 0; I < size - pass; I++ )
        {
            if(a[I] > a[I+1])
            {
                temp = a[I];
                a[I] = a[I+1];
                a[I+1] = temp;
            }
        }
    }
}
```

```
            }
        for (I = 0; I < size; I++) cout << a[I] << " ";
        cout << endl;
    }
}
```

5.1.3 面向对象程序设计

1. 面向对象程序设计

面向对象程序设计(OOP, Object Oriented Programming)是一种计算机编程架构。OOP 的一条基本原则是:计算机程序是由单个能够起到子程序作用的单元或对象组合而成。OOP 达到了软件工程的三个主要目标:重用性、灵活性和扩展性。为了实现整体运算,每个对象都能够接收信息、处理数据和向其他对象发送信息。

OOP 主要有以下一些概念

◆ 组件:数据和功能一起在运行着的计算机程序中形成的单元,组件在 OOP 计算机程序中是模块和结构化的基础。

◆ 抽象性:程序有能力忽略正在处理的信息的某些方面,而只关注主要方面。

◆ 封装:也称为信息封装,确保组件不会以不可预期的方式改变其他组件的内部状态。每类组件都提供了一个与其他组件联系的接口,并规定了对其他组件进行调用的方法。

◆ 多态性:组件的引用和类集会涉及其他许多不同类型的组件,而且引用组件所产生的结果依据实际调用的类型。

◆ 继承性:允许在现存的组件基础上创建子类组件,统一并增强了多态性和封装性。即用类来对组件进行分组,而且还可以定义新类为现存的类的扩展,这样就可以将类组织成树形或网状结构,以体现组件通用性。

2. OOP 的基本思想

OOP 的许多思想都来之于 Simula 语言,并在 Smalltalk 语言的完善和标准化过程中得到更多的扩展和重新注解。可以说,OO 思想和 OOPL 几乎是同步发展、相互促进的。

与函数式程序设计(Functional-Programming)和逻辑式程序设计(Logic-Programming)所代表的接近于机器的实际计算模型所不同的是,OOP 几乎没有引入精确的数学描述,而是倾向于建立一个对象模型,它能够近似地反映应用领域内实体之间的关系,其本质是更接近于一种人类认知事物所采用的哲学观的计算模型。在 OOP 中,对象作为计算主体,拥有自己的名称、状态及接受外界消息的接口。在对象模型中,产生新对象、旧对象销毁、发送消息和响应消息就构成 OOP 计算模型的根本。

对象的产生有两种基本方式。一种是以原型(Prototype)对象为基础产生新对象。另一种是以类(Class)为基础产生新对象。原型模型本身就是企图通过提供一个有代表性的对象为基础来产生各种新的对象,并由此继续产生更符合实际应用的对象。一个类提供了一个或者多个对象的通用性描述,相当于是从该类中产生的实例的集合,以此描述创建对象。

面向对象的编程方法是九十年代才流行的一种软件编程方法。它强调对象的"抽象"、"封装"、"继承"和"多态"。从宏观的角度讲,OOP 下的对象是以编程为中心的、面向程序的对象。

3. OOP 技术的历史

面向对象技术最初是从面向对象的程序设计开始的,它的出现以 20 世纪 60 年代 Simula

语言为标志。20 世纪 80 年代中后期,面向对象的程序设计逐渐成熟,被计算机界理解和接受,人们又开始进一步考虑面向对象的开发问题。这就是 90 年代以后 Microsoft Visual 系列 OOP 软件流行的背景。

传统的结构化分析与设计开发方法是一个线性过程,要求实现系统的业务管理规范,处理数据齐全。由于它以过程为中心进行功能组合,软件的扩充和复用能力很差,因此难以适应软件生产自动化的要求。而对象是对现实世界实体的模拟,因而能更容易地理解需求,即使用户和分析者之间具有不同的教育背景和工作特点,也可以很好地沟通。

区别面向对象的开发和传统过程的开发的要素有:对象识别和抽象、封装、多态性和继承。

◈ 对象(Object):是一个现实实体的抽象,由现实实体的过程或信息来定义。一个对象可被认为是一个把数据(属性)和程序(方法)封装在一起的实体,这个程序产生该对象的动作或对它接受到的外界信号的反应。

◈ 类(Class):用来描述具有相同的属性和方法的对象的集合。它定义了该集合中每个对象所共有的属性和方法。对象是类的实例。

4. OOP 的优缺点

(1)OOP 的优点

使人们的编程与实际的世界更加接近,所有的对象被赋予属性和方法,编程更加富有人性化。

(2)OOP 的缺点

就 C++ 而言,由于面向更高的逻辑抽象层,使得 C++ 在实现的时候,不得不做出性能上的牺牲,有时候甚至是致命的(所有对象的属性都要经过内置多重指针的间接引用是其性能损失的主要原因之一)。

OOP 使编程的结构更加清晰完整,数据更加独立和易于管理,性能的牺牲可以带来这么多的好处,不过,在某些对速度要求极高的特殊场合,例如电信的交换系统,每秒钟有超过百万的人同时进行电话交换,如果每一个数据交换过程都是一个对象,那么总的性能损失将是天文数字。

5. OOP 程序设计实例

下面代码段是典型的应用面向对象程序设计方法的 C++ 代码,其中 Shape 是基类,Circle 和 Rectangle 是 Shape 的子类,每个类是一个完整的封装体,在父类 Shape 中包含了虚函数 Area()和构造函数,也有两个数据成员 xCoord 和 yCoord。Circle 类继承了 Shape 的两个数据成员 xCoord 和 yCoord 作为圆心的坐标,同时又增加了一个成员 radius 作为圆的半径,而重写了从 Shape 继承来的函数 Area(),使之完成求圆面积的操作。同样,Rectangle 类也继承了 Shape 的两个数据成员 xCoord 和 yCoord,作为矩形中一个顶点的坐标,又增加了两个数据成员 x2Coord 和 y2Coord 作为对角顶点的坐标,从而唯一地确定一个矩形,对函数 Area()的重写使之完成求矩形面积的操作。每一个类的对象是一个完整的封装体,拥有自己的一份数据成员,如 main()函数中的 c 和 t,每个对象可以调用该对象所拥有的操作。

```
# include < iostream.h >
# include < math.h >
class Shape
{
```

```
public:
    Shape(double x, double y):xCoord(x),yCoord(y){}
    virtual double Area() const {return 0.0;}
protected:
    double xCoord,yCoord;
};
class Circle:public Shape
{
public:
    Circle(double x,double y,double r):Shape(x,y),radius(r){}
    virtual double Area() const {return 3.14 * radius * radius;}
protected:
    double radius;
};
class Rectangle:public Shape
{
public:
    Rectangle(doublex1,double y1,double x2,double y2):
        Shape(x1,y1),x2Coord(x2),y2Coord(y2){}
    virtual double Area()const{return fabs((xCoord - x2Coord) * (yCoord - y2Coord));}
protected:
    double x2Coord,y2Coord;
};
void fun(const Shape &sp)
{
    cout << sp.Area() << endl;
}
void main()
{
    Circle c(2.0,5.0,4.0);
    fun(c);
    Rectangle t(2.0,4.0,1.0,2.0);
    fun(t);
}
```

5.1.4 良好的程序设计风格

编写程序必须按照规范化的方法来进行,在开始学习计算机编程时,就要培养良好的程序设计风格,程序设计风格甚至决定了你是否能成为一名不错的程序员。程序是最复杂的东西(虽然你开始写的程序很简单,但它们会逐渐变得复杂起来),是需要用智力去把握的智力产品。良好的格式能使程序结构一目了然,帮助你和别人理解它,开拓思维,也帮助你发现程序中不正常的地方,更容易发现程序中的错误。下面对程序的设计风格做一简要介绍。其中所述各项,均可对照参考前述所用代码。

1.标识符

标识符是程序设计中最基本的组成部分,用来为程序中的变量、数组、函数和过程等命名。命名的好坏关系到程序设计的质量。

全局变量采用具有描述意义的名字(如 buffer,而不是 a),局部变量采用短名字,函数采用动作性的名字(如 print、display)。为保持一致性,需要采用统一的命名风格和缩写规则,但由于程序设计语言对标识符的长度都有限制,所以在组合词的时候需要缩写,要按统一和标准的规范来命名(如 AreaofCircle)。

2.表达式

表达式是程序设计语言中重要的组成部分,尤其是在计算类的问题中。书写表达式也要采用一定的风格才能更好地使用它,不要滥用语言技巧,要使用表达式的自然形式。

(1)利用括号排除歧义。在程序中,算术、关系和逻辑表达式中的运算符都是有优先级的,计算顺序是按优先级来计算的(如先乘除后加减),但如果表达式比较长,比较复杂,可增加必要的括号来人为地控制计算的顺序,会更加清晰明确。

(2)分解复杂的表达式。对于复杂的表达式,最好分解成几个部分。

(3)尽量使用标准函数。

(4)形式简化。对于条件语句或循环语句中的逻辑表达式,要化成最简形式再写程序。

(5)绝不去写依赖于运算对象求值顺序的表达式。

不同风格代码示例见表 5.1。

表 5.1　不同风格代码示例

好的代码	不好的代码

aiVar[1] = aiVar[2] + aiVar[3];
aiVar[4] ++ ;
iResult = aiVar[1] + aiVar[4];
aiVar[3] ++ ;
	iResult = (aiVar[1] = aiVar[2] + aiVar[3] ++) + ++ aiVar[4] ;

a = b + c; d = a + r;	d = (a = b + c) + r;
if(((iYear % 4 == 0) 　&& (iYear % 100 ! = 0)) 　‖ (iYear % 400 == 0))	if (iYear%4 == 0 && iYear %100 ! = 0 ‖ iYear % 400 == 0)
void SetValue(int width, int height); float GetValue(void);	void SetValue(int, int); float GetValue();
void StrCopy (char * strSource, const char *strDestination);	void StrCopy(char *str1, char *str2);
int GetStrLen(const char *pcString);	int GetStrLen(char *pcString);

3.程序行的排列

程序行的排列方式对程序的可读性有很大的影响,要做到层次分明。在程序中有许多嵌套的语法成分,如条件语句等,要按一定的风格书写:缩进形式显示程序结构,使用一致的缩进行和加括号风格;同一嵌套深度的并列语句要对齐。

4.函数模块化

一个大型程序可按需要分解成多个模块,每个模块完成一个函数或过程,完成一个单一的特定功能。模块之间的联系要尽量简单,每个模块规模不宜太大。

5.注释

使用空行显示模块,充分而合理地使用程序注释给函数和全局数据加注释。注释不要与代码矛盾。

6.友好的程序界面

要用适用于用户的统一风格的界面布局,同时界面上的操作也要统一风格。

7.其他

(1)应该特别注意程序的书写格式,让它的形式反映出其内在的意义结构。

(2)采用最规范、最清晰、最容易理解的方式编写程序。

(3)在编程中,应仔细研究编译程序给出的错误信息和警告信息,弄清楚每条信息的确切根源并予以解决。

(4)保证一个函数的定义点和它的所有使用点都能看到同一个完整的函数原型说明。

5.2　算法基础

5.2.1　问题求解步骤

当使用计算机解决一些实际问题时,对于一些简单的问题,会遵循如图5.2所示的步骤来进行,而对大型的问题则要根据软件工程方法来进行。

1.问题分析

在问题分析阶段需要知道要解决的问题是什么,需要严格而准确地定义要解决的问题。当明确了问题后,要确定问题的输入是什么,输出的结果是什么,又是以什么形式输出的。另外,最重要的是,这个问题是否是计算机可解的。

2.算法设计

对问题进行分析之后,已经知道问题可解,那么需要详细分析问题的要求,包括性能和功能上的,当明确了要求之后,要建立一个确定求解步骤的算法。算法是由一系列规则组成的过程,这些规则确定了一个操作的顺序,以使能在有限步骤内得到问题的解。

3.程序设计

确定了求解问题的算法后,就要选择所用的数据结构,然后通过程序设计将其转换为程序,才能在计算机上实现。程序设计就是一个将算法转换为用某种程序设计语言表示的程序的过程。

4.测试

测试是为了发现程序中的错误而运行程序的过程,而不是为了证明程序是正确的。测试所用的实例要经过精心的设计,使得用尽可能少的数据量,测试到尽可能多的可能性。如果发现程序中的错误,就要分析错误的原因,是算法的错误,还是程序的错误,甚或是问题分析阶段没有完成好。原因确定之后,就要去修改,直至得到正确的结果。

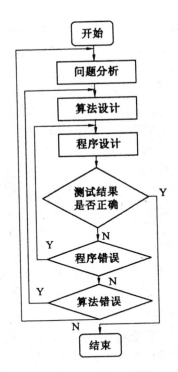

图 5.2　问题求解步骤

5.2.2　什么是算法

1.算法

算法是指完成一个任务准确而完整的描述。也就是说给定初始状态或输入数据,经过计算机程序的有限次运算,能够得出所要求或期望的终止状态或输出数据。

算法常常含有重复的步骤和一些比较或逻辑判断。如果一个算法有缺陷,或不适合于某个问题,那么执行这个算法将不会解决这个问题。不同的算法可能用不同的时间、空间或效率来完成同样的任务。一个算法的优劣可以用空间复杂度与时间复杂度来衡量。

2.算法的特征

输入:一个算法必须有零个或多个输入量。

输出:一个算法应有一个或多个输出量,输出量是算法计算的结果。

确定性:算法的描述必须无歧义,以保证算法的执行结果是确定的。

有穷性:算法必须在有限步骤内实现。(注:此处"有限"不同于数学概念的"有限",天文数字般的有限对于实际问题并无意义)

有效性:又称可行性,指算法中描述的操作都是可以通过已经实现的基本运算执行有限次来实现的。

通用性:即算法是解决一类问题的求解方法,而不只是解决某一个问题的。

3.形式化算法

算法是计算机处理信息的本质,因为计算机程序本质上是一个算法,告诉计算机确切的步骤来执行一个指定的任务,如计算职工的薪水或打印学生的成绩单。一般的,当算法在处理信息时,会从输入设备或数据的存储地址读取数据,把结果写入输出设备或某个存储地址供以后再调用。

4.算法的设计要求

(1)正确性(Correctness)

◆ 程序不含语法错误;

◆ 程序对几组输入数据能够得出满足规格要求的结果;

◆ 程序对精心选择的、典型的、苛刻的、带有刁难性的几组输入数据能够得出满足规格要求的结果;

◆ 程序对一切合法的输入数据都能产生满足规格要求的结果。

(2)可读性(Readability)

算法的第一目的是为了阅读和交流,可读性有助于对算法的理解,有助于对算法的调试和修改。

(3)高效率与低存储量

算法要处理速度快,存储容量小。时间和空间是矛盾的,实际问题的求解往往是求得时间和空间的统一折中。

5.算法的描述

算法描述的常用工具有自然语言、流程图、伪语言和类语言。

自然语言:就是用英文或汉字等对算法进行描述,但由于自然语言的二义性,而且在表达逻辑流程时很困难,所以并不是十分常用,但作为初学者从整体上学习算法描述却是必不可少的。

流程图:特定的表示算法的图形符号,是一种描述算法或程序结构的图形工具。它使用规定的图形符号表示算法或程序中的各个要素。

伪语言:是将自然语言与程序设计语言结合起来的算法描述语言。保留了程序设计语言的严谨结构、语句形式和控制成分,忽略了繁琐的变量说明,在高层抽象地描述算法时,一些处理和条件等容许使用自然语言描述。

类语言:类似高级语言的语言,例如,类 PASCAL、类 C 语言。

6.算法设计举例

【例5.1】 有一串随机数列,要求找到这个数列中最大的数。如果将数列中的每一个数字看成是一颗豆子的大小,可以将下面的算法形象地称为"捡豆子"。

(1)自然语言描述的算法

首先将第一颗豆子放入口袋中。

从第二颗豆子开始检查,直到最后一颗豆子。如果正在检查的豆子比口袋中的还大,则将它捡起放入口袋中,同时丢掉原先口袋中的豆子。

最后口袋中的豆子就是所有豆子中最大的一颗。

(2)伪语言描述的算法

给定一个数列"list",以及数列的长度"length(list)"

```
largest = list[1]
for counter = 2 to length(list):
    if list[counter] > largest:
        largest = list[counter]
```

print largest

【例 5.2】 求两个自然数的最大公约数,设两个自然数为变量 M 和 N。

(1)自然语言描述的算法

如果 M < N,则交换 M 和 N;

M 被 N 除,得到余数 R;

判断 R=0,正确则 N 即为"最大公约数",否则进行下一步;

将 N 赋值给 M,将 R 赋值给 N,重做第一步。

(2)BASIC 代码表示的算法

```
If M < N Then Swap M,N
Do While R < > 0
  R = M Mod N
  M = N
  N = R
Loop
Print N
```

7.算法的复杂度

(1)算法的时间复杂度

算法的时间复杂度是指算法需要消耗的时间资源。一个程序在计算机上运行时所需耗费的时间取决于程序运行时输入的数据量、对源程序编译所需要的时间、执行每条指令所需要的时间及程序中语句重复执行的次数。通常把整个程序中语句的重复执行次数之和作为该程序运行时间的特性,称为算法的时间复杂度。

一般来说,计算机算法是问题规模 n 的函数 $T(n)$,算法的时间复杂度也因此记做 $T(n)$。

问题的规模 n 越大,算法执行的时间的增长率与 $T(n)$ 的增长率正相关,称作渐进时间复杂度(Asymptotic Time Complexity)。常见的时间复杂度有: $O(1)$ 常数阶; $O(\log n)$ 对数阶; $O(n)$ 线性阶; $O(n^2)$ 平方阶。

时间复杂度举例

(a) $X:=X+1$; $O(1)$

(b) FOR I: = 1 TO n DO

　　 $X:=X+1$; $O(n)$

(c) FOR I: = 1 TO n DO

　　FOR J: = 1 TO n DO

　　　 $X:=X+1$; $O(n^2)$

(2)算法的空间复杂度

算法的空间复杂度是指算法需要消耗的空间资源。其计算和表示方法与时间复杂度类似,一般都用复杂度的渐近性来表示。同时间复杂度相比,空间复杂度的分析要简单得多。

5.3　数据结构基础

计算机科学技术是一门研究信息表示和处理的科学,不仅涉及算法与程序的结构,同时也涉及程序的加工对象——数据的结构。数据的结构直接影响算法的选择和程序的效率。数据结构是计算机科学技术的核心课程之一,数据结构中所讲授的知识和技术,不仅是一般非数值计算程序设计的基础,而且是设计和实现如编译程序、操作系统、数据库管理系统等系统软件及大型应用程序的重要基础,对于理解计算机的工作方式是非常有帮助的一门课程。

5.3.1 数据结构

什么是数据?数据是对客观事物的符号表示,在计算机科学中是指所有能输入到计算机中,并由计算机程序处理的符号的总称。它不仅可以是数值,图形、图像及声音等也都可以是计算机所要处理的数据。

数据集合中的每一个体称为数据元素。数据元素是数据的基本单位,在计算机程序中通常作为一个整体考虑。一个数据元素由若干个数据项组成,数据项是数据不可分割的最小单位。数据元素有两类:一类是不可分割的原子型数据元素,如,整数"5",字符'N'等;另一类是由多个款项构成的数据元素,其中每个款项被称为一个数据项。如描述一个学生信息的数据元素可由多个数据项组成,如学号、姓名、性别、出生日期等。其中的出生日期又可以由"年"、"月"和"日"三个数据项组成,则称"出生日期"为组合项,而其他不可分割的数据项为原子项。

数据结构是指同一数据元素类中各数据元素之间存在的关系。数据结构分别为逻辑结构、存储结构(物理结构)和数据的运算。数据的逻辑结构是对数据之间关系的描述,有时就把逻辑结构简称为数据结构。逻辑结构形式定义为(K,R)(或(D,S)),其中,K 是数据元素的有限集,R 是 K 上关系的有限集。

数据元素相互之间的关系称为结构。其基本结构有四类:集合、线性结构、树形结构和图状结构(网状结构)。树形结构和图形结构称为非线性结构。

数据结构在计算机中的表示(映象)称为数据的物理(存储)结构,分为顺序存储结构和链式存储结构。顺序存储方法是:把逻辑上相邻的节点存储在物理位置相邻的存储单元里,节点间的逻辑关系由存储单元的邻接关系来体现,由此得到的存储表示称为顺序存储结构。链接存储方法:不要求逻辑上相邻的节点在物理位置上亦相邻,节点间的逻辑关系是由附加的指针字段表示的,由此得到的存储表示称为链式存储结构。

算法的设计取决于数据(逻辑)结构,而算法的实现依赖于采用的存储结构。数据的运算是在数据的逻辑结构上定义的操作算法,如检索、插入、删除、更新和排序等。

5.3.2 几种典型的数据结构

对每一个数据结构而言,必定存在与它密切相关的一组操作。若操作的种类和数目不同,即使逻辑结构相同,数据结构能起的作用也不同。不同的数据结构其操作集不同,但下列操作必不可缺:

◆ 结构的生成;
◆ 结构的销毁;
◆ 在结构中查找满足规定条件的数据元素;
◆ 在结构中插入新的数据元素;
◆ 删除结构中已经存在的数据元素;
◆ 遍历整个结构。

1.线性结构

(1)线性表

一般的,一个线性表(LIST)可以表示成一个线性序列:$k_1, k_2, \cdots, k_n$,其中 k_1 是开始节点,kn 是终端节点,是一个数据元素的有序(次序)集,线性结构的基本特征为:

◆ 集合中必存在唯一的一个"第一元素";

◆ 集合中必存在唯一的一个"最后元素";

◆ 除最后一个元素之外,均有唯一的后继;

◆ 除第一个元素之外,均有唯一的前驱。

线性表是由 $n(n \geqslant 0)$ 个数据元素(节点) $k_1, k_2, \cdots, k_n$ 组成的有限序列,数据元素的个数 n 定义为表的长度,当 n = 0 时称为空表。常常将非空的线性表(n > 0)记作:(k1, k2, ..., kn)。数据元素 ki(1 ≤ i ≤ n)只是一个抽象的符号,其具体含义在不同的情况下可以不同。

在实际应用中,线性表都是以栈、队列、字符串、数组等特殊线性表的形式来使用的。由于这些特殊线性表都具有各自的特性,因此,掌握这些特殊线性表的特性,对于数据运算的可靠性和提高操作效率都是至关重要的。

线性表 L 的基本操作如下:

◆ Setnull(L):置空表;

◆ Length(L):求表长度;求表中元素个数;

◆ Get(L, i):取表中第 i 个元素(1 ≤ i ≤ n);

◆ Prior(L, i):取 i 的前驱元素;

◆ Next(L, i):取 i 的后继元素;

◆ Locate(L, x):返回指定元素在表中的位置;

◆ Insert(L, i, x):插入元素;

◆ Delete(L, x):删除元素;

◆ Empty(L):判别表是否为空。

例 1:英文字母表(A, B, ···, Z)是线性表,表中每个字母是一个数据元素(节点)。

例 2:一副扑克牌的点数(2, 3, ···, 10, J, Q, K, A)也是一个线性表,其中数据元素是每张牌的点数。

例 3:学生成绩表中,每个学生及其成绩是一个数据元素,其中数据元素由学号、姓名、各科成绩及平均成绩等数据项组成,如表 5.2 所示。

表 5.2 学生成绩表

学号	姓名	数据结构	软件工程	操作系统	数据库原理	平均分
001	赵一	84	79	86	83	82
002	钱二	87	73	94	76	79.8
003	孙三	83	76	95	68	81.4
004	李四	53	78	67	65	65
⋮						

线性表具有如下的结构特点:

均匀性:虽然不同数据表的数据元素可以是各种各样的,但对于同一线性表的各数据元素必定具有相同的长度。

有序性:各数据元素在线性表中的位置只取决于它们的序号,数据元素之间的相对位置是线性的。

线性表的顺序存储结构,是使用地址连续的存储单元来依次存放线性表的数据元素。如果线性表中共有 n 个元素,每一个数据元素占用 m 个存储单元,则存储线性表共需要 mn 个存储单元。

线性表的链式存储结构,是使用不一定连续的存储单元来存放线性表。为了表示元素间前驱与后继的关系,每一个数据元素的存储区域包括两部分:数据域和指针域。整个线性表的各个数据元素的存储区域之间通过指针连接成为一个链式结构。

(2)栈

栈(Stack)在计算机科学中是限定仅在表尾进行插入或删除操作的线性表。栈是一种数据结构,它按照先进后出的原则存储数据,先进入的数据被压入栈底,最后的数据在栈顶,需要读数据的时候从栈顶开始弹出数据(最后一个数据被第一个读出来)。其基本工作原理如图 5.3 所示。

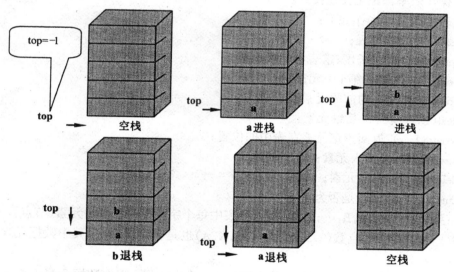

图 5.3 栈的基本工作原理

栈是只能在某一端插入和删除的特殊线性表,进行删除和插入的一端称栈顶,另一堆称栈底。插入一般称为进栈(PUSH),删除则称为退栈(POP)。栈也称为后进先出表(LIFO 表)。

基本操作如下:

◆ InitStack(S):构造一个空栈 S。

◆ StackEmpty(S):判栈空。若 S 为空栈,则返回 TRUE,否则返回 FALSE。

◆ StackFull(S):判栈满。若 S 为满栈,则返回 TRUE,否则返回 FALSE。

◆ Push(S,x):进栈。若栈 S 不满,则将元素 x 插入 S 的栈顶。

◆ Pop(S):退栈。若栈 S 非空,则将 S 的栈顶元素删去,并返回该元素。

◆ StackTop(S):取栈顶元素。若栈 S 非空,则返回栈顶元素,但不改变栈的状态。

栈结构的实例:逆序、装货卸货、表达式的语法检查、背包问题等。

(3)队列

队列(Queue)在计算机科学中,是一种先进先出的线性表。和栈相反,它只允许在表的一端进行插入,而在表的另一端删除元素,进行插入操作的端称为队尾,进行删除操作的端称为队头。队列中没有元素时,称为空队列。队列的基本工作原理如图 5.4 所示。

队列具有先进先出(FIFO)的特点。

队列空的条件:front = rear

队列满的条件:rear = MAXSIZE

队列可以用数组 Q[1...m]来存储,数组的上界 m 即是队列所容许的最大容量。在队列的运算中需设两个指针:head 为队头指针,指向实际队头元素的前一个位置;tail 为队尾指针,指向实际队尾元素所在的位置。一般情况下,两个指针的初值设为 0,这时队列为空,没有元素。

队列的运算如下:

◈ 置空队列 SETNULL(Q):该运算把队列置为空队列;
◈ 进入队列 ADDQUEUE(Q):在队列 Q 的尾部插入一个新的元素;
◈ 退出队列 DELQUEUE(Q):删除队列 Q 的队首元素;
◈ 取队首元素 FRONTQUE(Q):取队列 Q 的队首元素作为其值;
◈ 判断队列是否为空 EMPTY(Q):用来判断队列 Q 是否为空。

队列结构实例:如排队,先来先服务等。

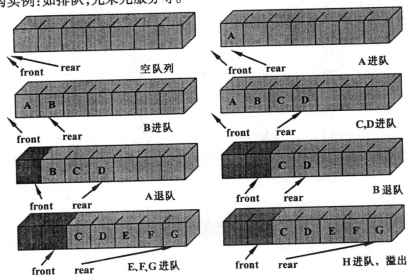

图 5.4　队列的基本工作原理

2.树形结构

树(Tree)是一类重要的有分支和层次关系的数据结构。上一层的一个数据元素可以和下一层中的若干个数据元素相关联,但下一层中的一个数据元素只能和上一层中的一个数据元素相关联。树形结构示例如图 5.5 所示。

树是由 n(n≥0) 个节点组成的有限集合。如果 n = 0,称为空树;如果 n > 0,则

◈ 有一个特定的称之为根(root)的节点,它只有直接后继,但没有直接前驱。
◈ 除根以外的其他节点划分为 m[m (0)]个互不相交的有限集合 $T_0, T_1, \cdots, T_{m-1}$,每个集合又是一棵树,并且称之为根的子树。

◆ 每棵子树的根节点有且仅有一个直接前驱,但可以有 0 个或多个直接后继。

树形结构的例子:如国家行政区划分,学校各部门,目录等等都是树形结构的例子。

树形结构的基本操作包括创建、销毁、删除节点、插入节点、遍历等。

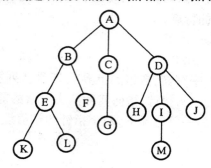

图 5.5　树形结构示例

3. 图形结构

图(Graph)是一种较线性表和树更为复杂的数据结构。图形结构示例如图 5.6 所示。在图中,节点之间的关系可以是任意的。图的基本操作包括:创建、销毁、遍历、插入、删除等。图的应用如:地图,人与人的关系。

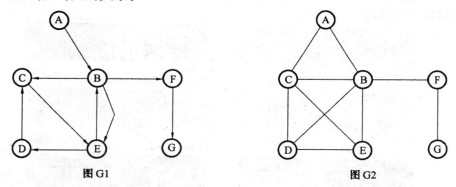

图 5.6　图形结构示例

5.4　软件工程

5.4.1　软件工程的概念

1. 软件工程的产生

(1)世界上第一个计算机程序员

第一个编写软件的人是 Ada(Augusta Ada Lovelace),1860 年她尝试为 Babbage(Charles Babbage)的机械式计算机写软件。尽管失败了,但名字却永远载入了计算机发展的史册。她的父亲就是那个狂热的、不趋炎附势的激进诗人和冒险家拜伦,她本身也是一个光彩照人的人物——数学尖子和某种程度上的赌徒。

(2)现代计算机软件的出现

计算机出现之初,编制计算机程序完全是一种技巧,主要依赖于程序员的素质和能力。在计算机系统发展的初期,硬件通常用来执行一个单一的程序,而这个程序又是为一个特定的目的而编制的。早期当通用硬件成为平常事情的时候,软件的通用性却是很有限的。大多数软件是由使用该软件的个人或机构研制的,软件往往带有强烈的个人色彩。早期的软件开发也没有什么系统的方法可以遵循,软件设计是在某个人的头脑中完成的一个隐藏的过程。而且,除了源代码往往没有软件说明书等文档。

(3)软件危机

从 60 年代中期到 70 年代中期是计算机系统发展的第二个时期,在这一时期软件开始作为一种产品被广泛使用,出现了"软件作坊",专职应别人的需求写软件。这一软件开发的方法基本上仍然沿用早期的个体化软件开发方式,但软件的数量急剧膨胀,软件需求日趋复杂,维护的难度越来越大,开发成本令人吃惊地高,而失败的软件开发项目却屡见不鲜。"软件危机"就这样开始了!

1968 年北大西洋公约组织的计算机科学家在联邦德国召开的国际学术会议上第一次提出了"软件危机"(Software Crisis)这个名词。概括来说,软件危机包含两方面问题:一、如何开发软件,以满足不断增长,日趋复杂的需求;二、如何维护数量不断膨胀的软件产品。

(4)软件工程的提出

软件工程是一门研究如何用系统化、规范化、数量化等工程原则和方法进行软件的开发和维护的学科。软件工程包括两方面内容:软件开发技术和软件项目管理。软件开发技术包括软件开发方法学、软件工具和软件工程环境。软件项目管理包括软件度量、项目估算、进度控制、人员组织、配置管理和项目计划等。

(5)传统软件工程

为迎接软件危机的挑战,人们进行了不懈的努力。这些努力大致上是沿着两个方向同时进行的。

一个方向是从管理的角度,希望实现软件开发过程的工程化。这方面最为著名的成果就是提出了大家都很熟悉的"瀑布式"生命周期模型。这方面的努力,使人们认识到了文档的标准以及开发者之间、开发者与用户之间的交流方式的重要性。一些重要文档格式的标准被确定下来,包括变量、符号的命名规则及原代码的规范式。

另一个方向是侧重于对软件开发过程中分析、设计方法的研究。这方面的重要成果就是在 70 年代风靡一时的结构化开发方法,即 PO(面向过程的开发或结构化方法)、结构化的分析、设计和相应的测试方法。

软件工程的目标是研制开发与生产具有良好的软件质量和费用合算的产品。费用合算是指软件开发运行的整个开销能满足用户要求的程度,软件质量是指该软件能满足明确的和隐含的需求的能力及有关特征和特性的总和。软件质量可用 6 个特性来做评价,即功能性、可靠性、易使用性、效率、维护性、易移植性。

(6)现代软件工程

软件不是纯物化的东西,其中包含着人的因素,于是就有很多变动的东西,不可能像理想的物质生产过程基于物理学等的原理来做。传统的软件工程强调物性的规律,现代软件工程最根本的就是人与物的关系,就是人和机器(工具、自动化)在不同层次的不断循环发展的关系。

面向对象的分析、设计方法(OOA 和 OOD)的出现使传统的开发方法发生了翻天覆地的变化,随之而来的是面向对象建模语言(以 UML 为代表)、软件复用、基于组件的软件开发等新的方法和领域。

与之相应的是从企业管理的角度提出的软件过程管理,即关注于软件生存周期中所实施的一系列活动,并通过过程度量、过程评价和过程改进等涉及对所建立的软件过程及其实例进行不断优化的活动,使得软件过程循环往复、螺旋上升式地发展。其中最著名的软件过程成熟度模型是美国卡内基梅隆大学软件工程研究所(SEI)建立的 CMM(Capability Maturity Model),即能力成熟度模型。此模型在建立和发展之初,主要目的是为大型软件项目的招投标活动提供一种全面而客观的评审依据,而发展到后来,又同时被应用于许多软件机构内部的过程改进活动中。

2.什么是软件工程

软件工程一直以来都缺乏一个统一的定义,很多学者、组织机构都分别给出了自己的定义。

软件工程是指导计算机软件开发和维护的工程学科。采用工程的概念、原理、技术和方法来开发与维护软件,把经过时间考验而证明正确的管理技术和当前能够得到的最好的技术方法结合起来,这就是软件工程。

传统的软件工程强调使用生存周期方法学和各种结构分析及结构设计技术。人类解决复杂问题时普遍采用的一个策略就是"各个击破",也就是对问题进行分解,然后再分别解决各个子问题的策略。软件工程采用的生存周期方法学就是从时间角度对软件开发和维护的复杂问题进行分解,把软件生存的漫长周期依次划分为若干个阶段,每个阶段有相对独立的任务,然后逐步完成每个阶段的任务。

3.软件生存周期

把软件生存周期划分成若干个阶段,每个阶段的任务相对独立,而且比较简单,便于不同人员分工协作,从而降低了整个软件开发工程的困难程度。在软件生存周期的每个阶段都采用科学的管理技术和良好的技术方法,而且在每个阶段结束之前都从技术和管理两个角度进行严格的审查,合格之后才开始下一阶段的工作,这就使软件开发工程的全过程以一种有条不紊的方式进行,保证了软件的质量,特别是提高了软件的可维护性。总之,采用软件工程方法论可以大大提高软件开发的成功率,软件开发的生产率也能明显提高。

目前,划分软件生存周期阶段的方法有许多种,软件规模、种类、开发方式、开发环境及开发时使用的方法论都影响软件生存周期阶段的划分。在划分软件生存周期的阶段时应该遵循的一条基本原则就是使各阶段的任务彼此间尽可能相对独立,同一阶段各项任务的性质尽可能相同,从而降低每个阶段任务的复杂程度,简化不同阶段之间的联系,有利于软件开发工程的组织管理。

下面简要介绍软件生存周期每个阶段的基本任务和结束标准。

(1)问题定义

问题定义阶段必须回答的关键问题是:"要解决的问题是什么?"尽管确切地定义问题的必要性是十分明显的,但是在实践中它却可能是最容易被忽视的一个步骤。

通过问题定义阶段的工作,系统分析员应该提出关于问题性质、工程目标和规模的书面报告。分析员扼要地写出他对问题的理解,并在用户和使用部门负责人的会议上认真讨论这份书面报告,澄清含糊不清的地方,改正理解不正确的地方,最后得出一份双方都满意的文档。

(2)可行性研究

这个阶段要回答的关键问题是："对于上一个阶段所确定的问题有行得通的解决办法吗?"这个阶段的任务不是具体解决问题,而是研究问题的范围,探索这个问题是否值得去解,是否有可行的解决办法。

在问题定义阶段提出的对工程目标和规模的报告通常比较含糊。可行性研究阶段应该导出系统的高层逻辑模型(通常用数据流图表示),并且在此基础上更准确、更具体地确定工程规模和目标。然后分析员更准确地估计系统的成本和效益,对建议的系统进行仔细的成本/效益分析。可行性研究的结果是使部门负责人做出是否继续进行这项工程的决定的重要依据。

(3)需求分析

这个阶段的任务仍然不是具体地解决问题,而是准确地确定"为了解决这个问题,目标系统必须做什么",主要是确定目标系统必须具备哪些功能。

用户了解他们所面对的问题,知道必须做什么,但是通常不能完整准确地表达出他们的要求,更不知道怎样利用计算机解决他们的问题;软件开发人员知道怎样使用软件实现人们的要求,但是对特定用户的具体要求并不完全清楚。因此,系统分析员在需求分析阶段必须和用户密切配合,充分交流信息,以得出经过用户确认的系统逻辑模型。通常用数据流图、数据字典和简要的算法描述表示系统的逻辑模型。在需求分析阶段确定的系统逻辑模型是以后设计和实现目标系统的基础,因此,必须准确完整地体现用户的要求。

(4)总体设计

这个阶段必须回答的关键问题是："概括地说,应该如何解决这个问题?"

首先,应该考虑几种可能的解决方案。例如,目标系统的一些主要功能是用计算机自动完成还是用人工完成;如果使用计算机,那么是使用批处理方式还是人机交互方式;信息存储使用传统的文件系统还是数据库。通常至少应该考虑下述几类可能的方案:

◆ 低成本的解决方案。系统只能完成最必要的工作,不能多做一点额外的工作。

◆ 中等成本的解决方案。这样的系统不仅能够很好地完成预定的任务,使用起来很方便,而且可能还具有用户没有具体指定的某些功能和特点。虽然用户没有提出这些具体要求,但是系统分析员根据自己的知识和经验断定,这些附加的能力在实践中将证明是很有价值的。

◆ 高成本的"十全十美"的系统。这样的系统具有用户可能希望有的所有功能和特点。

系统分析员应该使用系统流程图或其他工具描述每种可能的系统,估计每种方案成本和效益,还应该在充分权衡各种方案利弊的基础上,推荐一个较好的系统 (最佳方案),并且制定实现所推荐的系统的详细计划。如果用户接受分析员推荐的系统,则可以着手完成本阶段的另一项主要工作。

(5)详细设计

总体设计阶段以比较抽象概括的方式提出了解决问题的办法,详细设计阶段的任务就是把解法具体化,也就是回答下面这个关键问题："应该怎样具体地实现这个系统呢?"

这个阶段的任务还不是编写程序,而是设计出程序的详细规格说明。这种规格说明的作用很类似于其他工程领域中工程师经常使用的工程蓝图,它们应该包含必要的细节,程序员可以根据它们写出实际的程序代码。

(6)编码和单元测试

这个阶段的关键任务是写出正确的容易理解、容易维护的程序模块。程序员应该根据目标系统的性质和实际环境,选取一种适当的高级程序设计语言(必要时用汇编语言),把详细设计的结果翻译成用选定的语言书写的程序,并且仔细测试编写出的每一个模块。

(7)综合测试

这个阶段的关键任务是通过各种类型的测试(及相应的调试)使软件达到预定的要求。

最基本的测试是集成测试和验收测试。所谓集成测试是根据设计的软件结构,把经过单元测试检验的模块按某种选定的策略装配起来,在装配过程中对程序进行必要的测试。所谓验收测试则是按照规格说明书的规定(通常在需求分析阶段确定),由用户(或在用户积极参加下)对目标系统进行验收。必要时还可以再通过现场测试或平行运行等方法对目标系统进一步测试检验。

(8)软件维护

软件维护阶段的关键任务是,通过各种必要的维护活动使系统持久地满足用户的需要。

通常有 4 类维护活动:改正性维护,也就是诊断和改正在使用过程中发现的软件错误;适应性维护,即修改软件以适应环境的变化;完善性维护,即根据用户的要求改进或扩充软件使它更完善;预防性维护,即修改软件为将来的维护活动做准备。

4.软件工程的目标、过程和原则

(1)软件工程学的内容

软件工程学的主要内容是软件开发技术和软件工程管理。软件开发技术包含软件工程方法学、软件工具和软件开发环境;软件工程管理学包含软件工程经济学和软件管理学。

著名软件工程专家 B.Boehm 综合有关专家和学者的意见总结了多年来开发软件的经验,于 1983 年在一篇论文中提出了软件工程的 7 条基本原理。

◆ 用分阶段的生存周期计划进行严格的管理。

◆ 坚持进行阶段评审。

◆ 实行严格的产品控制。

◆ 采用现代程序设计技术。

◆ 软件工程结果应能清楚地审查。

◆ 开发小组的人员应该少而精。

◆ 承认不断改进软件工程实践的必要性。

B.Boehm 指出,遵循前 6 条基本原理,能够实现软件的工程化生产;按照第 7 条原理,不仅要积极主动地采纳新的软件技术,而且要注意不断总结经验。

(2)软件工程(Software Engineering)的框架

软件工程(Software Engineering)的框架可概括为:目标、过程和原则。

软件工程目标:生产具有正确性、可用性以及开销合宜的产品。正确性指软件产品达到预期功能的程度。可用性指软件基本结构、实现及文档为用户可用的程度。开销合宜是指软件开发、运行的整个开销满足用户要求的程度。这些目标的实现不论在理论上还是在实践中均存在很多待解决的问题,它们形成了对过程、过程模型及工程方法选取的约束。

软件工程过程:生产一个最终能满足需求且达到工程目标的软件产品所需要的步骤。软件工程过程主要包括开发过程、运作过程和维护过程。它们覆盖了需求、设计、实现、确认及维护等活动。

软件工程的原则:是指围绕工程设计、工程支持以及工程管理在软件开发过程中必须遵循

的原则。已提出了以下 4 条基本原则:

◆ 选取适宜的开发模型:该原则与系统设计有关。在系统设计中,软件需求、硬件需求以及其他因素间是相互制约和影响的,经常需要权衡。因此,必须认识需求定义的易变性,采用适当的开发模型,保证软件产品满足用户的要求。

◆ 采用合适的设计方法:在软件设计中,通常需要考虑软件的模块化、抽象与信息隐蔽、局部化、一致性以及适应性等特征。合适的设计方法有助于这些特征的实现,以达到软件工程的目标。

◆ 提供高质量的工程支撑:软件工具与环境对软件过程的支持颇为重要。软件工程项目的质量与开销直接取决于对软件工程所提供的支撑质量和效用。

◆ 重视软件工程的管理:软件工程的管理直接影响可用资源的有效利用,生产满足目标的软件产品以及提高软件组织的生产能力等问题。因此,仅当软件过程予以有效管理时,才能实现有效的软件工程。

5.4.2 软件开发模型

软件开发模型(Software Development Model)是指软件开发全部过程、活动和任务的结构框架。软件开发包括需求、设计、编码和测试等阶段,有时也包括维护阶段。

软件开发模型能清晰、直观地表达软件开发的全过程,明确规定了要完成的主要活动和任务,用来作为软件项目工作的基础。

1. 瀑布模型(Waterfall Model)

1970 年,Winston Royce 提出了著名的"瀑布模型",直到 80 年代早期,它一直是唯一被广泛采用的软件开发模型。瀑布模型将软件生命周期划分为制定计划、需求分析、软件设计、程序编写、软件测试和运行维护等 6 个基本活动,并且规定了它们自上而下、相互衔接的固定次序,如同瀑布流水,逐级下落。瀑布模型如图 5.7 所示。

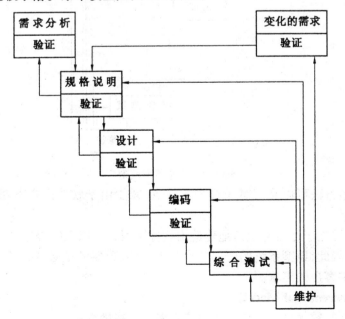

图 5.7 瀑布模型

瀑布模型的优点：

◆ 强调开发的阶段性。

◆ 强调早期计划及需求调查。

◆ 强调产品测试。

瀑布模型强调文档的作用，并要求每个阶段都要仔细验证。但是，这种模型的线性过程太理想化，已不再适合现代的软件开发模式，几乎被业界抛弃，其主要问题在于：

◆ 各个阶段的划分完全固定，阶段之间产生大量的文档，极大地增加了工作量。

◆ 由于开发模型是线性的，用户只有等到整个过程的末期才能见到开发成果，从而增加了开发的风险。

◆ 早期的错误可能要等到开发后期的测试阶段才能发现，进而带来严重的后果。

2.快速原型模型（Rapid Prototype Model）

快速原型模型的第一步是建造一个快速原型，实现客户或未来的用户与系统的交互，用户或客户对原型进行评价，进一步细化待开发软件的需求。通过逐步调整原型使其满足客户的要求，开发人员可以确定客户的真正需求是什么；第二步则在第一步的基础上开发客户满意的软件产品。快速原型模型如图5.8所示。

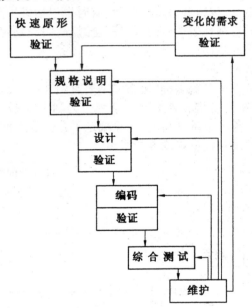

图5.8 快速原型模型

显然，快速原型方法可以克服瀑布模型的缺点，减少由于软件需求不明确带来的开发风险，具有显著的效果。

快速原型的关键在于尽可能快速地建造出软件原型，一旦确定了客户的真正需求，所建造的原型将被丢弃。因此，原型系统的内部结构并不重要，重要的是必须迅速建立原型，随之迅速修改原型，以反映客户的需求。

3.增量模型（Incremental Model）

与建造大厦相同，软件也是一步一步建造起来的。在增量模型中，软件被作为一系列的增量构件来设计、实现、集成和测试，每一个构件是由多种相互作用的模块所形成的提供特定功能的代码片段构成。

增量模型在各个阶段并不交付一个可运行的完整产品,而是交付满足客户需求的一个子集的可运行产品。整个产品被分解成若干个构件,开发人员逐个构件地交付产品,这样做的好处是软件开发可以较好地适应变化,客户可以不断地看到所开发的软件,从而降低开发风险。但是,增量模型也存在以下缺陷:

(1)由于各个构件是逐渐并入已有的软件体系结构中的,所以加入构件必须不破坏已构造好的系统部分,这需要软件具备开放式的体系结构。

(2)在开发过程中,需求的变化是不可避免的。增量模型的灵活性可以使其适应这种变化的能力大大优于瀑布模型和快速原型模型,但也很容易退化为边做边改模型,从而使软件过程的控制失去整体性。

当使用增量模型时,第一个增量往往是实现基本需求的核心产品。核心产品交付用户使用后,经过评价形成下一个增量的开发计划,它包括对核心产品的修改和一些新功能的发布。这个过程在每个增量发布后不断重复,直到产生最终的完善产品。

例如,使用增量模型开发字处理软件。可以考虑,第一个增量发布基本的文件管理、编辑和文档生成功能,第二个增量发布更加完善的编辑和文档生成功能,第三个增量实现拼写和文法检查功能,第四个增量完成高级的页面布局功能。

4. 几种模型的比较

每个软件开发组织应该选择适合于该组织的软件开发模型,并且应该随着当前正在开发的特定产品特性而变化,以减小所选模型的缺点,充分利用其优点,表 5.3 列出了几种常见模型的优缺点。

表 5.3　几种软件开发模型的比较

模　型	优　点	缺　点
瀑布模型	文档驱动	系统可能不满足客户的需求
快速原型模型	关注满足客户需求	可能导致系统设计差、效率低,难于维护
增量模型	开发早期反馈及时,易于维护	需要开放式体系结构,可能会设计差、效率低

5.4.3　软件开发方法

软件和程序是两个不同的概念,软件开发方法和程序设计方法也是不同的概念。评价一种软件开发方法一般看 4 个方面的特征。

(1)技术特征:即支持各种技术概念的方法特色,如层次性、抽象性、并行性、安全性和正确性等。

(2)使用特征:用于具体开发时的有关特色,如易理解性、易转移性、易复用性、工具的支持、任务范围、使用的广度、活动过渡的可行性、产品的易修改性、对正确性的支持等。

(3)管理特征:增强对软件开发活动管理能力方面的特色。如易管理性、支持或阻碍集体工作的程序、中间阶段的确定、工作产物、配置管理、阶段结束准则、费用估计等。

(4)经济特征:给软件机构产生的在质量和生产力方面的可见效益、如分析活动的局部效益、全生存周期效益、获得该开发方法的代价、使用它的代价、管理的代价等。

一切都好的开发方法是不存在的,一切都不好的开发方法也不存在,没有一种开发方法能适合所有的软件开发。下面介绍几种软件开发方法。

1. Parnas 方法(模块化方法)

最早的软件开发方法是由 D. Parnas 在 1972 年提出的。由于当时软件在可维护性和可靠性方面存在着严重问题,因此 Parnas 提出的方法是针对这两个问题的。首先,Parnas 提出了信息隐藏原则:在概要设计时列出将来可能发生变化的因素,并在模块划分时将这些因素放到个别模块的内部。这样,在将来由于这些因素变化而需修改软件时,只需修改这些个别的模块,其他模块不受影响。信息隐藏技术不仅提高了软件的可维护性,而且也避免了错误的蔓延,改善了软件的可靠性。第二条原则是在软件设计时应对可能发生的种种意外故障采取措施。软件是很脆弱的,很可能因为一个微小的错误而引发严重的事故,所以必须加强防范。如在分配使用设备前,应该取设备状态字,检查设备是否正常。此外,模块之间也要加强检查,防止错误蔓延。

Parnas 对软件开发提出了深刻的见解。遗憾的是,他没有给出明确的工作流程,所以这一方法不能独立使用,只能作为其他方法的补充。

2. SASD 方法(结构化方法)

1978 年,E. Yourdon 和 L. L. Constantine 提出了结构化方法,即 SASD(Structured Analysis Structured Design)方法,也可称为面向功能的软件开发方法或面向数据流的软件开发方法。

针对软件生存周期各个不同的阶段,它有结构化分析(SA)、结构化设计(SD)和结构化程序设计(SP)等方法。这一方法不仅开发步骤明确,SA、SD、SP 相辅相成,一气呵成,而且给出了两类典型的软件结构(变换型和事务型),便于参照,使软件开发的成功率大大提高,从而深受软件开发人员的青睐。

(1)结构化分析

结构化方法(Structured Method)是强调开发方法及所开发软件的结构合理性的软件开发方法。结构是指系统内各个组成要素之间的相互联系、相互作用的框架。结构化开发方法提出了一组提高软件结构合理性的准则,如分解与抽象、模块独立性、信息隐蔽等。结构化分析方法给出一组帮助系统分析人员产生功能规约的原理与技术。它一般利用图形表达用户需求,使用的手段主要有数据流图(DFD)、数据字典、结构化语言、判定表以及判定树等。

结构化分析的步骤如下:

①分析当前的情况,做出反映当前物理模型的 DFD;

②推导出等价逻辑模型的 DFD;

③设计新的逻辑系统,生成数据字典和基元描述;

④建立人机接口,提出可供选择的目标系统物理模型的 DFD;

⑤确定各种方案的成本和风险等级,据此对各种方案进行分析;

⑥选择一种方案;

⑦建立完整的需求规约。

(2)结构化设计

结构化设计方法给出一组帮助设计人员在模块层次上区分设计质量的原理与技术。它通常与结构化分析方法衔接起来使用,以数据流图为基础得到软件的模块结构。

结构化设计的步骤如下:

①评审和细化数据流图；

②确定数据流图的类型；

③把数据流图映射到软件模块结构，设计出模块结构的上层；

④基于数据流图逐步分解高层模块，设计中下层模块；

⑤对模块结构进行优化，得到更为合理的软件结构；

⑥描述模块接口。

结构化设计方法的设计原则：

①使每个模块执行一个功能（坚持功能性内聚）；

②每个模块用过程语句（或函数方式等）调用其他模块；

③模块间传送的参数作数据用；

④模块间共用的信息（如参数等）尽量少。

3.面向数据结构的软件开发方法

面向数据结构的方法注重数据结构而不是数据流。应用领域的信息域包括信息流、信息内容和信息结构等。在需求分析过程中，根据对信息域分析的侧重点不同，形成不同的开发方法。

（1）Jackson方法

1975年，M.A.Jackson提出了一类至今仍广泛使用的软件开发方法。这一方法从目标系统的输入、输出数据结构入手，导出程序框架结构，再补充其他细节，就可得到完整的程序结构图。这一方法对输入、输出数据结构明确的中小型系统特别有效。

（2）Warnier方法

1974年，J.D.Warnier提出的软件开发方法与Jackson方法类似。差别有三点：一是它们使用的图形工具不同，分别使用Warnier图和Jackson图；另一个差别是使用的伪码不同；最主要的差别是在构造程序框架时，Warnier方法仅考虑输入数据结构，而Jackson方法不仅考虑输入数据结构，而且还考虑输出数据结构。

4.问题分析法

问题分析法（Problem Analysis Method）是20世纪80年代末由日立公司提出的一种软件开发方法。PAM方法希望能兼顾Yourdon方法、Jackson方法和自底向上的软件开发方法的优点，而避免它们的缺陷。它的基本思想是：考虑到输入、输出数据结构，指导系统的分解，在系统分析指导下逐步综合。这一方法的具体步骤是：从输入、输出数据结构导出基本处理框；分析这些处理框之间的先后关系；按先后关系逐步综合处理框，直到画出整个系统的PAD图。从上述步骤中可以看出，这一方法本质上是综合的"自底向上"的方法，但在逐步综合之前已进行了有目的的分解，这个目的就是充分考虑系统的输入、输出数据结构。

5.面向对象的软件开发方法

（1）面向对象方法

面向对象（Object-oriented）技术是软件技术的一次革命，在软件开发史上具有里程碑的意义。随着OOP（面向对象编程）向OOD（面向对象设计）和OOA（面向对象分析）的发展，最终形成面向对象的软件开发方法OMT（Object Modeling Technique）。这是一种"自底向上"和"自顶向下"相结合的方法，而且它以对象建模为基础，从而不仅考虑了输入、输出数据结构，实际上也包含了所有对象的数据结构。OMT彻底实现了PAM没有完全实现的目标。不仅如此，OO技术在需求分析、可维护性和可靠性这三个软件开发的关键环节和质量指标上有了实质性的突破,彻底地解决了在这些方面存在的严重问题,从而宣告了软件危机末日的来临。

(2)面向对象方法的优势

①自底向上的归纳。OMT的第一步是从问题的陈述入手,构造系统模型。从真实系统导出类的体系,即对象模型包括类的属性,与子类、父类的继承关系,以及类之间的关联。类是具有相似属性和行为的一组具体实例(客观对象)的抽象,父类是若干子类的归纳。因此这是一种"自底向上"的归纳过程。在自底向上的归纳过程中,为使子类能更合理地继承父类的属性和行为,可能需要自顶向下的修改,从而使整个类体系更加合理。由于这种类体系的构造是从具体到抽象,再从抽象到具体,符合人类的思维规律,因此能更快、更方便地完成任务。

②自顶向下的分解。系统模型建立后的工作就是分解。在OMT中通常按服务(Service)来分解,服务是具有共同目标的相关功能的集合,如I/O处理、图形处理等。这一步的分解通常很明确,而这些子系统的进一步分解,因有较具体的系统模型为依据,也相对容易。所以OMT也具有"自顶向下"方法的优点,既能有效地控制模块的复杂性,同时也避免了功能分解的困难和不确定性。

③OMT的基础是对象模型。每个对象类由数据结构(属性)和操作(行为)组成,有关的所有数据结构(包括输入、输出数据结构)都成了软件开发的依据。因此输入、输出数据结构与整个系统之间的鸿沟在OMT中不再存在。

④需求分析彻底。需求分析不彻底是软件失败的主要原因之一,OMT彻底解决了这一问题。因为需求分析过程已与系统模型的形成过程一致,开发人员与用户的讨论是从用户熟悉的具体实例(实体)开始的。开发人员必须搞清现实系统才能导出系统模型,这就使用户与开发人员之间有了共同的语言,避免了传统需求分析中可能产生的种种问题。

⑤可维护性大大改善。在OMT之前的软件开发方法都是基于功能分解的。尽管软件工程学在可维护方面做出了极大的努力,使软件的可维护性有较大的改进,但从本质上讲,基于功能分解的软件是不易维护的。因为功能一旦有变化就会使开发的软件系统产生较大的变化,甚至推倒重来。更严重的是,在这种软件系统中,修改是困难的。由于种种原因,即使是微小的修改也可能引入新的错误。所以,传统开发方法很可能会引起软件成本增长失控、软件质量得不到保证等一系列严重问题。正是OMT才使软件的可维护性有了质的改善。

OMT的基础是目标系统的对象模型,而不是功能的分解。功能是对象的使用,它依赖于应用的细节,并在开发过程中不断变化。由于对象是客观存在的,因此当需求变化时,对象的性质要比对象的使用更为稳定,从而使建立在对象结构上的软件系统也更为稳定。

更重要的是OMT彻底解决了软件的可维护性。在OO语言中,子类不仅可以继承父类的属性和行为,而且也可以重载父类的某个行为(虚函数)。利用这一特点,我们可以方便地进行功能修改:引入某类的一个子类,对要修改的一些行为(即虚函数或虚方法)进行重载,也就是对它们重新定义。由于不再在原来的程序模块中引入修改,所以彻底解决了软件的可修改性,从而也彻底解决了软件的可维护性。OO技术还提高了软件的可靠性和健壮性。

(3)面向对象分析

面向对象分析(OOA,Object-oriented Analysis),是在一个系统的开发过程中进行系统业务调查以后,按照面向对象的思想来分析问题。OOA所强调的是在系统调查资料的基础上,针对OO方法所需要的素材进行的归类分析和整理,而不是对管理业务现状和方法的分析。

OOA 在定义属性的同时,要识别实例连接。实例连接是一个实例与另一个实例的映射关系。OOA 在定义服务的同时要识别消息连接。当一个对象需要向另一对象发送消息时,它们之间就存在消息连接。

①OOA 的主要原则

◆ 抽象:从许多事物中舍弃个别的、非本质的特征,抽取共同的、本质性的特征,就称为抽象。抽象是形成概念的必须手段。

◆ 封装:就是把对象的属性和服务结合为一个不可分的系统单位,并尽可能隐蔽对象的内部细节。

◆ 继承:特殊类的对象拥有的其一般类的全部属性与服务,称作特殊类对一般类的继承。

◆ 分类:就是把具有相同属性和服务的对象划分为一类,用类作为这些对象的抽象描述。分类原则实际上是抽象原则运用于对象描述时的一种表现形式。

◆ 聚合:又称组装,其原则是把一个复杂的事物看成若干比较简单的事物的组装体,从而简化对复杂事物的描述。

◆ 关联:是人类思考问题时经常运用的思想方法,即通过一个事物联想到另外的事物。能使人发生联想的原因是事物之间确实存在着某些联系。

◆ 消息通信:这一原则要求对象之间只能通过消息进行通信,而不允许在对象之外直接存取对象内部的属性。通过消息进行通信是由于封装原则而引起的。在 OOA 中要求用消息连接表示出对象之间的动态联系。

◆ 粒度控制:一般来讲,人在面对一个复杂的问题域时,不可能在同一时刻既能综观全局,又能洞察秋毫。因此需要控制自己的视野:考虑全局时,注意其大的组成部分,暂时不详细检查每一部分的具体的细节;考虑某部分的细节时则暂时撇开其余的部分。这就是粒度控制原则。

◆ 行为分析:现实世界中事物的行为是复杂的,由大量的事物所构成的问题域中各种行为往往相互依赖、相互交织。

②OOA 方法的基本步骤

在用 OOA 方法具体地分析一个事物时,大致上遵循如下 5 个基本步骤:

◆ 确定对象和类。这里所说的对象是对数据及其处理方式的抽象,它反映了系统保存和处理现实世界中某些事物的信息的能力。类是多个对象的共同属性和方法集合的描述,它包括如何在一个类中建立一个新对象的描述。

◆ 确定结构(Structure)。结构是指问题域的复杂性和连接关系。类成员结构反映了泛化 – 特化关系,整体 – 部分结构反映了整体和局部之间的关系。

◆ 确定主题(Subject)。主题是指事物的总体概貌和总体分析模型。

◆ 确定属性(Attribute)。属性就是数据元素,可用来描述对象或分类结构的实例,可在图中给出,并在对象的存储中指定。

◆ 确定方法(Method)。方法是在收到消息后必须进行的一些处理方法,方法要在图中定义,并在对象的存储中指定。对于每个对象和结构来说,那些用来增加、修改、删除和选择一个方法本身都是隐含的(虽然它们是要在对象的存储中定义的,但并不在图上给出),而有些则是显式的。

(4)面向对象设计

OO 方法设计的软件系统结构本质上是并行的,并且突出相对稳定的数据结构,这是与面向功能的分解不同的。具体设计步骤如下：

◆ 应用面向对象分析法对用其他方法得到的系统分析的结果进行改进和完善。

◆ 设计交互过程和用户接口。包括描述用户及任务，并根据需要分成子系统，把交互作用设计成类，设计命令层次、交互作用过程及接口，并用相应符号系统表示。

◆ 设计任务管理。根据前一步骤确定是否需要多重任务，确定并发性、以何种方式驱动任务，设计子系统及任务之间的协调与通信方式，以及确定优先级。

◆ 设计全局资源协调。包括确定边界条件、任务或子系统的软硬件分配。

◆ 设计类等。包括设计各个类的存储和数据格式，设计实现类所需要的算法，将属性和服务加入到各个类的存储对象中，设计对象库或数据库。

（5）面向对象实现

在开发过程中，类的实现是核心问题。在用面向对象风格所写的系统中，所有的数据都被封装在类的实例中。而整个程序则被封装在一个更高级的类中。在使用既存部件的面向对象系统中，可以只花费少时间和工作量来实现软件。只要增加类的实例，开发少量的新类和实现各个对象之间互相通信的操作，就能建立需要的软件。

6. 可视化开发方法

可视化开发是 20 世纪 90 年代软件界最大的两个热点之一。随着图形用户界面的兴起，用户界面在软件系统中所占的比例也越来越大，有的甚至高达 60% ~ 70%。产生这一问题的原因是图形界面元素的生成很不方便。为此 Windows 提供了应用程序设计接口 API（Application Programming Interface），它包含了 600 多个函数，极大地方便了图形用户界面的开发。但是在这批函数中，大量的函数参数和使用的数量更多的有关常量，使基于 Windows API 的开发变得相当困难。为此 Borland C ++ 推出了 Object Windows 编程。它将 API 的各部分用对象类进行封装，提供了大量预定义的类，并为这些类定义了许多成员函数。利用子类对父类的继承性，以及实例对类的函数的引用，应用程序的开发可以省却大量类的定义，省却大量成员函数的定义或只需作少量修改以定义子类。

可视化开发就是在可视开发工具提供的图形用户界面上，通过操作界面元素，诸如菜单、按钮、对话框、编辑框、单选框、复选框、列表框和滚动条等，由可视开发工具自动生成应用软件。这类应用软件的工作方式是事件驱动。对每一事件，由系统产生相应的消息，再传递给相应的消息响应函数。这些消息响应函数是由可视开发工具在生成软件时自动装入的。

5.4.4 软件过程

1. 软件过程

软件过程（Software Process）是指一套关于项目的阶段、状态、方法、技术和开发、维护软件的人员以及相关 Artifacts（计划、文档、模型、编码、测试、手册等）组成。目前有三种方法：UP（The Unified Process），The OPEN Process，OOSP（The Object-oriented Software Process）。

软件过程是指软件生存周期所涉及的一系列相关过程。过程是活动的集合；活动是任务的集合；任务要起着把输入进行加工然后输出的作用。活动的执行可以是顺序的、重复的、并行的、嵌套的或者是有条件地引发的。

软件过程可概括为三类：

（1）基本过程类。包括获取过程、供应过程、开发过程、运作过程、维护过程和管理过程。

(2) 支持过程类。包括文档过程、配置管理过程、质量保证过程、验证过程、确认过程、联合评审过程、审计过程以及问题解决过程。

(3) 组织过程类。包括基础设施过程、改进过程以及培训过程。

软件过程主要针对软件生产和管理进行研究。为了获得满足工程目标的软件,不仅涉及工程开发,而且还涉及工程支持和工程管理。对于一个特定的项目,可以通过剪裁过程定义所需的活动和任务,并可使活动并发执行。与软件有关的单位,根据需要和目标,可采用不同的过程、活动和任务。

2.需要一个软件过程的原因

(1)有效的软件过程可以提高组织的生产能力

◈ 理解软件开发的基本原则,可以帮我们做出明智的决定;

◈ 可以标准化你的工作,提高软件的可重用性和 Team 间的协作。

◈ 所采用的这种机制本身是不断提高的,我们可以跟上潮流,使自己不断接收新的、最好的软件开发经验。

(2)有效的软件过程可以改善我们对软件的维护

◈ 有效地定义如何管理需求变更,在未来的版本中恰当分配变更部分,使之平滑过渡;

◈ 首先在具体操作和相关支持中定义如何平滑地改造软件,并且这种具体操作和支持是可实施的;不可实施的软件过程将很快被束之高阁。

3.能力成熟度模型 CMM(Capability Maturity Modeling)

(1)概念

能力成熟度模型是对软件组织在定义、实施、度量、控制和改善其软件过程实践中各个发展阶段的描述。CMM 的核心是把软件开发视为一个过程,并根据这一原则对软件开发和维护进行过程监控和研究,以使其更加科学化、标准化,使企业能够更好地实现商业目标。

CMM 是一种用于评价软件承包能力并帮助其改善软件质量的方法,侧重于软件开发过程的管理及工程能力的提高与评估。CMM 分为五个等级:一级为初始级,二级为可重复级,三级为已定义级,四级为已管理级,五级为优化级。

(2)五个成熟等级

①初始级:在初始级,企业一般不具备稳定的软件开发与维护的环境。常常在遇到问题的时候,就放弃原定的计划而只专注于编程与测试。处于这一等级的企业,成功与否在很大程度上决定于是否有杰出的项目经理与经验丰富的开发团队。因此,能否雇请到及保证有能干的员工成了关键问题。项目成功与否非常不确定。虽然产品一般来说是可用的,但是往往有超经费与不能按期完成的问题。

②可重复级:这一级建立了管理软件项目的政策,以及为贯彻执行这些政策而定的措施,是基于过往的项目的经验来计划与管理新的项目。企业实行基本的管理控制,符合实际的项目承诺是基于以往项目以及新项目的具体要求而做出的。项目经理不断监视成本、进度和产品功能,及时发现与解决问题,以便实现所作的各项承诺。

③定义级:在这一级,有关软件工程与管理工程的一个特定的、面对整个企业的软件开发与维护的过程的文件将被制订出来。同时,这些过程集成到一个协调的整体。这称为企业的标准软件过程。这些标准的过程是用于帮助管理人员与一般成员工作得更有效率。如果有适当的需要,也可以加以修改。在这个把过程标准化的努力当中,企业开发出有效的软件工程的

各种实践活动。

④定量管理级:在这一级,企业对产品与过程建立起定量的质量目标,同时在过程中加入规定得很清楚的连续的度量。作为企业的度量方案,要对所有项目的重要的过程活动进行生产率和质量的度量。软件产品因此具有可预期的高质量。

一个企业范围的数据库被用于收集与分析来自各项目的过程的数据。这些度量建立起了一个评价项目的过程与产品的定量的依据。项目小组可以通过缩小他们的效能表现的偏差使之处于可接受的定量界限之内,从而达到对过程与产品进行控制的目的。

因为过程是稳定的和经过度量的,所以在有意外情况发生时,企业能够很快辨别出特殊的原因并加以处理。

⑤(不断)优化级

在这个等级,整个企业将会把重点放在对过程进行不断的优化。企业会主动去找出过程的弱点与长处,以达到预防缺陷的目标。同时,分析有关过程的有效性资料,做出对新技术的成本与收益的分析,以及提出对过程进行修改的建议。整个企业都致力于探索最佳软件工程实践的创新。

项目小组分析引起缺陷的原因,对过程进行评鉴与改进,以便预防已发生的缺陷再度发生。同时,也把从中学到的经验教训传授给其他项目。

降低浪费与消耗也是这个等级的一个重点。处于这一等级的企业的软件过程能力可被归纳为不断的改进与优化。它们以两种形式进行:一种是逐渐地提升现存过程,另一种是对技术与方法的创新。虽然在其他的能力成熟度等级之中,这些活动也可能发生,但是在优化级,技术与过程的改进是作为常规的工作一样,有计划地在管理之下实行的。

从整体来说,软件能力成熟度级别从低到高的变化代表了企业的生产活动由高风险低效率到高质量、高生产率的进展。

小　结

从最初的简单程序设计至今,程序设计技术在不断地发展和完善,从最初的没有程序设计方法到结构化程序设计,再到面向对象程序设计技术。但无论是什么样的程序设计方法,总是建立在算法及数据结构基础上的,再利用合适的程序设计技术及选择合适的语言来实现。当计算机拥有了软件之后,计算机的智能性才体现出来,通过程序设计所产生的指令序列,指挥着计算机去完成用户交给的作业。而软件产品是依靠于人类的智能、软件开发规范化及软件开发经验的,质量难以保障和评价,因此要按照一定的规范来进行软件的分析、设计和生产。

习　题

一、选择题

1.机器语言是用(　　)代码表示的计算机能直接识别和执行的一种机器指令的集合。

　　A.十进制　　　　B.二进制　　　　C.八进制　　　　D.十六进制

2.以下(　　)语言专门用于显示网页。

A.PHP　　　　B.C　　　　C.VB　　　　D.HTML

3.以下不属于基本程序结构的组合之一的是(　　)

A.顺序结构　　B.选择结构　　C.循环结构　　D.跳转结构

4.面向对象的编程方法的英文简称是(　　)

A.OOP　　　　B.FOP　　　　C.OOA　　　　D.OOD

5.以下不属于算法描述的常用工具的是(　　)

A.自然语言　　B.流程图　　C.伪语言　　D.C 语言

6.FOR I：= 1 TO n DO

X：= X + 1；

以上算法的时间复杂度是(　　)

A.O(1)　　　B.O(logn)　　C.O(n)　　D.O(n^2)

7.以下不属于四类基本数据结构的是(　　)

A.循环结构　　B.线性结构　　C.树形结构　　D.图形结构

8.以下不属于线性结构的是(　　)

A.线性表　　B.树　　C.栈　　D.队列

9.UML 全称是(　　)

A.统一建模语言　　　　　　B.通用建模语言

C.能力成熟度模型　　　　　D.问题分析法

10.(　　)是目前国际上最流行、最实用的软件生产过程标准和软件企业成熟度等级认证标准。

A.能力成熟度模型　　　　　B.系统工程能力成熟度模型

C.连续模型　　　　　　　　D.阶段模型

二、填空题

1._____是用二进制代码表示的计算机能直接识别和执行的一种机器指令的集合。

2.任何算法功能都可以通过由程序模块组成的三种基本程序结构的组合:顺序结构、选择结构和_____来实现。

3._____是指完成一个任务准确而完整的描述。

4._____是指同一数据元素类中各数据元素之间存在的关系。

5._____是一门研究如何用系统化、规范化、数量化等工程原则和方法去进行软件的开发和维护的学科。

三、简答题

1.汇编语言和高级语言各有什么特点?

2.简述结构化程序设计思想。

3.简述面向对象程序设计思想。

4.在面向对象程序设计中,对象的产生有哪些方式?

5.什么是算法?

6. 请用自然语言描述"求出 100 以内的能被 3 整除的数"的算法。

7. 分别叙述线性结构、树型结构和图形结构的定义,并举例说明。

8. 软件工程的核心思想是什么?

9. 简述软件生命期的各个阶段。

10. 使用统一建模语言(UML)的优势体现在哪些方面?

应用软件

本章重点：Word 2003 的图文混排；Excel 2003 的报表和图表功能；PowerPoint 2003 的演示文稿设计。

计算机之所以能够进入各个领域甚至是个人的家庭，主要由于一系列应用软件的存在和应用，这其中，办公软件是最具代表性的。本章主要介绍常用应用软件的使用方法，以及 Microsoft Office 2003 的三个主要组件的高级使用。

6.1 Word 2003 文字处理软件

Word 2003 是目前最受欢迎的文字处理软件，利用它可以编辑出图文并茂的文章、专业报告或者是互联网上的网页。它具有各种文字、符号、公式的录入功能；绘制和处理图形、表格的功能；编辑、排版和打印文档的功能。对于这几种软件的打开、关闭等基本操作，相信已经很熟悉，在此不再多述。

6.1.1 Word 2003 基础

1.文本的输入

◆ 键盘上已有的符号，将插入点移到所需的位置，按相应的键就可以输入了。

◆ 一些特殊符号的输入，将插入点移到所需的位置，单击"插入"菜单中的"符号"，在出现的符号对话框中选择所需的符号。在符号对话框中，"字体"中有多种字体供选择，同时，在"子集"中对应于每种字体也有不同的子集可供选择，如图 6.1 所示。

图 6.1 "符号"对话框

2.移动及复制文本

(1)用鼠标快速移动或复制文本

◆ 选定要移动或复制的文本,将鼠标指针置于选择区内(指针由 I 形变为箭头),然后按住左按钮。

◆ 将其拖动到新位置就可以了。如果要复制选择的文本,要同时按住 Ctrl 键。

(2)使用剪贴板移动或复制文本

◆ 选定要移动的文本,在"编辑"菜单中执行"剪切"命令,或按 Ctrl + X 键,把选择的文本从文档中删除并置于剪贴板内。剪贴板是 Windows 用来临时存储文本或图片的内存区域。

◆ 为复制文本,在"编辑"菜单中执行"复制"命令,或按 Ctrl + C 键。

◆ 将插入点移动到新位置。

◆ 在"编辑"菜单中执行"粘贴"命令,或按 Ctrl + V 键,即可把剪贴板中的文本插入到文档中。

3.查找和替换

利用 Word 2003 的查找和替换功能,可以快速地查找和替换文本、格式。

◆ 先选择文本范围,执行"编辑"菜单中的"替换"命令,或按 Ctrl + H 键,打开"查找和替换"对话框。

◆ 在"查找内容"框中输入要查找的文本(特定的单词或短语)。单击"高级"按钮,将显示如图 6.2 所示的对话框。单击"格式"按钮,确定查找内容的格式。单击"特殊字符"按钮,在查找内容中输入要查找的特殊字符。查找和替换时还可以设置很多搜索选项。如全字匹配,是指查找内容相同的单词,不包括内容相同、但属于另外单词的一部分的单词。例如:搜索 cat,将不搜索 catatonic。

◆ 单击"查找下一个"按钮即可开始查找。找到后高亮度显示出找到的文字。若没有该文字,将显示一个对话框,告诉您搜索项未找到。

◆ 在找到一个要查找的文字后,可以继续单击"查找下一个"按钮来进行查找(替换)。

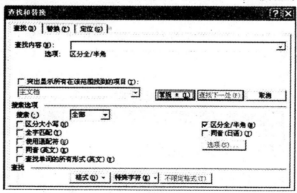

图 6.2　高级查找

4.查看文档

Word 2003 向用户提供了多种视图方式,即普通视图、页面视图、大纲视图和 Web 版式视图、全屏显示和按不同的比例显示等。这多种视图可以使用户方便地编写和查看文档。不同视图间切换可以通过"视图"菜单中相应项,也可以通过窗口左下角的图标 进行切换。

（1）普通视图

普通视图可用于多数文字处理工作,如输入、编辑以及格式编排。普通视图显示文本的格式、简化版面,以便快速键入和编辑。在该视图下可看到这一页文本底部的同时也能看到另一页文本的顶部,虚线为分页线。

（2）页面视图

页面视图所显示的文档与打印后的效果一致,取得了所见即所得的效果。可以在页面视图下编辑和显示页眉和页脚、调整页边距,以及对分栏、图形和边框进行操作。也可以在页面视图下处理文本框和报版样式栏,或者检查文档的最后外观,并且可对文本、格式和版面进行最后的修改。

（3）大纲视图

大纲视图用来建立或修改大纲,以便能够审阅和处理文档的结构。在大纲视图中,可以折叠文件,只显示大标题,也可以展开文档,以便查看整个文档,还可以修改标题的级别。这样,移动和复制文本、重组长文档都很容易。在大纲视图方式下的文本,前面有加号的文本段为标题段,带有小方块的缩进段落是文本段。

（4）Web 版式视图

Web 版式视图满足用户利用 Internet 发布信息和创建 Web 文档的需要。在 Web 版式视图中,用户可以看到在 Web 页类型和其他类型的文档中常用的 Web 页背景、阴影和其他效果。另外,在 Web 版式视图中显示的文档将不再进行分页,就像是在 Web 浏览器中浏览 Web 页一样。

（5）全屏幕显示

全屏幕显示将隐藏全部屏幕元素,如工具栏、菜单、标题栏等,只显示文档内容。

6.1.2　文本格式化

1.字符的格式化

所谓字符,包括用户所输入的文字、数字、标点符号和某些特殊符号。字符格式化,即为文字做字体、大小、颜色等设定。

（1）使用格式工具栏

设置字体,字号,字形等:选定文本块,然后单击"格式"工具栏中的"字体"、"字号"或"粗体"、"斜体"、"下划线"来设置。格式工具栏如图 6.3 所示。

图 6.3　格式工具栏

（2）使用"字体"对话框

◆ 选定文本块。单击"格式"菜单中的"字体"命令,出现"字体"对话框,如图 6.4 所示。

◆ 选择"字体"选项卡。在中文字体列表框中设字体,在字形列表框中设字形,在大小列表框中设字号,另外,可以加各种下划线,改变字体的颜色。

（3）设置字符间距

字符间距指的就是文档中两个相邻字符之间的距离。通常用单位"磅"来度量字符间距。它与其他两个常用单位"英寸"和"厘米"之间的换算关系如下:

图 6.4 "字体"对话框

1 英寸 = 72 磅 = 2.54 厘米

1 厘米 = 28.368 磅 = 0.394 英寸

按空格键可以增加字符间距,但比较麻烦,而且字符间距太大。要精确设置字符间距,在"字体"对话框中"字符间距"选项卡,设置以下选项:

◆ "缩放":在"缩放"文本中可以输入一比例值来设置字符缩放的比例。

◆ 间距:可以扩展或压缩文本。

◆ 位置:可以用来提升或者降低文本。

◆ 根据字体大小调整字间距:可以选中该复选框,然后从"磅或更大"框中选择字体大小,对于大于或等于选定字体大小的字符,Word 会自动调整字间距。

(4)设置文字效果

在文档中设置字符的文字效果,其目的是为了方便用户进行专业化 Web 网页的制作。在"字体"对话框中单击"文字效果"选项卡,在"动态效果"选项框中,Word 2003 提供了"赤水情深"、"礼花绽放"等 6 种文字效果,用户可以选择其中一种。如果单击选项"无",则可取消所设置的文字效果。

【注意】动态效果只能在屏幕上进行观察,而无法将其打印出来。

2.段落的格式化

一个段落是后面跟有段落标记的正文和图形或任何其他的项目。段落标记储存着用于每一个段落的格式。用户每按一次 Enter 键,即可插入一个段落标记符,且与前一段格式一致,表示一个段落的结束。可单击常用工具栏中的"显示/隐藏"命令按钮( )来在文档中显示/隐藏段落标记。

(1)段落的对齐方式

在 Word 2003 中,用户可以使用 5 种方式来对齐段落。这 5 种方式是:左对齐、居中对齐、右对齐、两端对齐、分散对齐。

◆ 利用"格式"菜单中的"段落"命令或格式栏中的对齐按钮。

◆ 利用快捷键:Ctrl + L(E、R)分别设置段落的两端(中、右)对齐。

(2)段落缩进与间距、行距

在 Word 2003 中,提供了多种设置段落缩进格式的方法。例如,用户使用格式工具栏、标尺、快捷键或"段落"对话框的"缩进和间距"选项卡来设置段落缩进格式。在段落之前或之后增加间距,最简单的方法是按回车键产生一空行。当然,Word 2003 允许用户精确设置段落间距和行距。

◆ 选择要缩进(设置间距、行间距)的段落。

◆ 单击"格式"菜单中的"段落"命令,出现一个对话框。

◆ 选"缩进和间距"选项卡,如图 6.5 所示。

◆ 设置各种缩进方式(段间距、行间距)。

段落缩进类型:

◆ 首行缩进:指每一个段落的第一行做的左缩进。

◆ 左缩进:指段落与左页边的距离。

◆ 右缩进:指段落与右页边的距离。

◆ 悬挂缩进:指除第一行以外的左缩进。

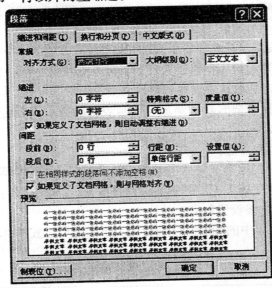

图 6.5　"缩进和间距"选项卡

3.设置特殊格式

(1)首字下沉

某一段落开头第一个字母或字符变大以利于吸引人们的注意。设置首字下沉的操作步骤如下:

◆ 将插入点置于该段落中。

◆ 单击"格式"菜单中的"首字下沉"出现一个对话框,如图 6.6 所示。

◆ 设置下沉方式、字体、下沉的行数和距正文的距离。

(2)文字方向

文字方向设置,指的是设置当前文档中文字的排列方向,以满足某些专业文档的制作要求。可以将标注、文本框、自选图形或表格单元格中的文本更改为纵向显示。操作方法如下:

◈ 选定标注、文本框等。

◈ 单击"格式"菜单中的"文字方向"命令,出现如图 6.7 所示的对话框。

◈ 单击所需要的文字方向。

◈ 单击"确定"按钮。

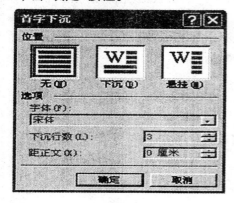

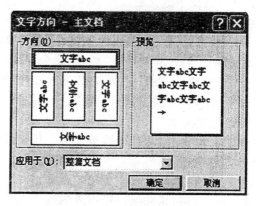

图 6.6 "首字下沉"对话框   图 6.7 "文字方向"对话框

(3)设置制表位

制表位对于格式化表格信息是很有用的,同时还能用于对齐带小数点的数据列表。设置合适的制表位,可以节省通过键入空格键实现上下对齐的时间。Word 2003 默认的制表位间隔是 0.75 厘米。可以在选定的段落中设置和更改制表位的对齐方式。设置了一个新的制表位,Word 将清除该制表位左侧的全部默认制表位。制表符的类型包括:左对齐、右对齐、中间对齐、小数点对齐、竖线制表符。

使用标尺设置制表位的方法:

◈ 选定要设置制表位的段落或将插入点置于要设置制表位的段落中。

◈ 用鼠标左键单击水平标尺左端的制表位种类按钮,直到出现所需要的制表符类型。

◈ 在水平标尺上,单击要设置制表位的位置。

也可以通过"格式"菜单中的"制表位"来设置。水平标尺上五种制表位的标记和含义见表6.1。

表 6.1   五种制表位及其标记

制表位名称	标记	含 义
左制表位		在制表位处开始被定位的文本,这是默认的制表位设置
右制表位		在制表位处结束被定位的文本
居中制表位		被定位的文本的中心对准制表位置
小数点制表位		被定位的文本中的小数点对准制表位位置
竖线制表位		在制表位处划一垂直线穿过被选定的文本

(4)项目符号和编号列表

①使用项目符号。设置项目符号的样式,可以单击"格式"菜单中的"项目符号和编号"菜单项,打开如图 6.8 所示的对话框。在"项目符号"选项卡中,选择所需的项目符号,单击"确定"按钮。若列出的项目符号不能满足用户的需求,用户可以自己选择满意的符号作为项目符号。首先,选中某一项目符号,然后单击"自定义"按钮,打开"自定义项目符号列表"对话框。

分别在"项目符号位置"项中输入缩进位置,分别在"文字位置"中输入缩进位置。单击"字体"按钮可以打开"字体"对话框,设置字体,单击"项目符号"按钮,选择一种符号作为项目符号。

另外,单击格式工具栏中的"项目符号"命令按钮(　),Word 2003 就会使用用户在"项目符号和编号"对话框中选定的项目符号格式来格式化列表。

②使用编号列表。要设置编号,操作步骤如下:

◆ 选中要编号的段落。

◆ 单击"格式"菜单中的"项目符号和编号"菜单项,选择"编号"选项卡,如图 6.9 所示。

◆ 在其中选择一种合适的编号。

◆ 也可以自定义想要的编号,或利用多级符号设定多级符号。

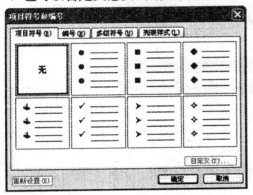

图 6.8　"项目符号和编号"对话框

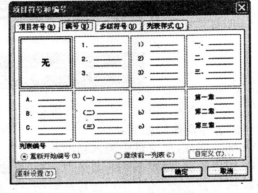

图 6.9　"编号"选项卡

6.1.3　图文混排

1.图片使用

(1)插入图片

在文档中插入图片,可以按照以下步骤进行:

◆ 将插入点置于文档中想插入图片的位置。

◆ 单击"插入"菜单中的"图片"命令,显示一个下拉式菜单供用户选择,其中包括:剪贴画、来自文件、自选图片、艺术字、来自扫描仪或相机、图表等选项。

◆ 选取"来自文件"命令,显示"插入图片"对话框,如图 6.10 所示。

◆ 在"查找范围"列表框中选取要插入到文档中的图片文件,选取的文件名将显示在"文件名"列表框中。

◆ 单击"插入"按钮右侧的箭头按钮,在其列表菜单中选取"插入"命令,该图片自动按比例缩放后插入到用户指定的文本框中。

(2)编辑图片

在文档中选定图片,通常 Word 2003 会自动打开"图片"工具栏,如图 6.11 所示。可利用工具栏上相应的按钮对图片进行编辑。

如果选定图片时没有出现"图片"工具栏,可以右击图片,出现快捷菜单,执行"显示'图片'工具栏"命令,也可以通过其他的工具栏设置方式打开"图片"工具栏。"图片"工具栏自左至右

图 6.10 "插入图片"对话框

图 6.11 "图片"对话框

各按钮的名称及作用如下：

◆ 插入图片：从文件中插入新图片。

◆ 图像控制：使用原来的颜色（"自动"），或将图片转换为"黑白"、"灰度"等。

◆ 增加对比度：用于增加图片色彩的对比度。

◆ 降低对比度：用于降低图片色彩的对比度。

◆ 增加亮度：用于增加图片色彩的亮度。

◆ 降低亮度：用于降低图片色彩的亮度。

◆ 裁剪：用于裁剪图片。单击该按钮后，拖动图片的尺寸句柄可裁剪图片。

◆ 线型：单击该按钮，然后选择线条样式，用以在图片上画线。

◆ 文字环绕：选择文字环绕图片的方式。

◆ 设置图片格式：打开"设置图片格式"对话框。

◆ 设置透明色：使图片颜色成透明状。

◆ 重设图片：将图片的大小、被裁剪的部分和颜色恢复为原来的状态。

以下是对图片的一些操作：

◆ 移动图片：对于具有"浮动"属性的图片，将鼠标指针指向图片（如图片已被选择，则不要把指针置于尺寸句柄上），鼠标指针顶端出现十字箭头。此时将图片拖动至目标位置即可。也可以利用"剪切"和"粘贴"命令。如果图片不具有"浮动"属性，则该图片成为文档正文的组成部分，并当作单个字符对待。因此，当文档中的文本在页面上移动时，图片也随之移动，可以用移动普通文本的方法移动图片。

◆ 改变图片的大小：先单击图片，然后拖动 8 个尺寸句柄。如欲保持图片的原来比例，按住 Shift 键时拖动角上的尺寸句柄。为改变图片的大小而不移动其中心点，按住 Ctrl 键时拖动任意一个尺寸句柄。

◆ 图片裁剪：选择图片，单击"图片"工具栏中的"裁剪"按钮（■）。也可以通过"设置图片格式"对话框。

◆ 图片编辑:在图片上双击后,即可对图片内容进行编辑。在图片上可进行的编辑操作,依图片的格式和来源而定。

2.使用文本框

文本框的功能是把文字和图形定位在页面的任意位置上,也能实现某些特殊排版效果。用户可以先插入一个空白的文本框,然后再输入文字或图形;也可以先选定文字和图形,再插入包含这些选定文本的文本框。

其操作步骤如下:

◆ 单击“插入”菜单中的“文本框”命令,在弹出的子菜单中选择文本框的类型。这时光标将会变成十字状。

◆ 将十字光标移动到要插入文本框的位置。按住鼠标的左键,将文本框拖动到所需大小。

◆ 松开鼠标左键,插入文本框。如图 6.12 所示。

图 6.12　插入文本框的文档

这时在文本框内放置插入光标,就可以输入文字了。选中文本框后,文本框周围将出现 8 个小方块,拖动这几个尺寸控点可以改变文本框的大小。并且在阴影部分按下鼠标左键后,可以任意拖动文本框,改变它在文档中的位置。也可以在文本框上单击右键,设置文本框格式,包括颜色与线条、大小、版式等,甚至将边框设置成无色。

3.绘制图形

在 Word 2003 中,可以利用 Word 2003 内置的绘图工具绘制图形。Word 2003 中所有图形对象都“浮于文本之上”,也就是说,它们不是文档中普通字符流的一部分,但可置于页面上的任意位置。另外,当把图形对象置于文档页面已有文本的位置时,可使文本环绕在图形对象的周围,亦可使文本和图形对象重叠(文本和图形处于不同的层)。

(1)“绘图”工具栏

要使用绘图工具必须先将“绘图”工具栏打开,在 Word 中有多种方法:

◆ 选择“视图”菜单中的“工具栏”命令,在级联菜单中单击“绘图”命令。

◆ 单击"常用"工具栏中的"绘图"按钮,可以快速显示"绘图"工具栏,如图 6.13 所示。再次单击"绘图"按钮,可以关闭"绘图"工具栏。

图 6.13 "绘图"工具栏

"绘图"工具栏中的按钮都有其特定的功能,从左至右简要说明如下:

◆ 绘图按钮:用于编辑图形对象。

◆ 选择对象:在要选定的图形对象外面画一个选定框,可以一次选定包含在选定框中的所有图形对象。或者按 Shift 键的同时单击各个对象,也可选择多个图形。

◆ 自由旋转:单击此按钮后,可拖动图形旋转到任意角度。

◆ 自选图形:用于插入各种图形或符号。

◆ 直线:用于绘制直线。

◆ 箭头:用于绘制箭头。

◆ 矩形:用于绘制矩形,当按住 Shift 键时可以绘制正方形。

◆ 椭圆:用于绘制椭圆,当按住 Shift 键时可以绘制圆。

◆ 文本框:用于绘制文本框,可以在文本框内键入文字或插入图形。

◆ 竖排文本框:用于绘制垂直文本框,可以在垂直文本框内键入文字或插入图形,垂直文本框中的文字按竖写方式垂直排列。

◆ 插入艺术字:用于艺术字体的插入。

◆ 填充色:设定选定的图形的填充颜色并改变图形的默认填充颜色,如果未选定图形,则只设置图形的默认填充色。

◆ 线条颜色:设定选定图形的线条颜色并改变图形的默认线条色,如果未选定线条,则只设置图形的默认线条色。

◆ 字体颜色:用于为文本框和标注框中的文本选择颜色。

◆ 线型:改变选定线条的样式并改变图形的默认线条样式,如果未选定线条,则只设置图形的默认线条样式。

◆ 虚线线型:单击选择一种圆点虚线或短线虚线线型。

◆ 箭头样式:单击可为线形自选图形对象添加箭头,或更改其已有的箭头样式。

◆ 阴影:单击可为图形对象添加阴影效果。

◆ 三维效果:单击可为图形对象添加立体效果。

(2)绘制基本图形

在 Word 2003 中绘图就像在其他绘图软件中绘图一样,使用鼠标器选择某种绘图工具(直线、圆、矩形等),然后在屏幕上进行绘制。单击对应按钮后,鼠标光标变为十字形,在需要的位置拖动鼠标即可绘制出需要的图形。

在画线和箭头时,可以画任意角度的直线。如果按住 Shift 键,则只能画水平、垂直或确定倾角(30 度、45 度、60 度)的直线。如按住 Ctrl 键,则可能从中心同时向两头画线。在画矩形和椭圆时,按住 Shift 键可以画出正方形和正圆。如果想从正中心向外画矩形和椭圆,需要按住 Ctrl 键。

(3)图形的叠放次序

用户可以通过以下步骤来重新安排图形与图形、图形与文字的叠放次序。

◈ 选中所要改变层次的图形。

◈ 单击"绘图"工具栏中"绘图"按钮,选择"叠放次序"命令,弹出如图6.14所示的级联菜单。菜单中各命令左侧的图标表示叠放的效果。

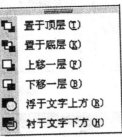

图6.14 "叠放次序"级联菜单

(4)组合图形

用鼠标单击只能选定一个图形,如果需要同时选择一组图形,可以先单击绘图工具栏中的"选择对象"按钮,光标将变为十字形。移动十字光标画出一个正方形,把需要选定的图形照在虚线形成的方框内,再松开鼠标按钮,即可选择一组图形。用户还可以按住Shift键,逐个单击来选择一组图形。一组图形被选定后,将显示出每个图形的尺寸句柄。要把多个图形组合成一个图形,在"绘图"菜单中选取"组合"菜单项,把选择的一组图形组合成一个新的图形作为一个整体,如图6.15所示。

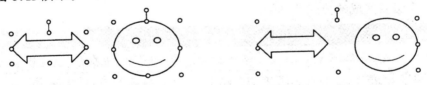

图6.15 组合前后控制点的比较

4.插入艺术字

Word 2003提供了30种各具特色的艺术字,这些艺术字为美术、广告等领域的用户提供了方便。使用艺术字的方法如下:

◈ 插入点移动到要加入艺术字的位置。

◈ 单击"绘图"工具栏"插入艺术字"按钮,出现如图6.16所示的"艺术字"库对话框。

◈ 在该对话框中选择所需的"艺术字"样式,然后单击"确定"按钮,则进入如图6.17所示的"编辑'艺术字'文字"对话框。

◈ 在该对话框中输入所需的文字及字体、字号。

◈ 单击"确定"按钮,此时,在屏幕上出现一个"艺术字"工具栏,如图6.18所示。使用它可以改变艺术字的效果。

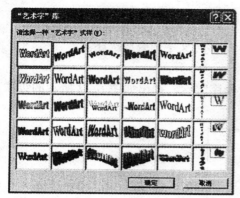

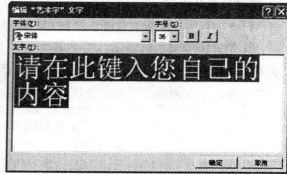

图 6.16　"'艺术字'库"对话框　　　　　图 6.17　"编辑'艺术字'文字"对话框

图 6.18　"艺术字"工具栏

5.公式编辑器

在科技文献或学术论文写作中,经常会用到数学公式,其中的格式和符号不能以普通文本方式输入,word 中提供了公式编辑器以供使用。

◆ 点击"插入"菜单,选择其中"对象"项,并从弹出的窗口中找到 Microsoft Equation 项,确定就可以插入一个空的公式,并出现图 6.19 所示的公式工具栏,同时 Word 窗口菜单也会被改变成编辑公式时用的菜单。

◆ 先选择要输入公式的样式,然后输入相应的字符,常用特殊字符在公式对话框中有。图 6.20 是一个编辑完成的公式的例子。

图 6.19　"公式"工具栏

$$-\frac{\partial}{\partial x}\left(\frac{2u_xm}{(1+u_x^2+u_y^2)}F(m)\right)-\frac{\partial}{\partial y}\left(\frac{2u_ym}{(1+u_x^2+u_y^2)}F(m)\right)+\frac{\partial^2}{\partial x^2}\left(\frac{u_{yy}}{(1+u_x^2+u_y^2)}F'(m)\right)$$

$$-\frac{\partial^2}{\partial xy}\left(\frac{2u_{xy}}{(1+u_x^2+u_y^2)}F'(m)\right)+\frac{\partial^2}{\partial y^2}\left(\frac{u_{xx}}{(1+u_x^2+u_y^2)}F'(m)\right)=0$$

图 6.20　公式实例

6.1.4　制作表格

本节介绍表格的创建和编辑、表格与文字的转换、表格的修饰及格式化等内容。

1.创建表格

（1）插入表格

使用"表格"菜单中的"插入"菜单项,选"表格"命令,操作步骤如下:

◆ 将插入点放在要插入表格的位置。

◆ 单击"表格"菜单中的"插入"菜单项,选"表格"命令,出现如图 6.21 所示的"插入表格"

对话框,输入相应的"列数"和"行数"。

◆ 在"列宽"框中可以输入列的宽度,或者使用默认的"自动"选项让页面宽度在指定列数之间平均分配。

◆ 单击"确定"按钮,会在文档中插入一张空白表格,插入点出现在表格的第一个单元格中。也可以使用工具栏中插入表格按钮▦来完成插入表格。

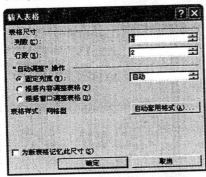

图 6.21 "插入表格"对话框

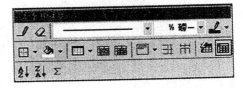

图 6.22 "表格和边框"工具栏

(2)使用"表格和边框"工具栏

单击"表格"菜单中的"绘制表格"命令,或单击"常用"工具栏上的"表格和边框"按钮,屏幕上显示"表格和边框"工具栏,如图 6.22 所示。

◆ "擦除"按钮:该按钮用来擦除边框和单元格。

◆ "线型"列表框:列出表格框线的类型。

◆ "粗细"列表框:列出了表格框线不同粗细值的 11 种线型。

◆ "边框颜色"按钮:用于设置边框的颜色。

◆ "外部框线"列表框:用于选择表格中显示边框线的边。

◆ "底纹颜色"列表框:列出 40 种底纹颜色。

◆ "插入表格"按钮:与"插入表格"命令相同。

◆ "合并单元格"按钮:选定多个相邻的单元格后,合并成一个单元格。

◆ "拆分单元格"按钮:利用该按钮可以把一个单元格分成多行多列。

◆ "对齐"按钮:选择对齐单元格内容的方式。

◆ "平均分布行"按钮:使选定的行宽度相等。

◆ "平均分布列"按钮:使选定的列宽度相等。

◆ "表格自动套用格式"按钮:利用该按钮可以使用 Word 2003 提供的快速格式化表格的功能,使用户自动应用格式到表格中。

◆ "显示虚框"按钮:使表格以虚框显示。

◆ "升序"按钮:将表格中的选取列依笔画、数字或日期顺序递增排列。

◆ "降序"按钮:将表格中的选取列依笔画、数字或日期顺序递减排列。

◆ "自动求和"按钮:对表格内的数据自动求和。

2.编辑表格

(1)插入单元格、行和列

①插入单元格。在表格中插入单元格,单击"表格"菜单中的"插入"子菜单中"单元格"命

令,出现"插入单元格"对话框如图6.23所示,在"插入单元格"对话框中,可以选择以下四种选项之一:

◈ 活动单元格右移:选择该选项,可以在所选单元格的左边插入新单元格。

◈ 活动单元格下移:选择该选项,可以在所选单元格的上方插入新单元格。

◈ 整行插入:选择该选项,可以在所选单元格的上方插入新行。

◈ 整列插入:选择该选项,可以在所选单元格的左侧插入新列。

②插入行和列。选定表格的行或列,单击"表格"菜单中的"插入"命令,可根据用户需要选择相应的子命令,来插入相应的行或列。或者单击"常用"工具栏中的"插入行"按钮(▦)或"插入列按钮(▦)。

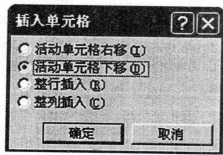

图6.23 "插入单元格"对话框

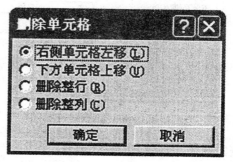

图6.24 "删除单元格"对话框

(2)删除单元格、行或列

用户可以使用在文档中删除文本的方法来删除表格中的文字,另外Word还允许用户删除单元格本身。单击"表格"菜单中的"删除"命令级联菜单中的"单元格"命令。打开"删除单元格"对话框,如图6.24所示。

在"删除单元格"对话框中,可以选择四个单选按钮之一:

◈ 右侧单元格左移:删除选择的单元格,并将右侧的单元格左移。

◈ 下方单元格上移:删除选择的单元格,并将下方的单元格上移。

◈ 整行删除:删除所选的单元格所在的整行。

◈ 整列删除:删除所选的单元格所在的整列。

要删除表格中的行,选定待删除的行或选定多行,然后选择"表格"菜单中"删除"命令级联菜单中的"行"命令。要删除整列,选定一列或多列,然后选择"表格"菜单中的"删除"命令级联菜单中的"列"命令。

(3)调整行高和列宽

当用户将插入点放在表格中时,文档窗口的水平和垂直标尺将会发生一些变化。在水平和垂直标尺上出现了若干个块状标记。在水平标尺上的块状标记称为"移动表格列"标记,用来调整表格中列的宽度;在垂直标尺上的块状标记称为"调整表格行"标记,用来调整表格中行的高度,如图6.25所示。另外,还可以将鼠标移到需要调整行高或列宽的表格线上,鼠标指针变成双向箭头且中间有两条横线,按住鼠标并拖动框线调整。

【注意】调整列宽时整个表格宽度不变,只改变邻近列的宽度;行高改变时将影响整个表格的高度。另外,也可以通过"表格属性"对话框来进行调整。

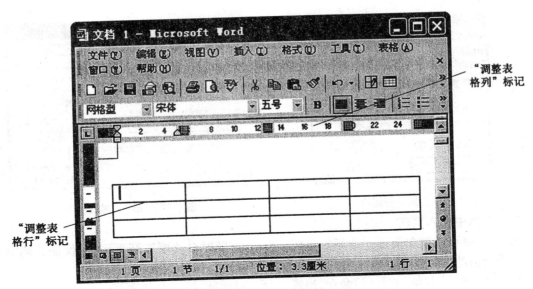

图 6.25 调整表格的列宽和行高

6.1.5 版面设计与打印

本节主要介绍页面的设置与打印。涉及分节、分栏、分页、页眉和页脚、打印文档、通过超链接在同一文档、不同文档、网页之间、本地计算机及 Internet 上进行信息共享等。

1.设置分节

(1)节的概念

节是文档的一部分,可以是一个标题、一个段落或整份文档。用户可以在其中设置页面格式。在 Word 2003 中,用来区分文档中各个节的标志是分节符。分节符存储了节的格式化信息。分节符显示为包含有"分节符"字样的双虚线。

(2)插入分节符

为了在文档中插入分节符,可以按照以下步骤进行:

◈ 将插入点置于新节开始处。

◈ 单击"插入"菜单中的"分隔符"命令,出现如图 6.26 所示的"分隔符"对话框。

◈ 在"分隔符"对话框的"分节符"组中有四种分节符选项,用户可以根据自己的需要选择一种分节符选项。

2.分栏排版

分栏排版是类似于报纸的排版方式,使文本从一个栏的底端接续到下一栏的顶端。整个文档可以有不同的栏数,也可以仅改变某一节的栏数。

建立多栏版式,可以按照以下步骤进行:

◈ 选择要分栏的部分文档。

◈ 单击"格式"菜单中的"分栏"命令,打开"分栏"对话框,如图 6.27 所示。

◈ 在其中可以设置栏数,以及栏间距离。

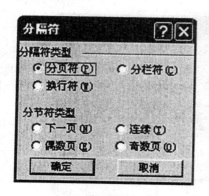

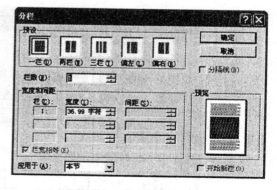

图 6.26　分隔符　　　　　　　　　图 6.27　"分栏"对话框

3.在文档中插入页码

使用 Word 可以简单而迅速地添加页码。Word 还随时自动更正新页码，以保证页码显示总是文档当前的实际页码。可以用两种方式插入页码：

◆ 单击"插入"菜单的"页码"命令，出现"页码"对话框，如图 6.28 所示。

◆ 设置"位置"、"对齐方式"、"首页是否显示页码"。

◆ 单击"页码"对话框中的"格式"按钮，会弹出"页码格式"对话框，用户可以进一步设置页码的格式，包括页码的数字格式、是否在页码中包含章节号、页码的编排方式及起始页码等。

图 6.28　"页码"对话框

4.页眉和页脚

页眉和页脚是打印在每页的顶端或底部的文字或图形。例如，公司标志就可以显示在每页顶端的页眉中，而日期则可以显示在每页底端的页脚中。一些文档需要在文档的不同部分使用不同的页眉或页脚，比如在书稿的不同章节、目录页和附录等部分采用不同形式的页眉或页脚。

要创建页眉或页脚，操作步骤如下：

◆ 单击"视图"菜单中的"页眉和页脚"命令，出现"页眉和页脚"工具栏，如图 6.29 所示。

◆ 在页眉编辑区输入内容，可以包含文字或图形等内容，并进行格式化。

◆ 单击"页眉/页脚"工具栏中的 按钮，转换到页脚，在页脚区输入内容并设定其格式。

◆ 可以用其中"页面设置"按钮，在"版式"选项卡中设置奇偶页不同的页眉和页脚。

◆ 单击"关闭"按钮，返回到原来的视图中。

图 6.29　"页眉和页脚"工具栏

5.页面设置

页面格式含有作用于页面的各种格式化选项,如页边距、版式、纸型等,使用"文件"菜单中的"页面设置"对话框可以进行多方面的设置。

◆ 选定要进行页面设置的文本,或将插入点放在要改变其页面设置的节中。

◆ 单击"文件"菜单中"页面设置"命令,出现如图 6.30 所示对话框。

◆ 在"页边距"选项卡中,设置纸张方向、页边距、是否添加装订边及应用范围。

◆ 在"纸张"选项卡中,设置纸型、宽度、高度及应用范围。

◆ 在"版式"选项卡中,设置节的起始页、页眉和页脚及垂直对齐方式等。

6.打印文档

(1)打印预览

在打印文档前,Word 可以模拟显示打印的文档。利用打印预览,可以一次看到一页或多页内容,并对文档做最后的修改。

操作步骤如下:

◆ 单击"文件"菜单中的"打印预览"命令或工具栏中的"打印预览"按钮( ),出现打印预览窗口,如图 6.31 所示。

◆ 在"打印预览"工具栏,选择下列某一操作:"单页"、"多页显示"、"显示比例"、"全屏显示"。

◆ 在打印预览中可利用标尺重新设置页边距。也可以单击"放大镜"按钮,修改内容。

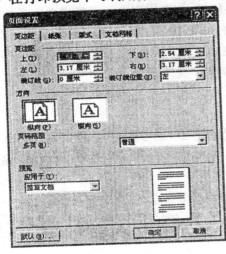

图 6.30 "页面设置"对话框

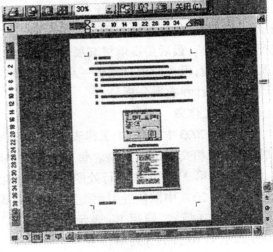

图 6.31 打印预览窗口

(2)打印

当对打印预览的结果满意后,即可按下列步骤进行打印:

◆ 单击"文件"菜单中的"打印"命令,出现如图 6.32 所示的"打印"对话框。

◆ 选择所用的打印机、设置要打印的页面、设置"打印内容"、打印的份数、有无缩放。

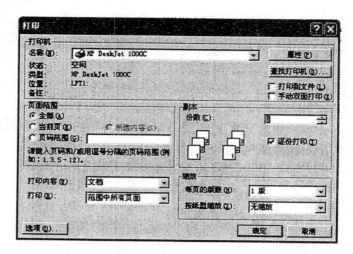

图 6.32 "打印"对话框

6.2 Excel 2003 电子表格处理软件

6.2.1 文本与数据输入

Excel 2003 中文版是一个优秀的中文电子表格软件,主要用于电子表格方面的各种应用,用户可使用该软件制作出各种形式的表格。使用 Excel 2003 用户可以对一堆杂乱无序的数据进行组织、分析,最后美观地将其展示出来。使用 Excel 2003 提供的二维/三维图表、数据地图以及宏等功能,可帮助用户完成一系列的商业、科学和工程任务,并可以处理一些日常工作,如报表设计、统计和数据分析等。

1.建立工作表

在 Excel 2003 中,每一个工作表由 65 536 行(范围为 1 ~ 65 536)和 256 列(范围为 A – IV)组成,行和列相交形成单元格。每一个单元格唯一地对应一行号和一列号,称为单元格的地址,如 A10 为第 A 列和第 10 行处的单元格的地址。

在 Excel 2003 中默认的引用模式为 A1 模式,即用字母表示列,用数字表示行。另一种引用模式为 R1C1 模式,即用 Rn 表示行号($1 \leqslant n \leqslant 65 536$),用 Cm 表示列号($1 \leqslant m \leqslant 256$)。如 R10C5 表示第 10 行第 5 列单元格。

在 Excel 中,可以接受的数据有文本、数字、时间或日期,也可以输入公式,不仅可以同时在多个单元格中输入相同的数据,还可以同时在多张工作表中输入相同的数据。另外还可以使用自动填充序列快速输入数据。

要在单元格中输入数据,首先要可以使用如下三种方法之一:

◆ 用鼠标单击要输入数据的单元格,直接用键盘输入数据。

◆ 用鼠标双击要输入数据的单元格,则该单元格中将出现一个插入点,用户可以向其中输入数据。

◆ 用鼠标单击要输入数据的单元格,在"编辑栏"中单击鼠标,则插入点出现在编辑栏中,用户可以在其中输入数据。

2.输入文本

在 Excel 中,文本的数据类型包括汉字、英文字母、数字、空格及各种能键入的符号。输入文本的基本规则如下:

(1)在默认时,所有文本在单元格中均左对齐。若想把一个数字作为文本处理,在输入时必须在前面加上一个单引号(')。

(2)若要在单元格中输入硬回车,可用 Alt + Enter 组合键。

3.输入数值数据

Excel 的一大特点是能对表格中的数字进行快速方便的处理,因此输入数值数据时也比较直接。其主要规则如下:

(1)数字可为下列字符:1 2 3 4 5 6 7 8 9 0 + − ( ) , / $ % E e 等。若要输入分数,如 1/2,则就在前面加一数字"0"及空格,即 0 1/2。

(2)输入负数时,就在其前冠以减号(−),或将其置于括号( )中,如 − 20 或(20)。

(3)默认时,所有数值数据在单元格中均右对齐,当输入一个较长的数字时,Excel 会以科学记数法表示。在 Excel 2003 中只能保留 15 位有效数字精度,若数字长度超出 15 位,则 Excel 会将多余的数字位作 0 处理。

4.输入日期和时间数据

在 Excel 中,日期型数据和时间型数据均有自己的格式,输入规则如下:

(1)在输入日期型数据时,年月日间以"/"和" − "间隔。

(2)时间型数据的一般格式为:时:分:秒。若要按 12 小时制键入时间,应在时间后留一空格,并键入 AM(A)或 PM(P),表示上午或下午。

5.使用自动填充功能

使用自动填充功能,可按如下步骤进行:

(1)在需要输入序列的第一个单元格中输入序列的初始值,如"星期一"。

(2)用鼠标左键按住该单元格右下角的填充句柄,纵向或横向拖动,自动填充命令会按顺序在以下单元格填入"星期二"、"星期三"、"星期四"……。

也可以使用"序列"对话框来进行序列填充。选择"编辑"菜单中的"填充"命令,出现一个级联菜单,从级联菜单中选择"序列"命令,打开如图 6.33 所示的对话框。

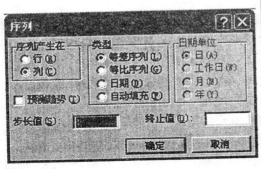

图 6.33　"序列"对话框　　　　　图 6.34　"自定义序列"选项卡

Excel 预设了几个序列,这些序列用户可以直接使用。为了便于扩充,Excel 允许用户定义自己的序列。步骤如下:

在工作表中输入欲作为自定义序列的数据,并选择它们,可进行如下操作:

◆ 选择"工具"菜单中"选项"命令,单击"自定义序列"标签,出现如图 6.34 所示的"选项"对话框。

◆ 单击"导入"按钮,自定义序列会填充到左边的序列集中。

也可以使用 Excel 提供的"添加"功能。选择"工具"菜单中"选项"命令,单击"自定义序列"标签,然后进行添加。

6.2.2 编辑工作表

1.单元格的编辑

(1)在单元格内部直接编辑修改

选择该单元格后按 F2 键或用鼠标双击该单元格,此时在单元格内部便出现一编辑光标,并在状态栏的左端出现"编辑"字样。如果再次双击单元格,将选择单元格中的内容。

(2)在编辑栏中编辑单元格内容

首先选择欲编辑的单元格,此时该单元格的内容便在编辑栏中显示,单击编辑栏出现编辑光标,可对其进行编辑修改。

2.工作表数据的复制和移动

数据的复制和移动操作,对数据的输入和编辑操作提供了极大的便利。工作表数据的复制或移动可以使用鼠标拖动方法,也可以借助于剪贴板。

(1)非插入式移动

使用鼠标拖动法进行数据的复制和移动的步骤如下:

◆ 选择要移动或复制的单元格区域。

◆ 将鼠标指针指向所选择的单元格的边框底部,使鼠标成指针形状。

◆ 按住鼠标左键拖至目标区域并释放可进行数据的移动。若要进行数据的复制,则应在按住 Ctrl 键的同时拖动鼠标,此时,在旁边会显示一个"+"号,表示现在进行的是复制操作。当拖动鼠标指针的时候,Excel 会显示一个虚线框,用于表示数据放置的新位置。当该虚线框正好框住目标区域时,释放鼠标即可。

除上述方法,也可以借助于剪贴板进行数据的复制和移动,可使操作变得很轻松自如。

(2)使用鼠标拖动进行数据的插入式移动

有时我们在进行数据的移动和复制时,不想覆盖目标区域中已有的数据,可进行插入式移动或复制。使用鼠标拖动进行数据的插入式移动的操作基本上同非插入式移动的操作相同,只不过必须同时按住 Shift 键。

也可以使用"插入剪切或复制单元格"进行数据的插入式移动或复制,其操作步骤如下:

◆ 选择欲移动或复制的单元格区域,进行剪切或复制。

◆ 选择目标区域。打开"插入"菜单,选择"剪切单元格"或"插入单元格"命令。

◆ 在如图 6.35 所示显示的"插入粘贴"对话框中选择插入方式后,单击"确定"按钮。

在使用剪贴板进行数据的复制时,也可进行选择性粘贴。其方法是在粘贴前,打开"编辑"菜单,选择"选择性粘贴",或当鼠标指向目标区域时,单击鼠标右键,在弹出的快捷菜单中选择"选择性粘贴",在弹出的"选择性粘贴"对话框中选择粘贴内容及运算方式,单击"确定"按钮。

3.行、列及单元格的插入与删除

(1)行(列)的插入

将光标置于欲插入空行的那一行(列)的任一单元格上。从"插入"菜单中选择"行(列)"命令(也可单击鼠标右键,在弹出的快捷菜单中选择"整行(整列)"命令),则 Excel 在当前位置上插入一空行,原行(列)移至下行(列)。

(2)插入单元格

将光标置于欲插入单元格的那一个单元格上。从"插入"菜单中选择"单元格"命令,从弹出的如图 6.36 所示的"插入"对话框中,选择插入后活动单元格的移动方式,单击"确定"按钮。

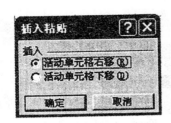

图 6.35 "插入粘贴"对话框

图 6.36 "插入"对话框

(3)行、列及单元格的删除

其操作步骤如下:

◈ 选择欲删除的整行、整列或单元格。

◈ 从"编辑"菜单中选择"删除"命令。从弹出的删除对话框中选择"行"、"列"还是"单元格"。

◈ 单击"确定"按钮后,被选择的行或列或单元格就被删除掉了。

在删除单元格时,会弹出一个"删除"对话框。需要从中选择一种删除方式,即把指定单元格删除后,是"右侧单元格左移",还是"下方单元格上移"。

4.查找和替换工作表数据

◈ 若在一个指定范围内查找(替换),应先选择区域;否则将在整个工作表中查找。

◈ 从"编辑"菜单中选择"查找(替换)"命令,或按对应的组合键,将弹出如图 6.37 所示的对话框。

◈ 在"查找内容"和"替换为"文本框中输入要相应的内容。如果要详细设置查找选项,则单击"选项"按钮,扩展"查找"选项卡,进行各种设置。

◈ 单击"查找下一个"按钮。此时 Excel 将在指定范围内开始搜索,找到一个符合条件的单元格后,就把该单元格变为活动单元格。也可以使用"查找全部"或"全部替换"等按钮,查找所有符合条件的内容。

6.2.3 格式化工作表

建立了一张工作表之后,为了使它更符合自己的要求,需要对它进行格式设置,即用来改变一个工作表的外观。如设置文本字体、字号、增加边框和底纹、改变列宽和行高等。

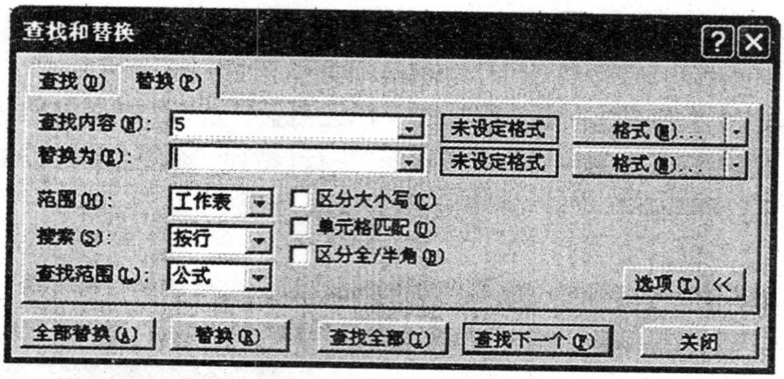

图 6.37 "替换"选项卡

1.设置文本格式

(1)设置文本格式

首先在设置前,选择欲设置的单元格区域,接下来可按下面内容进行设置:

设置文本字体	楷体_GB2312
设置文本字号	24
设置单元格底纹颜色	
设置文本字体颜色	
设置文本粗体、斜体和下划线	
设置文本对齐方式	
设置数字格式	
设置边框	

也使用"格式"菜单中"单元格…"命令设置文本格式。

(2)用样式格式化单元格区域

①创建新样式

◆ 选择一个想包含此样式的单元格区域。

◆ 执行"格式"菜单中"样式"命令,弹出如图 6.38 所示的"样式"对话框。

◆ 在"样式名"中输入新样式名,单击"更改"按钮对新样式进行格式设置。

◆ 单击"添加"按钮,便可把刚建立的样式保存到样式列表中。

◆ 单击"确定"按钮。

②应用样式

◆ 选择单元格区域,执行"格式"菜单中"样式"命令,弹出"样式"对话框。

◆ 从"样式名"下拉的样式列表框中选择所需要的样式。

(3)用格式刷格式化单元格区域

格式刷 █ 也是进行格式复制的一种非常有效的工具。其使用过程如下:

◆ 选择已设置好格式并欲作用于其他区域的单元格区域。

◆ 单击"格式刷"按钮,此时鼠标变为一个带小刷子的十字形形状。

◈ 将光标移到目标单元格区域,按住鼠标左键并拖动。

◈ 释放鼠标左键,在目标单元格区域中便应用了相同的格式。

(4)使用选择性粘贴复制格式

◈ 选择包含已设置好格式的单元格区域,将其复制到剪贴板中。

◈ 将光标移至目标区域。激活"编辑"菜单,从中选择"选择性粘贴"命令,执行后弹出如图 6.39 所示的对话框。

◈ 从"粘贴"项中选择"格式",单击"确定"按钮,便可完成格式的复制。

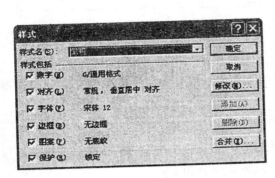

图 6.38　"样式"对话框

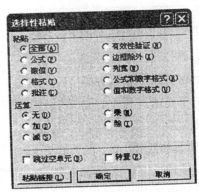

图 6.39　使用"选择性粘贴"复制样式

2.行高和列宽的调整

对行高(列宽)的调整可以用鼠标拖动调整,也可使用"格式"菜单中的"行(列)"调整命令进行调整。首先把光标置于欲调整的行的标签处并移动鼠标,当光标指向其下边框时,光标呈双向箭头。这时按住鼠标左键上下(左右)拖动,即可调整此行的高度。也可以利用"格式"菜单中的"行(列)"命令来调整,在相应的对话框中设置。

3.设置数据的对齐方式

数据的对齐方式有两种:水平对齐和垂直对齐。

水平对齐按钮:左对齐 ▤ ,右对齐 ▤ ,居中 ▤ ,合并及居中 ▣ 。也可以使用对话框——"对齐"选项卡(图 6.40)来设置对齐方式,包括在"水平对齐"下拉列表框中选择所需的水平对齐方式,在"垂直对齐"下拉列表框中选择所需的水平对齐方式。

另外,还可以实现单元格中的文本旋转任意角度、自动换行、缩小字体填充、合并单元格等。

4.自动套用格式

自动套用格式是指可以迅速应用于某一个数据区域的内置格式设置集合,如数字格式、字体大小、行高、列宽、图案和对齐方式等,其具体操作步骤如下:

◈ 选定需要设置自动套用格式的单元格区域。单击"格式"菜单中的"自动套用格式"命令,打开"自动套用格式"对话框,如图 6.41 所示。

◈ 从对话框的格式列表框中选择所需的格式。单击"选项"按钮,则在该对话框的底部会增加一个"要应用的格式"选项组。

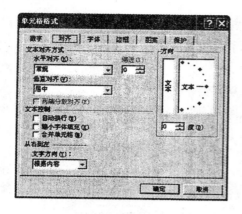

图 6.40 "对齐"选项卡

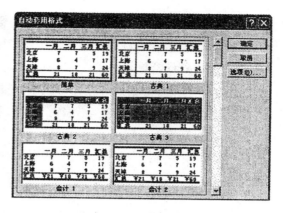

图 6.41 "自动套用格式"对话框

5.设置工作表的特殊效果

在编辑工作表的过程中,用户可以根据需要给工作表添加边框和背景等特殊效果,从而增强工作表的视觉效果,使工作表更加美观。

(1)设置单元格边框

设置单元格的"边框"有两种方法。一种使用"格式"工具栏中的"边框"下拉列表框快速设置;另一种通过"边框"选项卡进行更细致的设置,其操作步骤如下:

◆ 选定需要设置边框的单元格或区域。选择"格式"菜单中"单元格"命令,打开"单元格格式"对话框。

◆ 单击"边框"标签,打开"边框"选项卡,如图6.42所示。

◆ 在"样式"中选择线条样式,在"颜色"中选择颜色,然后单击"外边框"按钮、"内部"按钮、或"边框"选项组中的各按钮。

◆ 单击"确定"按钮。

(2)设置单元格背景

设置单元格的"背景"有两种方法。一种使用"格式"工具栏中的"填充颜色"下拉列表框设置单纯颜色的背景色;另一种通过"图案"选项卡设置具有不同风格的背景图案,其操作步骤如下:

◆ 选定需要设置边框的单元格或单元格区域。选择"格式"菜单中"单元格"命令,打开"单元格格式"对话框。

◆ 单击"图案"标签,打开"图案"选项卡,如图6.43所示。

◆ 在"颜色"列表框中选择某一颜色,然后在"图案"列表框中选择所需的图案背景。

◆ 单击"确定"按钮。

如果要删除单元格的背景,只需在选定目标单元格后,选择"填充颜色"下拉列表中的"无填充颜色"选项即可。

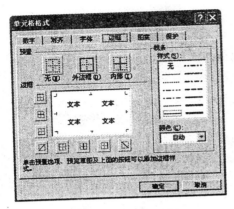

图 6.42 "边框"选项卡

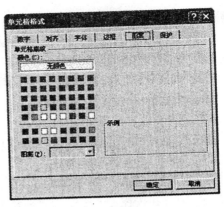

图 6.43 "图案"选项卡

6.2.4 管理工作表

1.多工作表的管理

Microsoft Excel 的主要应用是表格数据的存储、运算和管理,而要完成某些事件的管理,需要庞大的数据量,若要把如此众多的数据全部放在一个工作表中,势必造成因工作表太大而运行速度缓慢、难于搜索与查找、难于管理的局面。基于此,我们可以根据某一原则把它分化成几个小的工作表,这样管理起来相对容易些。

(1)多工作表间的切换

切换工作表的方法有如下几种:

◆ 在工作表标签(图 6.44)中用鼠标单击工作表名,如 Sheet2。

◆ 用鼠标右键单击工作表标签左侧的滚动按钮,在弹出的工作表列表中选择需要的工作表。

◆ 使用 Ctrl + PgUp 和 Ctrl + PgDn 也可顺次切换工作表。

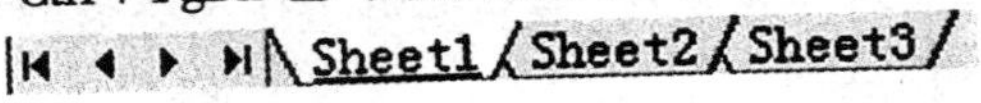

|◀ ◀ ▶ ▶|\Sheet1／Sheet2／Sheet3／

图 6.44 工作表标签

(2)给工作表命名

为工作表重新命名,使别人见名知义。如把"Sheet1"改名为"销售量"。给工作表命名方法有以下几种:

◆ 用鼠标双击工作表标签中欲更名的工作表名称,进行更改。

◆ 用鼠标右键单击工作表标签中欲更名的工作表名称,在弹出的快捷菜单中选择"重命名"命令。

◆ 从"格式"菜单中"工作表"弹出的级联菜单中选择"重命名"命令。

(3)插入工作表

当一个工作簿中的工作表用完后,或者调整工作表间位置时,可以插入工作表,其过程如下:

◆ 选择要插入位置右边的工作表为当前工作表。

◆ 选择"插入"菜单的"工作表"命令,即插入了新表。

(4)删除工作表

删除工作表的步骤如下：

◈ 把要删除的工作表变为当前工作表。

◈ 选择"编辑"菜单的"删除工作表"命令，出现消息框。

◈ 单击"确定"按钮后，即删除了被选择的工作表。

(5)移动或复制工作表

移动工作表可以利用鼠标，也可以利用"编辑"菜单的"移动或复制工作表"命令。

◈ 把欲移动或复制的工作表变为当前工作表。

◈ 按住鼠标左键沿着工作表标签拖动，此时鼠标指针变成白色方块与箭头的组合形状，同时在标签行上方出现一个小黑三角形，它表示当前工作表移动后插入的位置。若要进行工作表的复制，则应在按住 Ctrl 键的同时拖动鼠标。

◈ 当小黑三角形移到指定位置后，释放鼠标，工作表即被移动或复制到新位置。

2.工作表的视图管理

把一个工作表分成多个窗格，以便同时观察不同部位的数据。这就需要对 Excel 的窗口进行拆分。

(1)全屏显示

使用"视图"菜单中的"全屏显示"命令，隐藏了除菜单栏以外的其他内容。

(2)改变窗口显示比例

使用"视图"菜单中的"显示比例"命令，可以随意地改变窗口显示比例。

(3)拆分窗口

一个文档窗口最多可拆分成四个窗格，让用户能够直接观察同一个工作表中四个不同区域的数据。

①用鼠标拆分窗口。在垂直滚动条的顶部及在水平滚动条右端分别有一个小矩形框，称为窗口分割框。如果将鼠标移到窗口分割框的上面，鼠标指针变成相应的垂直(水平)分裂箭头形状。按住鼠标左键拖动时有一条灰线，表明要将工作表分为两个窗格的位置。当大小合适后松开鼠标，就可以把窗口分成两个窗格。

②使用"拆分窗口"命令。可以使用"窗口"菜单中的"拆分窗口"命令去建立两个或四个窗格。窗格的大小依赖于选择"拆分窗口"命令时活动单元格所处的位置。使用该命令将在活动单元格之上、之右建立窗格。

(4)取消窗口拆分

当将窗口拆分成几个窗格时，原"窗口"菜单的"拆分窗口"命令将变成"删除拆分窗口"命令。选择该命令，即可恢复为一个窗口。要用鼠标快速移去窗格，对于两个窗格时，可以用鼠标双击分隔线。对于四个窗格时，可以用鼠标双击分隔线的交叉点。

6.2.5 公式与函数

1.Excel 的计算功能

在 Excel 中可直接在单元格中输入一个等式进行简单计算，在一个单元格中输入公式"=10/3"，然后按回车键，在单元格里就会得到相应的计算结果。

2.公式的输入

使用公式有助于分析工作表中的数据。公式可以用来执行各种运算，如加法、减法、乘法等。输入公式的操作类似于输入文本。

◈ 选择要输入公式的单元格,输入一个" = "号。

◈ 键入公式内容。

◈ 输入完毕后,按回车键或按编辑栏中的■按钮。

(1)单元格的引用

单元格引用即在某个单元格中可以引用其他单元格或单元格区域中的数据。一般的,用单元格名称表示引用位置,通过引用位置,可以在一个公式中使用工作表上不同位置的数据,也可以在多个公式中使用同一个单元格中的数值。

对单元格的引用,有相对引用和绝对引用两种方式。所谓绝对引用,指不管公式复制到什么位置,公式中引用的单元格总是固定不变的。所谓相对引用,是指随着公式的复制,公式引用的单元格根据当前位置发生相对变化。

①相对引用。在相对引用单元格时,该引用是参照公式当时所在的单元格的相对位置关系确定的,若把该公式复制到别处,Excel 会根据移动的新位置重新确定这种相对关系,从而自动调节引用单元格。

例如,如图 6.45 中单元格 A1 ~ C3 中是数据值,若在单元格 A4 中输入公式" = A1 + A2 + A3",确定后结果为 12。接下来使用"选择性粘贴"或利用"自动填充"功能把 A4 单元格的公式复制到 C4 单元格中,C4 中的公式是" = C1 + C2 + C3",而不是" = A1 + A2 + A3"。这就是相对引用,是相对位置的引用。

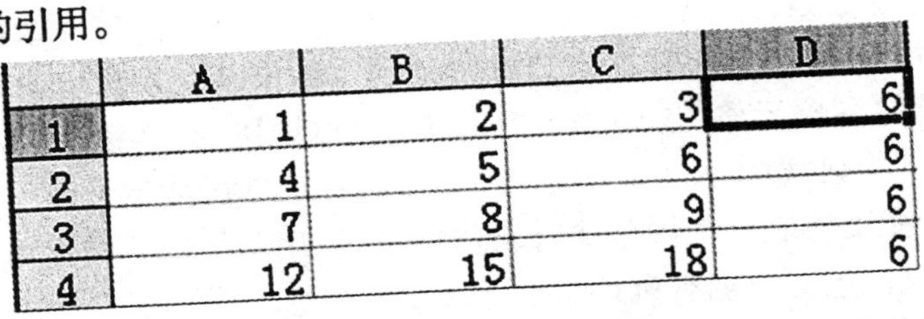

	A	B	C	D
1	1	2	3	6
2	4	5	6	6
3	7	8	9	6
4	12	15	18	6

图 6.45　相对引用单元格

②绝对引用。如果我们在引用单元格时,不想使某些单元格的引用随着公式位置的改变而改变,就需要使用绝对引用。对于 A1 模式而言,实现绝对引用只需要在列标和行号前面加上 $ 符号,如绝对引用单元格 A1 时应表示为 $ A $ 1。对于 R1C1 模式,要在相对引用时把列标或行号用[ ]括起来,如相对引用单元格 A1 时应表示为 R[1]C[1]。如图 6.45 所示,D1 中公式为 = $ A $ 1 + $ B $ 1 + $ C $ 1,复制到 D2 ~ D4 其结果不变,公式仍然是 = $ A $ 1 + $ B $ 1 + $ C $ 1。这就是绝对引用。

对引用的说明见表 6.2 和表 6.3。

表 6.2　A1 模式的引用说明

引用	区　分	描　　述
A1	相对引用	A 列及 1 行均为相对位置
$ A $ 1	绝对引用	A1 单元格
$ A1	混合引用	A 列为绝对位置,1 列为相对位置
A $ 1	混合引用	A 列为相对位置,1 列为绝对位置

表6.3　R1C1模式的引用说明

引用	区分	描述
R1C1	绝对引用	就是默认表示法的 A1 单元格
R[2]C[4]	相对引用	表示由当前公式所在的单元格算起,下移 2 行再右移 4 列的单元格
R[−2]C[−4]	相对引用	表示由当前公式所在的单元格算起,上移 2 行再左移 4 列的单元格
R[2]C4	混合引用	表示由当前公式所在的单元格算起,下移 2 行的单元格
R2C[4]	混合引用	表示由当前公式所在的单元格算起,右移 4 列的单元格

（2）公式中的运算符

运算符用来规则公式的运算法则,Excel 中包含了四种类型的运算符:算术运算符、比较运算符、文本运算符和引用运算符。

①算术运算符: +（加）、−（减）、*（乘）、/（除）、%（百分比）、^（乘方）。

②比较运算符:这类运算符主要用来根据公式判断条件,返回逻辑结果,若为真值,则显示"TRUE",若为假值,则显示"FALSE"。它包括:

=（等于）、<（小于）、>（大于）、<>（不等于）、<=（小于等于）、>=（大于等于）

③文本运算符:在 Excel 中,不仅可以进行算术运算,还可以进行文本运算。利用文本运算符可以将文本连接起来。它是 &（连接运算符）,用于把两个文本数据或单元格中文本内容连接起来。例如,我们在单元格 E1 中输入"Excel",在单元格 E2 中输入"应用",在单元格 E3 中输入公式" = E1&"中公式的"&E2",则结果为"Excel 中公式的应用"。

④引用运算符:在工作表中使用公式时,有时需要引用其他单元格或单元格区域的数据,通过引用运算符可以把这些数据有机地结合起来。它包括:

◆ 冒号运算符:用来引用一个连续区域。如用 A1:A5 来表示 A1 ~ A5 的所有单元格。

◆ 逗号运算符:是一种并集运算符,可将两个或多个不连续的单元格区域作为并集来引用。如公式" = SUM(A1:A3,C4:C5)",是用来求 A1 ~ A3 和 C4 ~ C5 这两个单元格区域的和。

◆ 空格运算符:是一种交集运算符,它代表的是两个单元格区域所共有的那些单元格。如公式" = SUM(B2:D3 C1:C4)",是用来求 B2 ~ D3 和 C1 ~ C4 这两个单元格区域的交集部分的和。因 B2 ~ D3 和 C1 ~ C4 的交集为 C2 和 C3 两个单元格,因此上述公式的结果就是求 C2 和 C3 这两个单元格的和。

（3）公式中的运算顺序

如果公式中同时用到多个运算符,Excel 将按下面所示的顺序进行运算。

◆ 运算符运算时的优先顺序为:（括号）,（冒号）,（逗号）,（空格）,（负号）,（%百分比）,（乘方）,（乘和除）,（加和减）,（& 连接运算符）,（比较运算符）。

◆ 对相同优先级的运算符,采取从左到右的顺序进行计算。

3.Excel 中的函数

函数功能是 Excel 提供的功能强大的特性。如果能熟练地使用函数,将大大提高工作的效率。Excel 提供了大量的函数,并且还有自定义函数的功能。

一个函数一般由两部分构成:函数名和参数。函数名用来告诉 Excel 该函数的功能,如求和函数为 SUM;参数是函数的运算对象,它可为文本、数字、常量及单元格或单元格区域引用等,如 SUM(5,9)是求 5 + 9 的和。

(1)Excel 函数简介

①数据库函数:用于数据库工作表中对数据的分析和计算。它们均以"D"开头,如 DCOUNT 函数。

②数学和三角函数:通过数学和三角函数,可以处理简单和复杂的数学计算。如计算单元格区域中的数值总和函数 SUM,或满足另一个单元格区域中给定条件的单元格区域中的数值总和函数 SUMIF 等。

③日期和时间函数:通过日期与时间函数,可以在公式中分析和处理日期值和时间值。例如,当前日期的 TODAY 函数,返回基于计算机系统时钟的当前日期。

④信息函数:使用信息工作表函数确定存储在单元格中的数据的类型。信息函数包含一组称为 IS 的工作函数,如函数 ISBLANK 可用来判断某一单元格是否为空单元格,若是则返回值 TRUE,否则返回值为 FALSE。

⑤逻辑函数:使用这类函数可以进行真假判断,或者进行复合检验。例如,可以使用 IF 函数确定条件为真还是假,并由此返回不同的数值。

⑥查询和引用函数:例如,如果需要在表格中查找与第一列中的值相匹配的数值,可以使用 VLOOKUP 工作表函数。如果需要确定数据清单中数值的位置,可以使用 MATCH 工作表函数。

⑦统计函数:统计工作表函数用于对数据区域进行统计分析。统计工作表函数可以提供由一组数据值给出的相关信息,如平均值,方差等。

⑧文本函数:通过文本函数,可以在公式中处理文字串。例如,可以改变大小写或确定文字串的长度。

(2)输入函数

有两种方法可以用于函数输入,一种是手工从键盘输入,另一种是在"插入"菜单中选择"函数"菜单项,或者从常用工具栏选择"粘贴函数" █ 按钮来输入函数。具体操作步骤如下:

◈ 选择要输入函数的单元格。

◈ 若需输入函数,可单击编辑栏中的"插入函数"按钮 █,或选择"插入"菜单的" █████ "命令。

4.公式的编辑

首先单击包含待编辑公式的单元格,这时,在编辑栏中便出现了对应的公式,可对公式进行编辑修改。另外也可双击包含待编辑公式的单元格,这时可在单元格中直接对公式进行修改。

【注意】在对公式进行移动时,公式中的单元格引用并不会改变,而当复制公式时,单元格绝对引用也不会改变,但单元格相对引用将会改变。

5.公式的使用

公式是 Excel 的核心,掌握了公式的使用,将大大提高工作效率,尤其在对数据库数据进行处理时,公式的作用简直是无与伦比。下面我们举一个例子说明公式的使用。

如图 6.46,在工作簿中有一个工作表,其中 A1:F23 区域是原始数据,在总成绩栏中 G2 中公式为" = D2 + E2 + F2 * 0.7",通过拖动复制得到 G3:G23 的所有值。在男生平时平均中的公

式为

$$= \text{SUMIF}(\$C\$2:\$C\$23,"男",D2:D23)/\text{COUNTIF}(\$C\$2:\$C\$23,"男")$$

类似的可得区域 C26:F27 中其他单元格中的数据。

在全部平时平均中的公式为"= AVERAGE(D2:D23)"

	A	B	C	D	E	F	G
1	学号	姓名	性别	平时成绩	实验成绩	卷面成绩	总成绩
2	20064045101	刘清跃	男	10	16	80	82
3	20064045102	高超	男	9	17	96	93
4	20064045103	金柱	男	10	16	85	85
5	20064045104	郭大福	男	9	17	84	84
6	20064045105	常晓光	男	8	19	88	88
7	20064045106	任耀光	男	10	18	99	97
8	20064045107	丁德会	男	6	16	89	85
9	20064045108	李想	男	10	12	79	77
10	20064045109	朱明军	男	7	17	83	81
11	20064045110	赵慧博	男	10	17	81	83
12	20064045111	刘隋波	女	6	17	61	66
13	20064045112	许春香	女	10	18	59	70
14	20064045113	刘雷董	女	9	14	66	70
15	20064045114	影慧婷	女	10	17	68	74
16	20064045115	王华欣	女	8	10	56	57
17	20064045116	徐森	女	10	16	67	73
18	20064045117	尹晶	女	10	11	86	81
19	20064045118	宋暖	女	7	18	84	83
20	20064045119	李楠	女	10	18	87	89
21	20064045120	孔凡辉	女	6	19	92	89
22	20064045121	梁宇婷	女	10	18	91	91
23	20064045122	于跃	女	10	16	72	76
24							
25			平时平均	实验平均	卷面平均	总成绩平均	
26		男生	9	16	86	86	
27		女生	9	16	74	77	
28		全部	9	16	79	81	

图 6.46　公式使用

6.2.6　制作图表

Excel 可以依据已经建立好的工作表来制作图表,使用工作表中的数据作为图表的数据点,并在图表上显示。数据点可用柱形、条形、线条、切片、点、圆形及其他形状表示。几个数据点就构成了数据系列(即工作表中的行和列),每一个数据系列用唯一的颜色或图案来区分。

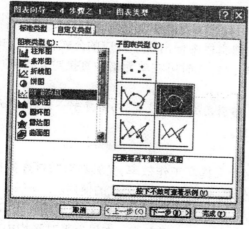
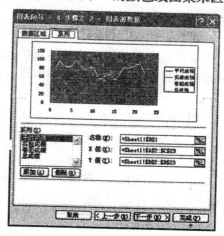

(a)

(b)

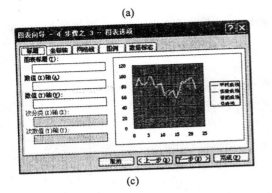

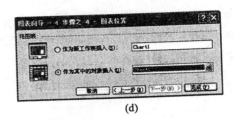

(c)

(d)

图 6.47　图表向导

Excel 提供了两种方式建立图表:一种称为嵌入式图表,即将图表和工作表数据放在同一工作表中;另一种称为图表工作表,即将图表放在工作簿的图表工作表中,使工作表与图表分开。仍然以"学生成绩表"为例来建立图表。

◆ 选择要创建图表所需要的数据。如选择 A1:G23 单元格区域。

◆ 选择"插入"菜单中"图表"命令。或在"常用"工具栏中单击"图表向导"按钮■。

◆ 此时会弹出如图 6.47(a)所示的"图表类型"对话框。在此对话框中,选择自己 XY 散点图中无数据点平滑线散点图。

◆ 单击"下一步"按钮后,弹出如图 6.47(b)所示的"图表源数据"对话框。在此对话框的系列选项卡中重命名各系列名称。

◆ 单击"下一步"按钮,弹出如图 6.47(c)所示的"图表选项"对话框。在此对话框中,可设置图表标题、坐标轴、网格线、图例、图表标志和数据表等内容。

◆ 单击"下一步"按钮,弹出"图表位置"对话框,如图 6.47(d)所示。在此可选择图表位置作为新工作表插入,及改变图表名称。最后单击"完成"按钮。

当图表建立完成后,如果觉得不满意,可以在图表区单击右键出现的快捷菜单中选择改变如图表类型、源数据、图表选项、位置等。

6.2.7　管理数据清单

Excel 的功能之一是进行数据处理,其优点在于 Excel 能把一个数据清单作为数据库使用,从而进行数据库的管理工作,如数据排序、检索、分类汇总等。

数据清单的构成同数据库的构成基本一样,它们由行和列构成,其中行称为"记录",列称为"字段"。记录单是 Excel XP 在对数据清单操作时提供的一个强有力的工具。它可以显示经过组织以后的数据视图,并使整个记录的输入变得更容易、更精确。

1.记录单

使用记录单,可按如下步骤操作:

◆ 把光标置于数据清单中的任一单元格中。

◆ 打开"数据"菜单,从中选择"记录单(O)..."命令,弹出如图 6.48 所示的记录单对话框。在此对话框中可以添加记录(数据清单底部),编辑某记录,删除某记录,查找满足某条件的启示等。

2.数据的排序

数据的排序、检索和分类统计是数据库管理中经常使用的操作。例如,我们想知道全班学生的排名,想知道各分数段的学生的人数等。

◆ 选择数据清单中的任一单元格。

◆ 选择"数据"菜单的"排序"命令,出现如图6.49所示的"排序"对话框。

◆ 设置主关键字、次关键字、升序或降序、有无标题行等。

◆ 按"确定"即可。

图6.48 记录单对话框

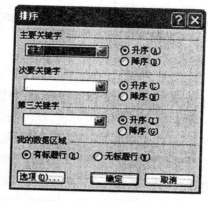

图6.49 "排序"对话框

也可以利用"常用"工具栏中提供了两个排序按钮:▓(升序按钮)和▓(降序按钮)对某一字段排序。

3.数据的筛选

筛选出符合某些规定的数据,那就必须对每一条记录逐步核对过滤,Excel要完成数据的筛选很容易。

(1)自动筛选数据

◆ 用鼠标单击数据清单中的任一单元格。

◆ 选择"数据"菜单的"筛选"命令,从级联菜单中选择"自动筛选"命令,则在数据清单的字段名旁出现了向下的箭头,如图6.50所示。

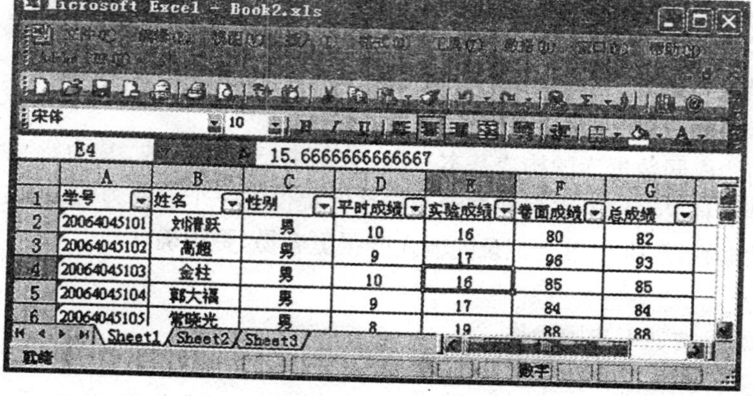

图6.50 自动筛选

◆ 用鼠标单击欲筛选列的向下箭头,其中列出了该列中的所有项目。在每个列标题的下拉菜单中包含以下一些选项：全部、自定义、前10个等。

◆ 单击自定义，在弹出的对话框（图6.51）中设置筛选条件，如总成绩大于80，小于90。确定即可看到结果。

◆ 选择"数据"菜单的"筛选"命令，从级联菜单中选择"全部显示"命令可以重新显示全部数据。

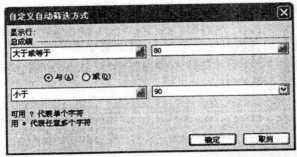

图6.51 筛选方式

（2）高级筛选数据

◆ 在表格外任意地方，以学生成绩为例，按照图6.52所示的内容创建高级筛选所涉及的条件。

◆ 选择"数据"菜单中的"筛选"命令，从级联菜单中选择"高级筛选"命令，打开"高级筛选"对话框，如图6.53所示。

性别	总成绩
女	>80

图6.52 筛选条件

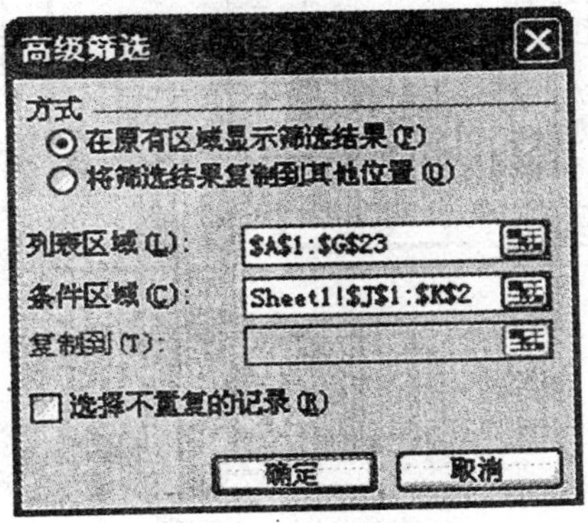

图6.53 "高级筛选"对话框

◆ 为"条件区域"拾取刚才建立的条件单元格作为数据范围，单击"确定"即可，如图6.54所示结果。

	A	B	C	D	E	F	G
1	学号	姓名	性别	平时成绩	实验成绩	卷面成绩	总成绩
18	20064045117	尹晶	女	10	11	86	81
19	20064045118	宋暖	女	7	18	84	83
20	20064045119	李楠	女	10	18	87	89
21	20064045120	孔凡辉	女	6	19	92	89
22	20064045121	梁宇婷	女	10	18	91	91

图6.54 筛选符合条件的数据信息

4.数据的分类汇总

分类汇总即对数据清单按某个字段分类后,再进行诸如求和、求平均值之类的操作。使用分类汇总功能之前,要求必须先对数据清单进行排序。

◆ 对要分类汇总的字段排序。如按"性别"排序。

◆ 选择"数据"菜单的"分类汇总"命令,出现如图6.55所示的"分类汇总"对话框。

◆ 在"分类字段"对应的下拉列表中选择要进行分类汇总的字段;在"汇总方式"下拉列表中选择汇总方式,如求平均值;在"选定汇总项"的下拉列表中选择汇总项目。

◆ 单击"确定"按钮便可完成分类汇总操作,其结果如图6.56所示。

◆ 选择"数据"菜单的"分类汇总"命令,弹出"分类汇总"对话框。在"分类汇总"对话框中选择"全部删除"按钮即可撤消汇总。

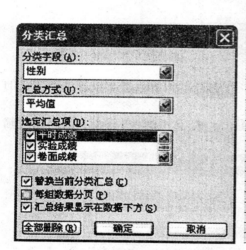

	学号	姓名	性别	平时成绩	实验成绩	卷面成绩	总成绩
1	学号	姓名	性别	平时成绩	实验成绩	卷面成绩	总成绩
2	20064045101	刘清跃	男	10	16	80	82
3	20064045102	高越	男	9	17	96	93
4	20064045103	金柱	男	10	16	85	85
5	20064045104	郭大福	男	9	17	84	84
6	20064045105	常晓光	男	8	19	88	88
7	20064045106	任磊光	男	10	18	99	97
8	20064045107	丁德会	男	6	16	89	85
9	20064045108	李娜	男	10	12	79	77
10	20064045109	宋明军	男	7	17	83	81
11	20064045110	赵慧博	男	10	17	81	83
12			男 平均值	9	16	86	86
13	20064045111	刘辉波	女	6	17	61	66
14	20064045112	许春香	女	10	18	59	70
15	20064045113	刘雪雯	女	9	14	66	70
16	20064045114	影慧梓	女	10	17	68	74
17	20064045115	王华欣	女	8	10	56	57
18	20064045116	徐淼	女	10	16	67	73
19	20064045117	尹晶	女	10	11	86	81
20	20064045118	宋瑶	女	7	18	84	83
21	20064045119	李楠	女	10	18	87	89
22	20064045120	孔凡辉	女	6	19	92	89
23	20064045121	梁宇婷	女	10	18	91	91
24	20064045122	于跃	女	10	16	72	76
25			女 平均值	9	16	74	77
26			总计平均值	9	16	79	81

图 6.55 "分类汇总"对话框   图 6.56 分类汇总的结果

6.3 PowerPoint 2003 演示文稿制作软件

PowerPoint 作为一个组件被集成在 Microsoft Office 中,用户可以方便地设计、编辑、整理及发送演示文稿。

6.3.1 PowerPoint 的基本使用

1.常用视图

在 PowerPoint 中,有3种不同的视图,即普通视图、幻灯片浏览视图和幻灯片放映视图。通过这些不同种类的视图,用户可以方便地创建、组织和查看演示文稿。

(1)普通视图

普通视图方式下的 PowerPoint 应用窗口包含3个窗格,即大纲窗格、幻灯片窗格和备注窗格。通过不同的窗格,用户可在同一位置体会演示文稿的各种特征。使用大纲窗格,用户可以组织和开发演示文稿中的内容;而在幻灯片窗格中,用户可以查看当前幻灯片中的文本外观;利用备注窗格,用户则可以添加与观众共享的演说者备注或信息,如图6.57所示。

(2)幻灯片浏览视图

在幻灯片浏览视图中,用户可以在屏幕上同时看到演示文稿中的所有幻灯片。当然,这些幻灯片是以缩略图显示的。这样,用户可以很容易地在幻灯片之间添加、删除和移动幻灯片,以及选择动画切换效果,如图 6.58 所示。

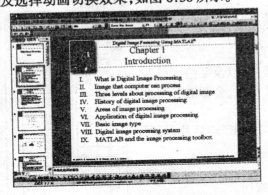

图 6.57 普通视图下显示文稿   图 6.58 幻灯片浏览视图

2. 制作幻灯片

(1)制作新的幻灯片

单击常用工具栏中的"新幻灯片"按钮,或选择"插入"菜单的"新幻灯片"菜单项,可在当前打开的演示文稿中创建一张新的幻灯片。

(2)在幻灯片中添加文本

在幻灯片中会看到一些虚线方框,叫做占位符。这些方框是作为一些对象(幻灯片标题、文本、图表、表格、组织结构图和剪贴画)的占位符的。单击这些占位符可以添加文字,而双击可以添加指定的对象(如图表、组织结构图等)。

◆ 在"单击此处添加标题"的占位符上单击鼠标,并输入标题。

◆ 用鼠标在"单击此处添加正文"的占位符上单击鼠标,并输入正文。

◆ 如果用户还想在其他位置添加文字,利用文本框来添加文本内容。

(3)设置文本的格式和位置

选定文本后,可以使用格式栏或选择"格式"菜单中的"字体"命令,来设置字体、字号、字形及特殊效果。

(4)删除幻灯片

◆ 选择要删除的幻灯片。

◆ 单击"编辑"菜单中的"删除幻灯片"命令。如果要删除多张幻灯片,首先切换到幻灯片浏览视图或大纲视图。按下 Shift 键并单击各张幻灯片,然后单击"编辑"菜单中的"删除幻灯片"命令。

3. 统一外观

在 PowerPoint 中控制幻灯片外观的方法有三种:母版、配色方案、设计模板。幻灯片母版控制幻灯片上标题和文本的格式与类型。配色方案主要由 12 种颜色组成,用于设置演示文稿的主要颜色。设计模板包含配色方案、具有自定义格式的幻灯片和标题母版,以及可生成特殊"外观"的字体样式。

(1)使用模板控制演示文稿的外观

模板包含了 PowerPoint 的各种样式,这些样式可以用于演示文稿中的各个幻灯片。使用其他设计模板操作步骤如下：

◆ 打开要应用设计模板的演示文稿。

◆ 选择"格式"菜单中的"幻灯片设计"菜单项,在"幻灯片设计"任务窗格中,选择"应用设计模板"列表中的模板,如图6.59所示,则将选定的模板应用于演示文稿的所有幻灯片中。

(2)使用幻灯片母版

幻灯片母版是PowerPoint中一类特殊的幻灯片,它控制演示文稿中的某些文本特征(如字体、字号和颜色)和背景色,以及某些特殊效果(如阴影和项目符号样式等),如果更改幻灯片母版,会影响所有基于母版的演示文稿幻灯片。

◆ 指向"视图"菜单上的"母版"子菜单,然后单击"幻灯片母版"菜单项。

◆ 将对象添加到幻灯片母版。

◆ 单击"母版"工具栏上的"关闭母版视图"按钮。

可以发现在每个幻灯片上都出现了母版中所添加的图形对象。如果对象未显示在幻灯片上,单击"格式"菜单上的"背景"命令,并确定已清除"忽略母版的背景图形"复选框。

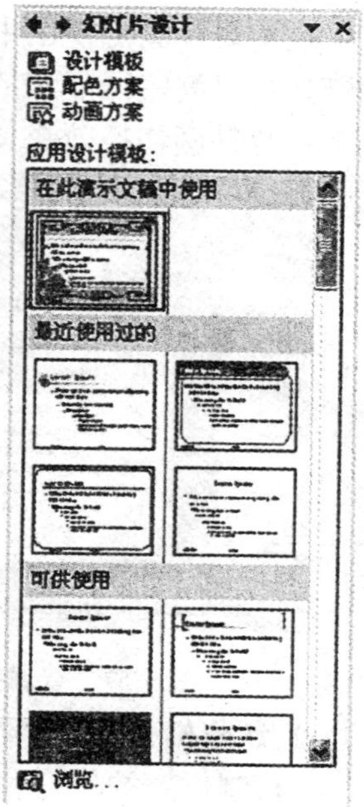

图 6.59　应用设计模板图

6.3.2　在演示文稿中插入各对象

1.插入图片

(1)插入剪贴画

利用"插入剪贴画"任务窗格可以搜索剪贴画,使用户可以快速插入剪贴画,其具体操作步骤如下：

◆ 在"插入"菜单中选择"图片"级联菜单中的"剪贴画"命令,打开"插入剪贴画"任务窗格,如图6.60所示。

◆ 在"搜索文字"文本框中输入说明剪贴画的文字。可以设定"搜索范围"和"结果类型"。

◆ 单击"搜索"按钮,即可显示搜索到的剪贴画。

◆ 在相应剪贴画上双击或单击下三角按钮,在下拉列表中选择"插入"命令,即可实现。

图 6.60　"插入剪贴画"任务窗格

图 6.61　"插入图片"对话框

(2)插入图片

◆ 显示要插入图片的幻灯片,然后在"插入"菜单中选择"图片"级联菜单中的"来自文件"命令,打开"插入图片"对话框,如图 6.61 所示。

◆ 在"查找范围"下拉列表框中选择图形所在的位置,或者在"文件名"文本框中输入文件的路径,并选择要插入的文件。

◆ 单击对话框右下角"插入"按钮旁边的下三角按钮,会弹出一个下拉列表,其中包括:插入、链接文件。

◆ 双击图片或单击"插入"按钮,可插入所需的图形文件。

2.插入表格

PowerPoint 有自己的表格制作功能,其具体的操作步骤如下:

◆ 选择"插入"菜单中的表格命令。

◆ 在对话框中输入所需的行数和列数。

◆ 单击"确定"按钮,即可插入表格。

3.插入图表

单击"插入"菜单中的"图表"命令,即可启动 Microsoft Graph,这时 Microsoft Graph 将加载和显示一个图表示例和数据表。

4.插入组织结构图

组织结构图就是用于表现组织结构的图表,它由一系列图框和连线组成,通常用来显示一个组织机构的等级和层次关系。

◆ "插入"菜单中"图片"级联菜单中组织结构图选项,如图 6.62 所示。

◆ 双击组织结构图占位符,打开"图示库"对话框,选择一个组织结构图,然后单击"确定"按钮,就为该幻灯片创建了一个基本的组织结构图。

◆ 用户可以根据自己的需要编辑和设置图表格式等操作。

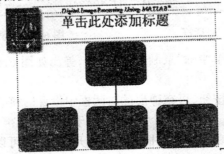

图 6.62 创建包含组织结构图的新幻灯片

5.绘制图形对象

与 Word 中操作一致。

6.插入与设置多媒体对象

在幻灯片中不仅可以插入各种图形、图片,还可以添加多媒体效果,如插入剪辑库中的影片,插入外部文件的影片、CD 音乐,录制旁白等。插入多媒体效果后的幻灯片将更为生动有趣。

(1)插入剪辑库中的影片

◆ 在幻灯片窗格中,打开要插入影片的幻灯片。

◆ 在"插入"菜单中选择"影片和声音"级联菜单中的"剪辑管理器中的影片"命令,打开"插入剪贴画"任务窗格。

◆ 查找所需的影片,单击影片旁边的下三角按钮,选择下拉列表中的"预览/属性"选项可打开对话框预览影片,如图6.63所示。

◆ 选择好影片后单击它即可将其添加到幻灯片中。

◆ 根据需要,从弹出的对话框中选择是否自动播放影片。

(2)插入外部文件的影片

类似于插入剪辑库中的影片,只是选择相应的"影片和声音"级联菜单中的"文件中的影片"。

(3)其他

插入声音、CD音乐的操作与插入影片操作基本相同。

(4)录制旁白

◆ 选择要开始录制的幻灯片图标或缩略图。

图6.63 "预览/属性"对话框 　　　　图6.64 "录制旁白"对话框

◆ 选择"幻灯片放映"菜单中的"录制旁白"命令,弹出如图6.64所示的录制旁白对话框,显示当前的录制质量信息。

◆ 单击"设置话筒级别"按钮,可在弹出的对话框中设置话筒的级别。

◆ 单击"更改质量"按钮,弹出另一个对话框,用于设置录制声音的位数和声道等。

◆ 如果要作为嵌入对象在幻灯片上插入旁白并开始记录,可以单击"确定"按钮。如果要作为链接对象插入旁白,可以选中"链接旁白"复选框,再单击"确定"按钮。

◆ 如果目前显示的幻灯片不是第一张幻灯片,将弹出对话框,询问用户选择开始录制旁白的位置。

◆ 运行幻灯片放映,即可通过话筒来添加旁白。

◆ 在幻灯片放映结束后,将会弹出一个对话框,询问用户是否需要保存幻灯片的排练时间。

◆ 如果要运行没有旁白的幻灯片放映,可在"幻灯片放映"菜单选择"设置幻灯片"命令,在弹出的对话框中选中"放映时不加旁白"复选框即可。

6.3.3　打印演示文稿

打印演示文稿时,可以选择彩色或黑白打印整份演示文稿、幻灯片、大纲、演讲者备注及观众讲义。

1.页面设置

单击"文件"菜单中的"页面设置"命令,则弹出如图 6.65 所示的对话框。在其中设置幻灯片大小、方向及备注、讲义和大纲的方向、幻灯片编号起始值。

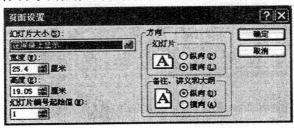

图 6.65　"页面设置"对话框

2.打印

◈ 单击"文件"菜单中的"打印"命令,弹出"打印"对话框,如图 6.66 所示。

◈ 在"打印范围"下的"幻灯片"框中,输入要打印的幻灯片或页码。

◈ 在"打印内容"框中选择要打印的项目,如讲义,此时可以设置在每页中打印幻灯片的片数(如 6)。

◈ 设置完其他内容后,单击"确定"按钮。

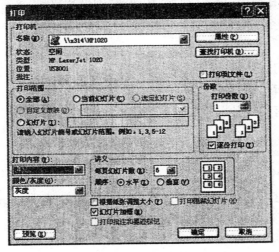

图 6.66　打印对话框

6.3.4　设计和放映

1.放映

在任何一种视图中,单击 PowerPoint 应用窗口左下角视图工具栏中的"幻灯片放映"命令按钮(▦),即可进入幻灯片放映视图,并从当前幻灯片开始演示。此时幻灯片是以全屏幕方式显示,且一直保存在屏幕上,单击鼠标按钮,可切换到下一张幻灯片演示。

用户可以利用"幻灯片放映"菜单中的"设置放映方式"命令,屏幕上弹出如图6.67所示的"设置放映方式"对话框。选择要演示的幻灯片的范围和幻灯片切换方式。然后,选择"幻灯片放映"下拉菜单中的"观看放映"命令,即可进入幻灯片放映视图。

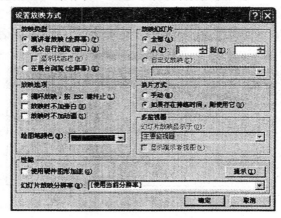

图6.67 "设置放映方式"对话框

2.设置幻灯片的切换效果

幻灯片的切换效果是指前后两张幻灯片进行切换的方式。为了让演示的形式更加生动形象,别开生面,PowerPoint还为用户提供了几十种特殊切换效果。

◆ 在幻灯片浏览工具栏中,单击"切换"按钮或"幻灯片放映"菜单中的"幻灯片切换"命令,打开"幻灯片切换"任务窗格,如图6.68所示。

◆ 从"应用于所选幻灯片"列表中选择切换效果。

◆ 设置"速度"、"声音"和"换片方式"。

◆ 单击"应用于所有幻灯片",将切换效果应用于演示文稿的所有幻灯片中。

图6.68 切换方式下拉列表

3.设置动作按钮

用户可以将某个动作加到演示文稿中。

◆ 打开要建立动作按钮的幻灯片。

◆ 在"幻灯片放映"菜单中选择"动作按钮"命令,将弹出其级联菜单,如图6.69所示。

◆ 在弹出的级联菜单中,单击一种动作按钮。在幻灯片中按住鼠标左键,拖出想要按钮的大小,然后释放鼠标左键,就在幻灯片上放置了一个按钮,并打开如图6.70所示的"动作设置"对话框。可设置单击鼠标执行动作的方式和鼠标移过执行的方式。

◆ 单击"超链接到"单选按钮,然后在其下拉列表中选择链接到的目标选项。

◆ 单击"运行程序"单选按钮,再单击"浏览"按钮,弹出"选择一个要运行的程序"对话框,从中选择一个要运行的程序。

◆ 选择一个程序后,单击"确定"按钮,即可建立一个用来运行外部程序的动作按钮,并返回到"动作设置"对话框。

◆ 单击"确定"按钮,即可完成动作按钮的设置。

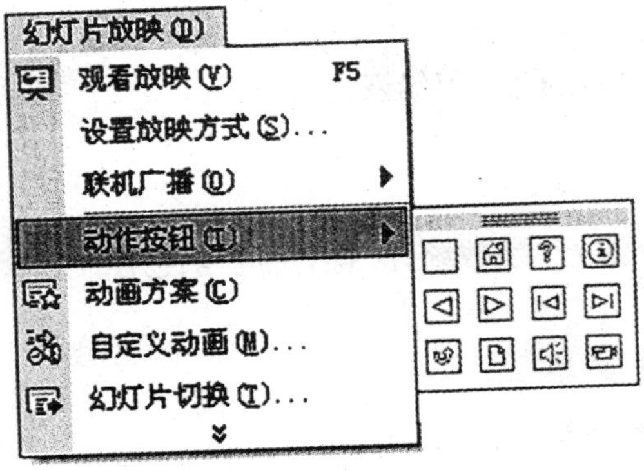

图 6.69 "动作按钮"的级联菜单 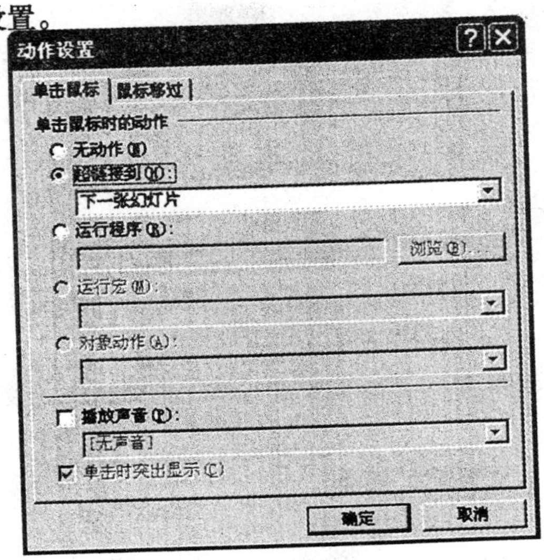　　　　图 6.70 "动作设置"对话框

小　结

办公自动化是计算机应用的一大领域,正是由于计算机技术的引入,使得现代办公系统发生了革命性的变化,而这其中,office 2003 的组件是最具代表性的应用软件。Word 2003 的图文混排及所见即所得的能力,使得它成为最常用的排版工具软件之一。Excel 的统计报表和图表公式等功能,使得它能应用于各单位的数据统计,从而为决策提供依据。而 PowerPoint 2003 则能够轻松制作各种漂亮的幻灯片,提供了强大的演示功能。

习　题

一、选择题

1._____ Word 文档是指在 Word 中建立、输入、保存、打开和关闭文档的过程。

　　A. 创建　　　　B. 编辑　　　　C. 设置　　　　D. 操作

2._____ Word 文档是指在 Word 中对文档进行"增、删、改、移"的操作。

　　A.创建　　　　B. 编辑　　　　C. 设置　　　　D. 操作

3.在打印管理器中可以看到打印_____状况,并能改变该状况。

　　A. 设置　　　　B.编辑　　　　C.队列　　　　D. 操作

4.复制对象的方法是选中要复制的对象,再同时按"Ctrl + C"键,打开目标文件窗口,选中插入点,再同时按"Ctrl + _____"键,在目标文件窗口就产生复制对象。

　　A. X　　　　B.Z　　　　C. V　　　　D.C

5.移动对象的方法与复制对象的方法类似,不同之处是把"复制"命令变为"剪切"命令(按"Ctrl +_____"键)。

    A. X   B. Z   C. V   D. C

6.恢复(刚刚被删除)对象的方法是按"Ctrl +_____"键。

    A. X   B. Z   C. V   D. C

7.在 Word 的编辑状态,选择了当前文档中的一个段落,进行"清除"操作(或按 Del 键),则_____。

    A.该段落被删除且不能恢复   B. 该段落被删除,但能恢复

    C.能利用"回收站"恢复被删除的该段落

    D. 该段落被移到"回收站"内

8.在 Word 的编辑状态,对当前文档中的文字进行"字数统计"操作,应当使用的菜单是_____。

    A."编辑"菜单   B."文件"菜单

    C."视图"菜单   D."工具"菜单

9.在 Excel 2003 工作表中,以下所选单元格区域可表示为_____。

    A. B1:C5   B. C5:B1   C. C1:C5   D. B2:B5

10.一个 Excel 工作簿中,最多可以有(   )张工作表。

    A.6   B.3   C.255   D.256

11.在 Excel 工作表中,日期型数据"2001 年 12 月 21 日"的正确输入形式是_____。

    A.21 – 12 – 2001   B.21.12.2001

    C.21,12,2001   D.21:12:2001

12.在 Excel 的工作表中,若在行号和列号前加 $ 符号,代表绝对引用。绝对引用工作表 Sheet2 的从 A2 到 C5 区域的公式为_____。

    A.Sheet2! A2:C5   B.Sheet2! $A2:$C5

    C.Sheet2! $A$2:$C$5   D.Sheet2! $A2:C5

13.在 Word2003 中,可用于计算表格中某一数值列平均值的函数是_____。

    A. Average()   B. Count()   C. Abs()   D. Total()

14.在 Excel 2003 工作表中,单元格的内容如下,将 C3 单元格的公式复制到 D4 单元格中,D4 单元格中的数值为_____。

    A.14   B.16   C.19   D.21

15.在 PowerPoint2003 中,若为幻灯片中的对象设置"飞入",应选择对话框是_____。

    A.自定义动画   B.幻灯片版式   C.自定义放映   D.幻灯处放映

二、填空题

1.Microsoft Office 2003 的三个主要组件为 Word 2003、_____和 Excel 2003。

2.选定要移动或复制的文本,为移动文本,在"编辑"菜单中执行"剪切"命令,或按_____键,把选择的文本从文档中删除并置于剪贴板内。

3.Excel 电子表格的单元格可以识别输入数据的性质,并按数据管理规则自动显示排列状态,即:_____。

三、简答题

1.什么是字处理? 字处理的功能有哪些?

2.打开和关闭 Word 2003 等软件有哪些方法?

3.请简述 Excel 在处理运算方面有哪些方法?

4.通过本章课程的学习,结合平时使用 Office 软件的情况,试分别用三个组件各完成一个实例。

第7章 计算机网络及应用

本章重点：计算机网络的体系结构，计算机网络的功能及在现代信息社会中的作用。

本章难点：Internet 与 TCP/IP 协议。

在当今信息化的时代，世界已经成了一个高度流动的世界，生活在这个世界上的人们对信息的收集、存储、处理和交换以及共享的需求无疑也急剧上涨，同时要求信息传递应尽量快速和及时，计算机网络为满足这种需求提供了保证。20 世纪 90 年代是计算机网络化的时代已经是事实，网络化的计算环境也越来越被人们所接受并且将成为 21 世纪发展的必然趋势。计算机网络的普及与应用正向全人类展开其新的一页。本章主要讲述计算机网络的基本体系结构、计算机网络的发展历史、Internet 协议及服务、局域网基础知识及网站创建的基本技术等。

7.1 数据通信

计算机网络涉及计算机技术和通信技术两个领域，而数据通信技术是计算机网络系统的基础之一。概括地说，计算机网络是通过各种通信手段相互连接起来的计算机组成的系统。了解数据通信的一些基础知识有助于进一步学习计算机网络知识。

7.1.1 数据通信的定义

1.数据通信的定义

数据通信的定义是：依据通信协议，利用数据传输技术在两个功能单元之间传递数据信息的技术。它可实现计算机和计算机、计算机和终端以及终端与终端之间的数据信息传递，是继电报、电话业务之后的第三种最大的通信业务。

计算机间的通信和普通的电话间的通信有着显著的区别。首先，计算机通信系统中发送和接收的是数字信号，而电话通信中发送和接收的是模拟信号；其次，计算机间的通信增加了信号变换的设备，例如调制解调器，通过它可以在模拟信号上传递数字数据，并且可以发现或纠正传输中的错误；第三，在计算机间的通信中，接收到的数据和发送到的数据通常是完全一致的，而在电话通信中，接收的却是变了样的原始信号的仿制品。

数据通信系统一般结构模型包括数据终端设备（DTE，Data Terminal Equipment）、通信控制器、信道和信号变换器。

数据终端设备 DTE 是数据的出发点和目的地。数据输入输出设备、通信处理机和计算机属于 DTE 的范围。DTE 根据协议控制通信的功能。

负责 DTE 和通信线路连接的通信控制器,主要完成数据缓冲、速度匹配、串并转换等。如微机内部的异步通信适配器、数字基带网中的网卡就是通信控制器。

信道是传输信号的通道,可以是有线的、无线的传输媒体。信道一般用来表示向某一个方向传送信息的媒体,一条通信电路往往包含一条发送信道和一条接收信道。

信号变换器的功能是把通信控制器发出的信号转换成适合于在信道上传输的信号,或者相反,把从信道上接收的信号转换成通信控制器所能接受的信号。如调制解调器、光纤通信网中的光电转换器都是信号变换器。

2.数据通信基本概念

在数据通信系统中,最重要的概念就是信息、数据和信号。

通信的目的就是交换信息。这里所说的信息就是人们对现实世界事物存在方式或运动状态的某种认识。信息的表示形式多种多样,可以是数值、文字、图形、声音、图像和动画等,这些信息的表现形式通常被称为数据。所以数据可以定义为是把事物的某些属性规范化后的表现形式,它能被识别,也可以被描述。

数据可以分为模拟数据和数字数据两种。信号是数据的物理表现,具有确定的物理描述,信号可以是模拟的或数字的。模拟信号是在一定的数值范围内可以连续取值的信号,是一种连续变化的电信号,如声音信号是一个连续变化的物理量,这种电信号可以按照不同频率在各种不同的介质上传输。数字信号是一种离散的脉冲序列,它取几个不连续的物理状态来代表数字,最简单的离散数字是二进制数字 0 和 1,它们分别由信号的两个物理状态(如低电平和高电平)来表示。利用数字信号传输的数据,在受到一定限度内的干扰后是可以被恢复的。

模拟数据和数字数据都可以用模拟信号或数字信号来表示,因此,无论信号源产生的是模拟数据还是数字数据,在传输过程中都可以用适合于信道传输的某种信号形式来传输。模拟数据是时间的函数,并占有一定的频率范围,即频带。这种数据可以直接用占有相同频带的电信号(即模拟信号)来表示进行传送,即模拟数据可以用模拟信号传送。模拟数据也可以用数字信号来表示。

数字数据可以用数字信号传送。但为了改善其传送质量,一般先对二进制数据进行编码。数字数据也可以用模拟信号来表示,即数字信号可以用模拟信号传送。此时要利用调制解调器 Modem 将数字数据转换为模拟信号,使之能在适合于模拟信号的信道上传输,这就是信号的调制。接收到的模拟信号,需要经过调制解调器还原成数字数据,才能由计算机存储、处理,这个过程叫做解调。因此调制解调器具有调制和解调两方面的功能,且必须在数据传输双方成对使用。

模拟传输只传输模拟信号,为扩大传输距离,在模拟传输系统内,一般都用放大器以提高信号的能量,因此在传输过程中,信号会发生畸变,产生失真。数字传输既可传输数字信号,也可传输模拟信号;数字传输系统通过使用中继器来扩大传送距离,不会累积噪声,传输误差小。

7.1.2　通信信道

通信信道是指在各个系统之间或一个系统的各组成部分之间用来传递数据的信息路径及其相联系着的各种通信线路(可以采用各种传输媒体)。传输媒体是连接通信设备,为通信设备之间提供信息传输的物理通道,是信息传输的实际载体。计算机之间的通信主要有两种连接方式:有线和无线。有线通信信道主要采用双绞线(电话线)、同轴电缆和光纤媒体,而无线通信信道可以使用微波、卫星等媒体。

通信过程中采用何种传输媒体取决于以下诸因素:网络拓扑的结构、实际需要的通信容量、可靠性要求、能承受的价格范围等。因此选择何种传输媒体进行通信连接需要对各种传输媒体有所了解。

1.双绞线

双绞线,又称双扭线,是通信、网络中最常用的一种传输媒体。日常生活中经常可以看到的电话线就是由双绞线电缆组成的。双绞线由两根具有绝缘保护层的铜导线组成。把两根绝缘的铜导线按一定密度互相绞在一起,可降低信号干扰的程度。双绞线是传统的传输语音和数字信号的标准媒体。

由于双绞线是铜质线芯,故其传导性能良好,它可用于传输模拟信号和数字信号。双绞线既可以用于点到点的连接,也可以用于多点的连接。局域网的双绞线主要用于一个建筑物内或几个建筑物内,在 100 kbps 速率下传输距离可达 1 km。

双绞线有价格优势,双绞线比同轴电缆或光导纤维都要便宜得多。但与同轴电缆相比,其带宽受到限制。对于在低通信容量的局域网来说,双绞线的性价比可能是最好的。但现在正逐步被更先进的技术和可靠的媒体所替代。

2.同轴电缆

同轴电缆是一种高频率的传输电缆,它用一根实心铜芯线替代多对电话双绞线。同轴电缆是由一根空心的外圆柱导体及其所包围的单根导线组成。

单根同轴电缆的直径约为 1.02～2.54 cm,可在较宽的频率范围内工作。同轴电缆适用于点到点和多点连接。典型基带电缆的最大距离限制在几公里,宽带电缆可以达到几十公里,取决于模拟信号还是数字信号。安装同轴电缆的费用要比双绞线高,但比光导纤维便宜。对大多数的局域网来说,在连接设备较多而且通信容量相当大时,可以选择同轴电缆,价格相对合理。

3.光纤

光纤是数据传输中最有效的一种传输媒体。由于光纤通信系统具有传输频带宽、通信容量大、线路损耗低、传输距离远、抗干扰能力强、线径细、重量轻、光纤制造资源丰富等优点,在现代通信中得到广泛的使用。光纤通常是用石英玻璃制成的横截面积很小的双层同心圆柱体,也称为纤芯。数据在石英玻璃管中以光脉冲形式进行传输。按照电话连接数,光纤传输容量是双绞线的 26 000 倍。

光纤的数据传输率可达 Gbps 级,传输距离达数十公里,可以在 6～8 km 的距离内不用中继器传输,因此光纤适合于在几个建筑物之间通过点到点的链路连接局域网。同时,光纤不受噪声或电磁影响,适宜在长距离内保持高数据传输率,而且能够提供良好的安全性。造价和所需部件(发送器、接收器、连接器)费用比双绞线和同轴电缆要高。光纤的价格将随着工程技术的进步会大大下降,但双绞线和同轴电缆的价格不大可能下降,使它能够具有取代同轴电缆的趋势。

4.微波

微波是无线电波的一种形式,如果电磁波频率很高,在达到一千兆赫到十几千兆赫时,可采用集中定向发射天线将电磁波集中,这就是微波通信。它是有线通信方式的补充,能快速、方便地解决有线方式不易实现的网络通信连通问题。微波通信的工作频率很高,与通常的无线电波不一样,是沿直线传播的。由于地球表面是曲面,微波在地面的传播距离有限,直接传播的距离与天线的高度有关,天线越高距离越远,但超过一定距离后就要用中继站来接力。然而,对于城市的建筑物之间和大型校园中的数据传输,微波是一种理想的载体。要进行较长距离的传输,应使用碟形卫星天线(dishes)或天线进行传播,并且要安装在高建筑上、山顶或塔顶上。而要实现更长距离的传输,则要使用中继站进行转接或下面介绍的卫星通信。

5. 卫星

卫星通信使用离地球 35 420 km(22 000 英里)、绕轨道飞行的卫星作为微波转播站。卫星以与地球精确的方位和同样的速度旋转,这使得它们像是挂在天空中的一个固定点上不动似的(称同步卫星)。由地面向卫星发送定向的微波,然后由卫星将信息转发回地面,其覆盖面可达地球表面的 1/3。如果想让地球各处都能收到该信息,那么需要围绕地球设置三颗对称角度的同步卫星。卫星返回的信息,实际上是一种散射方式的通信,这一点和微波定向通信稍有区别。地面接收时,要设锅形天线和接收设备,而且天线要始终对准通信卫星。

卫星通信能用来发送大量的数据,但是它容易受天气的影响,有时糟糕的天气能中断数据的流动。

7.1.3　数据传输

数据的传输受以下一些因素的影响:带宽、传输方式(串行还是并行)、数据流动的方向(单工还是双工)以及传输数据的模式(异步还是同步)。

1. 带宽

不同的通信信道有不同的数据传输速率,一个信道每秒钟传输比特数的能力称为带宽(Bandwidth),即带宽指的是信道中最大频率和最小频率之差,其单位是赫兹。数据传输速率是指每秒传输二进制信息的位数,单位为位/秒,记作 bps 或 b/s。

带宽与数据传输速率是成正比的,在网络技术中人们常常用"带宽"取代"数据传输速率"。数据信号传输速率越高,其有效的带宽越宽;另一方面,传输系统的带宽越宽,该系统能传送的数据传输速率就越高。单位时间内传输的信息量越大,信道的传输能力就越强,信道容量越大。提高信道传输能力的方法之一,就是提高信道的带宽。

2. 串行和并行传输

在数据通信中,按每次传送的数据位数,通信方式可分为:串行通信和并行通信。

(1)串行数据传输中,信息是以连续的比特流形式传输,就像汽车通过单通道的桥一样。而计算机内部处理数据是采用的并行通信。为此,数据在发送和接收前需要进行串/并转换,这样才能实现串行通讯。串行通信的特点是收、发送方只需要一条传输信道,易于实现,成本低,但速度比较低。

串行通信通过计算机的串行口得到广泛的应用,而且在远程通信中一般采用串行通信方式。串行传输是电话线上发送数据的常用方法,外置式调整解调器通过串行口连接到微型计算机,常用的串行口为 RS-232C 连接器和异步通信端口。

(2)并行数据传输中,比特通过分开的多个线路同时传输,就像汽车以同样的速度在多车道的高速公路上同时行驶。并行通信的优点是速度快,但需要发送端与接收端之间有若干条线路,费用高,仅适合于近距离和高速率的传输。并行数据传输,在计算机内部总线以及并行口通信中已经得到广泛应用。并行传输的典型是用于短距离通信,特别是在一块电路板上。

例如,计算机处理器与打印机的通信。

3.数据流动方向

在数据通信系统中,有3种数据流动的方向或模式。

(1)单工通信。单工通信(Simplex Communication)类似于汽车在单行道上移动,数据仅能以一个方向传输,发送方只能发送不能接收,接收方只能接收而不能发送,任何时候都不能改变信号传送方向,如无线电广播和电视都是都属于单工通信。目前,单工通信方式在数据通信系统中已很少使用。

(2)半双工通信。半双工通信(Half-duplex Communication)是指数据以两个方向流动,但是在某一时刻,只能是一个方向,即两个方向的传输只能交替进行。当改变传输方向时,要通过开关装置进行切换。半双工通信适合于会话式通信。例如,公安系统使用的"对讲机"和军队使用的"步话机"。半双工通信方式在计算机网络系统中适用于终端与终端之间的会话式通信。

(3)全双工通信。全双工通信(Full-duplex Communication)是指数据同时能实现两个方向的传输。显然,它是最有效和速度最快的双向通信形式。如现代电话通信提供了全双工传送。这种通信方式主要用于计算机与计算机之间的通信。

4.数据传输模式

数据的传输模式可分为异步和同步两种类型。

(1)异步传输模式。异步传输意味着传输的双方不需要使用某种方式来"对时",所以它并不传送很长的数据,数据是以单个字符传送的,每个字符被加上开始位和停止位,有时还会加上校验位,主要用在微型计算机中,每次发送和接收一个字节的数据。异步传输常常被用于低速的终端。它的优点是:对于发送者来说,传输的时间是任意的,其缺点是数据传输率较慢。

(2)同步传输模式。同步传输就是使接收端接收的每一位数据信息都要和发送端准确地保持同步,中间没有间断时间,主要用于传输大量的信息,它每次发送多个字节或信息块。同步传输要求通信的双方在时间上保持同步,即系统需要一个同步的时钟。它的优点是数据传输速度快,但要增加辅助的设备(如同步时钟)。

7.2 计算机网络体系结构

计算机网络体系结构描述了计算机网络是怎样架构的,包括计算机网络的定义、计算机网络的常用术语、组成计算机网络的软硬件结构和协议等内容。

7.2.1 计算机网络的定义

计算机和通信的结合,对计算机系统的组织方式产生了深远的影响。一家拥有几十甚至成百上千个雇员的公司,每个员工不再用传统的纸张和软盘交换彼此的工作信息,而是通过连接在一起的计算机协同办公,并且可以共同使用一台公用的打印机;不同城市和国家的人们也不再需要几天或几周的时间来等待对方的信件,通过 Internet,几分钟就可以把电子邮件发送到地球上任意一个角落,甚至可以进行视频对话,实现面对面的交流。这样的系统被称为"计算机网络"。

对计算机网络这个概念的理解和定义,人们提出过各种不同的观点,这是由于受不同时期的限制和侧重点不同所致,但定义的核心内容是一致的。一般可按如下进行定义:计算机网络,就是利用通信设备和线路,将地理位置不同的、功能独立的多个计算机系统互连起来,以功能完善的网络软件(即网络通信协议、信息交换方式、网络操作系统等)实现网络中资源共享和信息传递的系统。

这个定义中包含了三重意思:首先,计算机网络是由功能独立的计算机系统互连起来的,也就是说,这些计算机都有自己的 CPU 和操作系统,离开网络仍然能独立运行与工作的,但这些功能独立的计算机,以及其上运行的操作系统可以是任意类型的;其次,这些计算机是依靠通信设备和线路相互连接的,连接所使用的通信方式各有不同,距离可远可近,信息在传输过程中所使用的传输方式和速率也可以不同;最后,计算机连接的主要目的是资源共享和信息传递。

7.2.2　术语

在了解计算机网络时,首先需要熟悉描述计算机网络的常用术语。

(1)节点(Node):节点是指连接到网络上的任何设备,它可以是有处理功能的计算机、路由器等设备,也可以是打印机、存储设备等辅助设备。

(2)主机(Host):传统意义上的主机通常是指一个大型的中心计算机,也就是主要用于科学计算和数据处理的计算机系统。而现在人们把主机认为是 Internet 上具有固定 IP 地址的计算机。主机可以是一台个人计算机或工作站,也可以是小型机甚至是大型机。

(3)客户端(Client):客户端是一个连接入网的节点,该节点可以请求和使用来自其他节点的资源。通常,客户端的计算机性能要求不是很高,视实际需要而定。

(4)服务器(Server):服务器也是一个连接入网的节点,它主要负责提供资源和服务。根据共享资源的性质,服务器可称为文件服务器、打印服务器、通信服务器、Web 服务器、数据库服务器等。服务器一般要求使用的计算机系统比较高。

(5)网络操作系统(NOS,Network Operating System):微型计算机操作系统用于用户或应用程序和计算机硬件之间的交互,而网络操作系统除完成单机操作系统功能外,用于控制和协调网络上计算机的活动,这些活动包括处理网络请求、分配网络资源、提供用户服务以及监视和管理网络活动等,以保证网络上的计算机能方便而有效地共享资源。

(6)分布式处理(Distributed Processing):在一个分布式处理系统中,计算机的系统和资源分布于不同位置。这种类型系统通常用于地理分散的公司中,该公司应具有许多独立办公的计算机,这些计算机通过网络连接到公司的中央大型计算机上实现共享。

7.2.3　计算机网络的结构

计算机网络的软硬件与配置构成了计算机网络结构的全部,本节讨论计算机网络的硬件体系、拓扑结构、软件体系以及配置计算机网络的策略。

1.计算机网络的组成

计算机网络首先是一个通信网络,各计算机之间通过通信媒体、通信设备进行数字通信,在此基础上,各计算机可以通过网络软件共享其他计算机上的硬件资源、软件资源和数据资源。

从计算机网络各组成部件的功能来看,各部件主要完成两种功能,即网络通信和资源共享。为了降低组网的复杂程度,减少工作量和方便异种机的互联,把计算机网络中实现网络通信功能的设备及其软件的集合称为网络的通信子网,而把网络中实现资源共享功能的设备及其软件集合称为资源子网,还有为在主机之间或主机和子网之间通信而产生的协议。为此,可把一个计算机网络分成3个组成部分:资源子网、通信子网和一系列的协议。

资源子网由主机、终端、终端控制器、联网外设、各种软件资源和信息资源等组成。资源子网负责全网的数据业务处理,向网络用户提供各种网络资源与网络服务。主机是资源子网的主要组成单元,它通过高速通信线路与通信子网的通信控制处理机相连接。

通信子网由通信控制处理机、通信线路与其他通信设备组成,完成网络数据传输、转发等通信任务。通信控制处理机在网络拓扑结构中被称为网络节点。一方面,它作为与资源子网的主机、终端的连接的接口,将主机和终端连入网内;另一方面,它又作为通信子网中的分组存储转发节点,完成分组的接收、校验、存储、转发等功能。

2.计算机网络的拓扑结构

一个网络能用不同的结构进行安排和配置,这种安排或配置称为网络的拓扑结构(Topology),也就是计算机网络中的各个节点(计算机、通信设备等)之间连接的结构。网络的拓扑结构对整个网络的设计、网络功能、网络可靠性、费用等方面有着重要的影响。最常用的计算机网络拓扑结构有:星型拓扑结构、环型拓扑结构、总线型拓扑结构和网状拓扑结构。

(1)星型拓扑结构。迄今为止,计算机网络中最常用的是星型拓扑结构。星型拓扑结构网络将单个的计算机连接到一个中心设备,如集线器或交换器。当从一台计算机向另一台计算机发送信息时,信息先从中心设备通过然后再送到响应的计算机中。控制是通过轮询完成的,即中心设备询问每一个连接设备是否有信息发送,被询问设备进而被允许发送它的信息(图7.1)。星型拓扑结构的特点是结构简单,建网、扩充、管理、控制和诊断维护容易;但可靠性差,分布式处理能力差,电缆长度大。

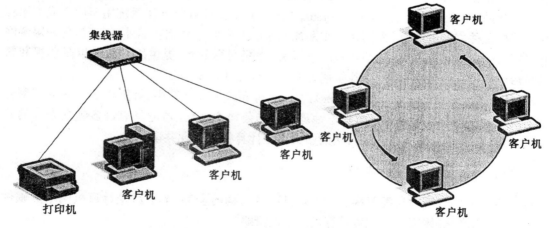

图 7.1 星型拓扑结构　　　　　　　　　　图 7.2 环型拓扑结构

(2)环型拓扑结构。环型拓扑结构是将单个的点到点链路按环型排列而成。每一个与环相接的节点都有一个输入端和一个输出端,所以每个节点都与两条链路相连。一个确定设备的输入端接到的信号经过每个节点的中继器立刻不经缓冲传送到输出端。这样,数据在一些环上只沿一个方向传输(图7.2)。各节点都能将新比特流放到环上以发送信息,而当有信息传给该节点时,它也能够在比特流经过时将比特流复制下来。

　　环型拓扑结构较少用于微型计算机的联网,它主要用来连接大型计算机,特别适用于区域较广范围内的大型计算机自主操作,主要完成自动处理,只是偶尔共享其他大型计算机的数据和程序。也就是说,计算机在不同的位置处理各自的任务的同时,它也能共享其他计算机的程序、数据和资源。

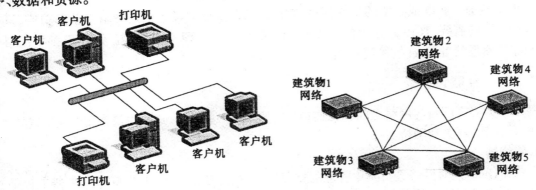

图 7.3　总线型拓扑结构　　　　　　　图 7.4　网状拓扑结构

　　(3).总线型拓扑结构。总线型拓扑结构中每一个设备都能独自处理各自的通信控制,网中没有所谓的主机或大型计算机。总线指的是所有设备连接的共同电缆,网上通信的所有信息都沿着这一电缆(即总线)传输(图 7.3)。当信息沿着总线传播时,每一个设备都会检查通过的信息。

　　当仅仅是少量的微型计算机需要连接在一起时,总线拓扑结构是首选方式。这种结构可以使得不同的微型计算机之间进行 E-mail 的收发和共享存储的数据。总线在共享共同资源时没有星型网络效率高(这是因为总线网络不是直接连接到资源),但由于价格便宜,因此也是一种常用的连接方法。

　　(4)网状拓扑结构。容错能力最强的网络拓扑结构是网状拓扑结构。网络上的每个节点与其他节点之间有 3 条以上的直接线路连接,节点之间的连接是任意的、无规律的(图 7.4)。网状拓扑的优点是系统可靠性高,如果有一条链路发生故障,网络的其他部分仍可正常运行,网状拓扑的缺点是结构复杂,建设费用高,布线困难。通常,网状拓扑结构用于大型网络系统和公共通信骨干网。

3.计算机网络的协议

　　通过通信信道和设备互连起来的多个不同地理位置的计算机系统,要使其能协同工作,并实现信息交换和资源共享,它们之间必须具有共同的语言。交流什么、怎样交流及何时交流,都必须遵循某种互相都能接受的规则。

　　网络协议(Protocol)是为进行计算机网络中的数据交换而建立的规则、标准或约定的集合。协议总是指某一层协议,准确地说,它是为同等实体之间的通信制定的有关通信规则约定的集合。

　　当不同类型的微型计算机连接成网络时,协议的内容将更多、更复杂。显然,为了使得这种连接能正常工作,连接到网上的各个不同类型的微型计算机必须遵循一定的标准,即标准化的协议。第一个商业化的协议标准是 IBM 公司的 SNA(System Network Architecture),但是该协议仅能用于 IBM 公司自己生产的设备,其他机器不能与它们实现正常的通信。

国际标准化组织 ISO(International Standardization Organization)于 1981 年制定了一套通信协议,称为开放系统互联(open systems interconnection,OSI)参考模型。该模型的目标是希望所有的网络系统都向此标准靠拢,消除不同系统之间因协议不同而造成的通信障碍,使得在互联网范围内,不同的网络系统可以不需要专门的转换装置就能够进行通信。

TCP/IP 是另一种既成事实的工业标准,它同样按照分层的概念描述网络复杂的功能,只不过根据实际的需要,TCP/IP 参考模型所定义的层次数少于 OSI 参考模型。TCP/IP 参考模型是人们非常熟悉的 Internet 的协议标准。

7.2.4 互联设备

网络中为实现网络与网络之间相互连接时需要用到一些设备,这之中最常用的是集线器、交换机、路由器、网关和网桥。

1.集线器

集线器(hub)是对网络进行集中管理的重要工具,根据 IEEE 8Q2.3(国际电子电器工程师协会 S 42 委员会)协议,集线器的功能是随机选出某一端口的设备,并让它独占全部带宽,与集线器的上联设备(交换机、路由器等)进行通信。

集线器只是一个多端口的信号放大设备,当一个端口接收到数据信号时,由于信号在从源端口到集线器的传输过程中已有衰减,所以集线器便将该信号进行整形放大,使衰减的信号再生到发送时的状态,紧接着转发到其他所有处于工作状态的端口。另外,集线器只与它的上联设备进行通信,处于同层的各端口之间不直接进行通信,而是通过上联设备再将信息广播到所有端口上。

集线器有共享式和交换式两种。共享式集线器是多个用户共享一个出口,因此当一个用户使用此出口时,其他用户必须等待,而交换式集线器则可以不必等待。

2.交换机

用集线器组成的网络称为共享式网络,而用交换机组成的网络称为交换式网络。对于中小企业,如果选用以太网、快速以太网、千兆以太网作为联网技术,则应选择以太网交换机作为交换设备。而在较大范围内,也有选用 ATM 交换机的。

交换机有两种工作方式:一种是直接通过(cut through),当信息包进入交换器以后,交换器只检查目的地址,所以这种方式速度较快;另一种方式是存储转发(store and forward),这种方式需要在信息包转发之前接收和分析信息包,因而速度较慢。也有同时采用两种方法进行交换的混合交换器。

3.路由器

路由器主要用于连接复杂的大型网络,它工作于网络层,因而可以用于连接下面三层(网络层、数据链路层、物理层)执行不同协议的网络。协议的转换由路由器完成,从而消除了网络层协议之间的差别。由于路由器工作于网络层,它处理的信息量比网桥要多,因而处理速度比网桥慢。但路由器的互联能力强,可以执行复杂的路由选择算法。在具体的网络互连中,采用路由器还是采用网桥,取决网络管理员的需要和具体的网络环境。

4.网关和网桥

网关是一种将不同网络体系结构的计算机网络连接在一起的设备。网桥则是连接相同网络体系结构的计算机网络的设备。

　　网关工作在 OSI 的高三层(会话层、表示层和应用层),它用于连接网络层之上执行不同协议的子网,以组成异构的互联网。网关具有对不兼容的高层协议进行转换的功能。例如,使用 Netware 的 PC 工作站和 SNA 网络互连,两者不仅硬件不同,而且整个数据结构和使用的协议都不同,为了实现异构设备之间的通信,网关要对不同的传输层、会话层、表示层、应用层协议进行翻译和变换。

　　网桥用于连接两个局域网络段,但它是在数据链路层连接两个网。网间通信从网桥传送,而网络内部的通信被网桥隔离。网桥检查帧的源地址和目的地址,如果目的地址和源地址不在同一个网络段上,就把帧转发到另一个网络段上;若两个地址在同一个网络上,则不转发,所以网桥能起到过滤帧的作用。网桥的帧过滤特性很有用,当一个网络由于负载很重而性能下降时,可以用网桥把它分成两个网络段并使得段间的通信量保持最小。例如,把分布在两层楼上的网络分成每层一个网络段,段间用网桥连接,这样的配置可最大限度地缓解网络通信繁忙的程度,提高通信效率。

7.3　计算机网络的发展历史

　　随着计算机的普及,计算机网络正以前所未有的速度向世界上的每一个角落延伸。自 20 世纪 60 年代以来,人们就不断进行计算机技术与通信技术的结合研究,并取得了巨大的成功,逐渐形成了现代的计算机网络技术,并不断地向前发展。

7.3.1　计算机网络的发展

　　计算机网络的发展历史不长,但速度很快。它和其他事物的发展一样,也经历了从简单到复杂,从低级到高级的过程。计算机网络从产生到发展,总体来说可以分成 4 个阶段。

　　第 1 阶段:20 世纪 60 年代末到 20 世纪 70 年代初,为计算机网络发展的萌芽阶段。其主要特征是:为了增加系统的计算能力和资源共享,把小型计算机连成实验性的网络。第一个远程分组交换网叫 ARPAnet,是由美国国防部于 1969 年建成的,第一次实现了由通信网络和资源网络复合构成计算机网络系统。标志着计算机网络的产生,ARPAnet 是这一阶段的典型代表。

　　第 2 阶段:20 世纪 70 年代中后期,是局域网络(LAN)发展的重要阶段。其主要特征为:局域网络作为一种新型的计算机体系结构开始进入产业部门。局域网技术是从远程分组交换通信网络和 I/O 总线结构计算机系统派生出来的。1976 年,美国 Xerox 公司的 Palo Alto 研究中心推出以太网(Ethernet),它成功地运用了夏威夷大学 ALOHA 无线电网络系统的基本原理,使之发展成为第一个总线竞争式局域网络。1974 年,英国剑桥大学计算机研究所开发了著名的剑桥环局域网(Cambridge Ring)。这些网络的成功实现,一方面标志着局域网络的产生,另一方面,它们形成的以太网及环网对以后局域网络的发展起到导航的作用。

　　第 3 阶段:20 世纪 80 年代,是计算机局域网络的发展时期。其主要特征是:局域网络完全从硬件上实现了 ISO 的开放系统互联通信模式协议的能力。计算机局域网及其互连产品的集成,使得局域网与局域互连、局域网与各类主机互连,以及局域网与广域网互连的技术越来越成熟。综合业务数据通信网络(ISDN)和智能化网络(IN)的发展,标志着局域网络的飞速发展。1980 年 2 月,IEEE(美国电气和电子工程师学会)下属的 802 局域网络标准委员会宣告成立,并相继提出 IEEE 801.5～802.6 等局域网络标准草案,其中的绝大部分内容已被国际标准化组织(ISO)认可,并作为局域网络的国际标准,它标志着局域网协议及其标准化的确定,为局域网的进一步发展奠定了基础。

第4阶段:20世纪90年代初至现在,是计算机网络飞速发展的阶段。其主要特征是:计算机网络化,协同计算能力发展以及全球互联网络(Internet)的盛行。计算机的发展已经完全与网络融为一体,体现了"网络就是计算机"的口号。目前,计算机网络已经真正进入到了社会各行各业,为社会各行各业所采用。另外,虚拟网络 FDDI 及 ATM 技术的应用,使网络技术蓬勃发展并迅速走向市场,走进平民百姓的生活

7.3.2 计算机网络的分类和使用

计算机网络的分类标准有许多种,可按覆盖范围分类、网络协议分类、计算机在网络中的地位分类、传输介质的不同及利用方式分类等。不同的分类标准能得到不同的分类结果,本节将介绍两种不同标准的计算机网络分类。

1.按计算机网络的覆盖范围分类

按计算机网络的覆盖范围来分类,可以将计算机网络分为局域网、城域网、广域网和互联网 4 种。

(1)局域网(LAN,Local Area Network)。通常我们常见的"LAN"就是指局域网,这是我们最常见、应用最广的一种网络。现在局域网随着整个计算机网络技术的发展和提高得到充分的应用和普及,几乎每个单位都有自己的局域网,有的甚至家庭中都有自己的小型局域网。很明显,所谓局域网,那就是在局部地区范围内的网络,它所覆盖的地区范围较小。局域网在计算机数量配置上没有太多的限制,少的可以只有两台,多的可达几百台。一般来说,在企业局域网中,工作站的数量在几十到 200 台次左右。在网络所涉及的地理距离上,一般来说,可以是几米至 10 km 以内。局域网一般位于一个建筑物或一个单位内,不存在寻径问题,不包括网络层的应用。

这种网络的特点就是:连接范围窄、用户数少、配置容易、连接速率高。目前局域网最快的速率要算现今的 10G 以太网了。

(2)城域网(MAN,Metropolitan Area Network)。这种网络一般来说是在一个城市,但不在同一地理小区范围内的计算机互联。这种网络的连接距离可以在 10～100 km,它采用的是 IEEE 802.6 标准。MAN 与 LAN 相比,可以扩展的距离更长,连接的计算机数量更多,在地理范围上可以说是 LAN 网络的延伸。在一个大型城市或都市地区,一个 MAN 网络通常连接着多个 LAN 网。由于光纤连接的引入,使 MAN 中高速的 LAN 互连成为可能。

城域网多采用 ATM 技术作骨干网。ATM 是一个用于数据、语音、视频以及多媒体应用程序的高速网络传输方法。ATM 包括一个接口和一个协议,该协议能够在一个常规的传输信道上,在比特率不变及变化的通信量之间进行切换。ATM 也包括硬件、软件以及与 ATM 协议标准一致的介质。ATM 提供一个可伸缩的主干基础设施,以便能够适应不同规模、速度以及寻址技术的网络。ATM 的最大缺点就是成本太高,所以一般多用于政府级的城域网络建设,如邮政、银行、医院等。

(3)广域网(WAN,Wide Area Network)。这种网络也称为远程网,所覆盖的范围比城域网(MAN)更广,它一般是在不同城市之间的 LAN 或者 MAN 网络互联,地理范围可从几百公里到

几千公里。因为距离较远,信息衰减比较严重,所以这种网络一般是要租用专线,通过 IMP(接口信息处理)协议和线路连接起来,构成网状结构,解决循径问题。这种城域网因为所连接的用户多,总出口带宽有限,所以用户的终端连接速率一般较低.

(4)互联网(Internet)。互联网又因其英文单词"Internet"的谐音,又称为"因特网"。无论从地理范围,还是从网络规模来讲它都是最大的一种网络。从地理范围来说,它可以是全球计算机的互联,这种网络的最大的特点就是不定性,整个网络的计算机每时每刻随着人们网络的接入在不变的变化。但它的优点也是非常明显的,就是信息量大,传播广,无论你身处何地,只要联上互联网你就可以对任何可以联网用户发出你的信函和广告。因为这种网络的复杂性,所以这种网络实现的技术也是非常复杂的。

2.按计算机在网络中的地位来分类

在计算机网络中,有一些计算机或设备是为用户提供共享资源和应用软件的,这些计算机或设备就称为服务器。而接受服务或需要访问服务器上共享资源的计算机称为客户机。在计算机网络中,服务器与客户机的地位或作用是不同的,服务器处于核心地位,而客户机则处于从属地位。依据计算机网络中服务器与客户机的不同地位,可以将网络分为 3 类。

(1)基于服务器的网络。在计算机网络中,有几台计算机或设备只作为服务器为网络用户提供共享资源,而其他计算机仅作为客户机去访问服务器上的共享资源,这种网络就是基于服务器的网络。在这种网络中,服务器处于核心地位,它在很大程度上决定网络的功能和性能。根据服务器所提供的共享资源的不同,通常可以将服务器分为文件服务器、打印服务器、邮件服务器、Web 服务器和数据库服务器等。

在基于服务器的网络中,可以集中管理网络的共享资源和网络用户,因而具有较好的安全性。由于重要的共享资源主要集中在服务器上,而服务器一般都是集中管理,故这种网络易于管理和维护。同时,基于服务器的网络还易于实现对网络用户的分级管理。在实际的应用中,大多数局域网都是基于服务器的网络。

(2)对等网络。对等网络与基于服务器的网络不同,它没有专用的服务器,网络中的每台计算机都能作为服务器,同时,又都可以作为客户机。每台计算机既可管理自身的资源和用户,同时,又可作为网络客户机去访问其他计算机中的资源。

在对等网络中,所有计算机的地位是平等的,因此,常常将对等网络称为工作组。在对等网络中,计算机的数目不能太多,一般不能超过 10 台,这是因为在对等网络中所有的计算机地位相等,很可能出现这样的一种情况:当一个用户正在访问另一台计算机资源时,被访问的计算机突然关机了。所以计算机的数目不宜太多。

由于对等网络中每台计算机能独立管理自身资源,故很难实现资源的集中管理,因而,数据的安全性也较差。

(3)混合型网络。混合型网络是基于服务器网络和对等网络相结合的产物。在混合型网络中,服务器负责管理网络用户及重要的网络资源,客户机一方面可以作为客户访问服务器的资源,另一方面,对于客户机而言,又可以将它们看成是一个对等网络中的计算机,相互之间可以共享数据资源。

7.4 Internet 与 TCP/IP 协议（OSI 模型）

Internet 是一个合成词，是由"Interconnect"和"Network"两个词合成的。Interconnect 的意思是"互相连接"，Network 的意思是"网络"，所以 Internet 的直接意思就是"互相连接的网络"。Internet 实际是由世界范围内的许多计算机互相连接而形成的一个超大型计算机网络，我们把它叫做"因特网"或"国际互联网"。Internet 之所以发展如此迅速，被称为 20 世纪末最伟大的发明，是因为 Internet 从一开始就具有的开放、自由、平等、合作和免费的特性。在 Internet 的发展中无时无刻不体现着它的几大特征：开放性、共享性、平等性、低廉性、交互性。

7.4.1 Internet 的起源

Internet 可追溯到其前身 ARPAnet（advanced research project agency network），是美国 1969 年为支持国防研究项目而建立的一个试验网络。作为 Internet 的早期骨干网，ARPAnet 的试验并奠定了 Internet 存在和发展的基础，较好地解决了异种机网络互联的一系列理论和技术问题。ARPAnet 在技术上的另一个重大贡献是 TCP/IP 协议簇的开发和利用。

1983 年，美国国家科学基金会 NSF（National Science Foundation）建立了 NSFnet。NSF 在全美国建立了按地区划分的计算机广域网并将这些地区网络和超级计算机中心互联起来。NSFnet 于 1990 年 6 月彻底取代了 ARPAnet 而成为 Internet 的主干网。

Internet 的商业化阶段是在 20 世纪 90 年代初，商业机构开始进入 Internet，使 Internet 开始了商业化的新进程，也成为 Internet 大发展的强大推动力，使计算机网络的发展进入一个新的时期，形成由网络实体相互连接而构成的超级计算机网络，人们把这种网络形态称为 Internet。

7.4.2 Internet 的工作方式

为了更有效地使用 Internet 所提供的功能，必须了解 Internet 的工作方式。本节分两个方面说明 Internet 的工作方式，即 Internet 中如何传递信息和 TCP/IP 协议。

1.信息的传递

传统的人际信息交换采用电话和邮政。电话工作方式首先要拨号接通，在通话的过程中一条物理线路将两端的用户连接在一起，通话期间，这条物理线路被这对用户所独占，因此电话是计时收费的。邮政工作方式则不同，用户的信件必须按一定的格式封装，通过邮局的转发，最后投递到收信者，邮政的收费是按信件的重量和件数收费的，即按传递的信息量收费。

在整个发送邮件过程中，用户并不需要了解如何收集与传输信件，只需要按照指定的格式书写信封上的地址及收件人姓名，贴上足够的邮票，投入到邮箱中即可。而信件的转发则由邮政部门统一进行处理。

Internet 的工作方式与邮政系统相似，在其中传递的信息必须封装好，称为一个分组（packet），有时也称为包。Internet 中使用的 IP 协议就是关于在 Internet 中传递分组封装格式的约定。分组在 Internet 中通过若干个路由器（router）转发到达目的地。这里，路由器起到类似于邮政系统中邮局的作用。路由器之间的传输路径可以是一条专线、一条卫星通道、电话网，也可以是其他计算机网络，就如同邮局间的传输可以通过公路、铁路、航空或海运来实现一样。正如一封信件通常不会独占一部邮车和传输通路，而是大家共享，Internet 中的传输信道也是共享的。这种工作方式称为存储 – 转发的分组交换。

2. TCP/IP

邮政通信系统与计算机网络相似，它们都包括以下几个重要的概念：协议（Protocol）、层次（Layer）、接口（Interface）、体系结构（Architecture）。协议是一种通信规约，是计算机网络中一个重要的基本概念。层次是人们对复杂问题处理的基本方法。层次结构体现出对复杂问题采取"分而治之"的模块化方法，层次是计算机网络体系结构中又一个重要的基本概念。接口是同一节点内相邻层之间交换信息的连接点。同一个节点的相邻层之间存在着明确规定的接口，低层向高层通过接口提供服务。只要接口条件不变，低层功能不变，低层功能具体实现方法与技术的变化不会影响整个系统的工作。因此，接口同样是计算机网络实现技术中一个很重要的基本概念。

网络协议对计算机网络是不可少的，一个功能完备的计算机网络需要制定一整套复杂的协议集。对于结构复杂的网络协议来说，最好的组织方式是层次结构模型。计算机网络协议就是按照层次结构模型来组织的。我们将网络层次结构模型与各层协议的集合定义为计算机网络体系结构。

国际标准化组织 ISO（International Standardization Organization）定义的开放系统互联（open systems interconnection，OSI）参考模型就是希望消除不同系统之间因协议不同而造成的通信障碍，使得在互联网范围内，不同的网络系统可以不需要专门的转换装置就能够进行通信。OSI 不是一个实际的物理模型，而是一个将网络协议规范化了的逻辑参考模型。OSI 根据网络系统的逻辑功能将其分为 7 层，并对每一层规定了功能、要求、技术特性等，但没有规定具体的实现方法。对应的层次能进行数据的交换，这就要求联网的计算机和设备必须具有同样的功能和接口。各层的主要功能如下。

（1）物理层（Physical Layer）。物理层的任务就是为它的上一层提供一个物理连接，并规定出它们的机械、电气、功能和规程特性。

（2）数据链路层（Data Link Layer）。数据链路层负责在两个相邻节点间的线路上，无差错地传送以帧为单位的数据。每一帧包括一定数量的数据和一些必要的控制信息。与物理层相似，数据链路层要负责建立、维持和释放数据链路的连接。在传送数据时，如果接收点检测到所传数据中有差错，就要通知发送方重发这一帧。

（3）网络层（Network Layer）。在计算机网络中进行通信的两个计算机之间可能会经过很多个数据链路，也可能还要经过很多通信子网。网络层的任务就是选择合适的网间路由和交换节点，确保数据及时传送。网络层将数据链路层提供的帧组成数据包，包中封装有网络层包头，其中含有逻辑地址信息、源站点和目的站点地址的网络地址。

（4）传输层（Transport Layer）。该层的任务是根据通信子网的特性，最佳地利用网络资源，并以可靠和经济的方式，为两个端系统（也就是源站和目的站）的会话层之间，提供建立、维护和取消传输连接的功能，负责可靠地传输数据。在这一层，信息的传送单位是报文。

（5）会话层（Session Layer）。在会话层及以上的高层次中，数据传送的单位不再另外命名，统称为报文。会话层不参与具体的传输，它提供包括访问验证和会话管理在内的建立和维护应用之间通信的机制。服务器验证用户登录便是由会话层完成的。

（6）表示层（Presentation Layer）。这一层主要解决用户信息的语法表示问题，提供格式化的表示和转换数据服务。数据的压缩和解压缩，加密和解密等工作都由表示层负责。

(7)应用层(Application Layer)。应用层确定进程之间通信的性质以满足用户需要,以及提供网络与用户应用软件之间的接口服务。

OSI模型的最高层为应用层,面向用户提供应用服务;最低层为物理层,连接通信媒体实现数据传输。层与层之间的联系是通过各层之间的接口来进行的,上层通过接口向下层提出服务请求,而下层通过接口向上层提供服务。两台计算机通过网络进行通信时,除物理层之外,其余各对等层之间均不存在直接的通信关系,而是通过各对等层的协议来进行通信,比如,两个对等的网络层使用网络层协议通信。只有两个物理层之间才通过媒体进行真正的数据通信(图7.5)。

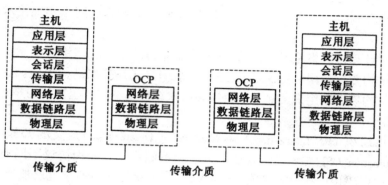

图7.5 OSI 参考模型

OSI 参考模型研究的初衷是希望为网络体系结构与协议的发展提供一种国际标准,但由于 Internet 在全世界飞速发展,使得 TCP/IP 协议得到了广泛的应用,虽然 TCP/IP 不是 ISO 标准,但广泛的使用也使 TCP/IP 称为一种实际上的标准,并形成了 TCP/IP 参考模型。不过,ISO 的 OSI 参考模型的制定也参考了 TCP/IP 协议集及其分层体系结构的思想。而 TCP/IP 也在不断发展的过程中吸收了 OSI 标准中的概念及特征。

TCP/IP(Transmission Control/Internet Protocol)协议是一组协议集的总称,TCP/IP 是这组协议的核心。这组协议的功能是利用已有的物理网络互连起来,屏蔽或隔离具体网络技术的硬件差异,建立成一个虚拟的逻辑网络,实现不同物理网络的主机之间的通信。

TCP/IP 其实是一个协议集合,它包括了 TCP 协议(传输控制协议)、IP 协议(Internet 协议)及其他一些协议。TCP 协议用于在应用程序之间传送数据,IP 协议用于在主机之间传送数据。

TCP/IP 协议在数据传输过程中主要完成以下功能。

(1)TCP 协议先把数据分成若干数据包,并给每个数据包加上一个 TCP 信封(即包头),上面写上数据包的编号,以便在接收端把数据还原成原来的格式。

(2)IP 协议把每个 TCP 信封再套上一个 IP 信封,在上面写上接收主机的地址。有了 IP 信封就可以在物理网络上传送数据了。IP 协议还具有利用路由算法进行路由选择的功能。

(3)上述信封可以通过不同的传输途径(路由)进行传输,由于路径不同以及其他原因,可能出现顺序颠倒、数据丢失、数据重复等问题,这些问题由 TCP 协议来处理,它具有检查和处理错误的功能,必要时还可以请求发送端重发。

TCP/IP 共有 4 个层次,分别是网络接口层、网际层、传输层和应用层。TCP/IP 的层次结构与 OSI 层次结构的对照关系如图 7.6 所示。

(1)网络接口层。TCP/IP 模型的最低层是网络接口层,也称为网络访问层,包括能使用

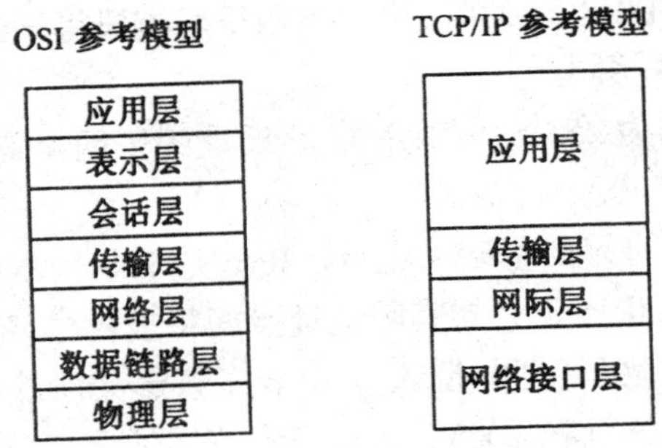

OSI 参考模型　　　　　　TCP/IP 参考模型

| 应用层 |
| 表示层 |
| 会话层 |
| 传输层 |
| 网络层 |
| 数据链路层 |
| 物理层 |

| 应用层 |
| 传输层 |
| 网际层 |
| 网络接口层 |

图 7.6　TCP/IP 参考模型与 OSI 参考模型的对应关系

TCP/IP 与物理网络进行通信的协议,且对应着 OSI 的物理层和数据链路层。TCP/IP 标准并没有定义具体的网络接口协议,而是旨在提供灵活性,以适应各种网络类型,如 LAN、MAN 和 WAN。这也说明了 TCP/IP 协议可以运行在任何网络之上。

(2)网际层。网际层是在 Internet 标准中正式定义的第 1 层。网际层所执行的主要功能是处理来自传输层的分组,将分组形成数据包(IP 数据包),并为该数据包进行路径选择,最终将数据包从源主机发送到目的主机。在网际层中,最常用的协议是网际协议 IP,其他一些协议用来协助 IP 的操作。

(3)传输层。TCP/IP 的传输层也被称为主机至主机层,与 OSI 的传输层类似,它主要负责主机到主机之间的端到端通信,该层使用了两种协议来支持两种数据的传送方法,即 TCP 协议和 UDP 协议。

(4)应用层。在 TCP/IP 模型中,应用程序接口是最高层,它与 OSI 模型中的高 3 层的任务相同,都是用于提供网络服务,比如文件传输(FTP)、远程登录(TELNET)、域名服务(DNS)和简单网络管理(SNMP)等。

7.4.3　Internet 中计算机的地址和命名

1. IP 地址

在 Internet 上连接的所有计算机,从大型机到微型计算机都是以独立的身份出现,称它为主机。为了实现各主机间的通信,每台主机都必须有一个唯一的网络地址,就好像每一个住宅都有唯一的门牌一样,这样才不至于在传输数据时出现混乱。

在 Internet 网络中,网络地址唯一地标识每台计算机。Internet 是由几亿台计算机互相连接而成的。而要确认网络上的每一台计算机,靠的就是能唯一标识该计算机的网络地址,这个地址就叫做 IP 地址。

目前,在 Internet 里,IP 地址是一个 32 位的二进制地址,为了便于记忆,将它们分为 4 组,每组 8 位,由小数点分开,用 4 个字节来表示,并且,用点分开的每个字节的数值范围是 0～255,如 202.116.0.1,这种书写方法叫做点数表示法。IP 地址可确认网络中的任何一个网络和计算机,若要识别其他网络或其中的计算机,则是根据这些 IP 地址的分类来确定的。一般将 IP 地址按节点计算机所在网络规模的大小分为 A、B、C 三类,默认的网络掩码是根据 IP 地址中的第一个字段确定的。

子网掩码也占用 32 位,它可以用来从 IP 地址内得到网络标识(Network ID)和主机标识(Host ID),也可以用来将网络切割为若干个子网。

当 TCP/IP 网络上的主机相互通信时,可以利用子网掩码得知这些主机是否处在相同的网络区段内,即 Network ID 是否相同。

A 类 IP 地址的子网掩码为 255.0.0.0;B 类 IP 地址的子网掩码为 255.255.0.0;C 类 IP 地址的子网掩码是 255.255.255.0。

现有的互联网是在 IPv4 协议的基础上运行。IPv6 是下一版本的互联网协议,它的提出最初是随着互联网的迅速发展,IPv4 定义的有限地址空间将被耗尽,地址空间的不足必将影响互联网的进一步发展,为了扩大地址空间,拟通过 IPv6 重新定义地址空间。IPv4 采用 32 位地址长度,只有大约 43 亿个地址,估计在 2005～2010 年间将被分配完毕,而 IPv6 采用 128 位地址长度,几乎可以不受限制地提供地址。按保守方法估算,IPv6 实际可分配的地址可达到在整个地球每平方米面积上分配 1 000 多个地址。在 IPv6 的设计过程中,除了一劳永逸地解决地址短缺问题,还考虑了在 IPv4 中解决不好的其他问题。

IPv6 的主要优势体现在以下几方面:扩大地址空间,提高网络的整体吞吐量,改善服务质量(QoS),安全性有更好的保证,支持即插即用和移动性,更好实现多播功能。

2. 域名

(1)域名概述。上面所讲到的 IP 地址是一种数字型网络和主机标识。数字型标识不便于人的记忆,因而提出了字符型的域名标识。目前使用的域名是一种层次型命名法,它与 Internet 的层次结构相对应。域名使用的字符包括字母、数字和连字符,而且必须以字母或数字开头和结尾。整个域名总长度不得超过 255 个字符。域名采用层次结构,每一层构成一个子域名,子域名之间用圆点隔开,域名的层次最少为 2 级,最多为 5 级,排列顺序是从右至左。例如,www.163.com 就是二级域名,第一级是 com,第二级是 163。再如 www.sina.com.cn 就是三级域名,第一级是 cn,第二级是 com,第三级是 sina。

域名的分类一般有两种,一种是以网站的性质分类:com(通用)、gov(政府机构)、edu(教育机构)、org(非赢利性组织)、net(网络机构),一般在商业中多选择 com、cn、net、cc 为一级域名,不过没有硬性规定(gov 除外);还有一种是以地域来划分,我国国家域名的代码是 cn,日本是 jp 等。由于 Internet 起源于美国,所以美国通常不使用国家代码作为第一级域名,其他国家一般采用国家代码作为第一级域名。

Internet 地址中的第一级域名和第二级域名由网络信息中心(NIC)管理。Internet 目前有 3 个网络信息中心,INTERNIC 负责北美地区,APNIC 负责亚太地区,还有一个 NIC 负责欧洲地区。第三级以下的域名由各个子网的 NIC 或具有 NIC 功能的节点自己负责管理。我国国内域名由 CNNIC 负责管理,国际域名则由美国相关机构管理。

一台计算机可以有多个域名(一般用于不同的目的),但只能有一个 IP 地址。域名是企业在互联网上的电子商标,具有唯一性,也是计算机处理过程中 IP 地址的助记符。域名是企业开展电子商务必不可少的要素,企业没有域名,就像房子没有门牌号码,在互联网中没有人可以找到你,也就难以建立起良好的企业形象。在如今科技信息时代的浪潮中注册企业自己的域名,可以保护企业的无形资产,树立良好的企业形象。

(2)域名解析。IP 地址是网络中标识网站的数字地址,为了简单好记,采用域名来代替 IP 地址表示网站地址,域名解析就是使用域名服务器(DNS)将域名解析成 IP 地址,使之一一对应的过程。DNS 的功能相当于一本电话号码簿,已知一个姓名就可以查到一个电话号码,号码的查找是自动完成的。完整的域名系统可以双向查找。

7.4.4　Internet 的连接

Internet 的连接和电话系统非常相似,用户能像连接一个电话到电话系统方式一样,不论在哪里,只要连接处有接入 Internet 的节点,就可以通过该节点加入到 Internet 上去。一旦连接上 Internet,则该计算机的功能将大大增强。

1.服务提供者

访问 Internet 最常用的方法是通过提供者(Provider)或主机。提供者指的是已经连接到 Internet,并且为个人访问 Internet 提供通路或连接的服务商。目前有 3 种广泛使用的提供者:学院和大学、Internet 服务提供商(ISP,Internet Service Providers)、在线服务提供商(Online Service Providers)。

2.Internet 的连接方式

为了访问 Internet,必须要有一个连接,这个连接可以是直接连接到 Internet 或通过提供商间接连接到 Internet。主要有 3 种类型的连接方式。

(1)直接或专线连接。访问 Internet 上所有功能最有效的方法是直接连接或使用专线。由于这种连接非常昂贵,个人几乎很少使用。因此,专线方式一般适合某个机构(学校、团体、公司等)连接 Internet 时使用。专线连接的主要优点是:完全的 Internet 功能访问,容易连接,快速的响应和获取信息;主要的缺点是费用高。

(2)SLIP/PPP 连接。SLIP(Serial Line Internet Protocol)和 PPP(Point-to-Point protocol)方式是使用高速的调制解调器和标准的电话线,连接到具有直接连接 Internet 能力的提供商。这种类型的连接需要串行线 Internet 协议(SLIP)和点到点协议(PPP)两个特殊的软件。使用这种类型的连接,用户的计算机成为客户/服务器网络的一部分,服务商或主机是提供访问 Internet 的服务器,用户的计算机是客户。使用特殊的客户软件,计算机能够与运行在服务商计算机和其他 Internet 计算机上的服务器软件进行通信。它以低于专线连接的价格提供高水平的服务。

(3)终端连接。终端连接(Terminal Connection)方式和 SLIP/PPP 连接方式一样,但不同在于:客户端计算机上运行的不是支持 SLIP/PPP 协议的软件,而是仿真远地接入 Internet 的计算机终端的软件。此时它并没有直接连上 Internet,而只是作为远地计算机的一个终端,通过远地计算机去访问 Internet。用户能够使用的 Internet 功能和资源完全取决于远地计算机提供的应用种类。终端连接比 SLIP 和 PPP 更便宜,但是速度和方便性低于 SLIP 和 PPP。

7.5　Internet 的服务

Internet 是一个内容丰富的信息库,Internet 还是一个覆盖全球的枢纽中心,通过它可以了解来自世界各地的信息,收发电子邮件,和朋友聊天,进行网上购物,观看影片片断,阅读网上杂志,聆听音乐会,当然还可以做很多很多其他的事。Internet 极大地改变了人们与世界的联系,使信息丰富多彩,来源更加广泛。可以简单概括 Internet 的功能如下。

1.信息传播

任何人都可以把各种信息输入到网络中,进行交流传播。Internet 上传播的信息形式多种多样,世界各地用它传播信息的机构和个人越来越多,网上的信息资料内容也越来越广泛和复杂。目前,Internet 已成为世界上最大的广告系统、信息网络和新闻媒体。现在,Internet 除商用外,许多国家的政府、政党、团体还用它进行政治宣传。

2．通信联络

Internet 有电子函件通信系统,你和他人之间可以利用电子函件取代邮政信件和传真进行联络;甚至你可以在网上通电话,乃至召开电话会议。

3．专题讨论

Internet 中设有专题论坛组,一些相同专业、行业或兴趣相投的人可以在网上提出专题展开讨论,论文可长期存储在网上,供人调阅或补充。

4．资料检索

由于有很多人不停地向网上输入各种资料,特别是美国等许多国家的著名数据库和信息系统纷纷上网,Internet 已成为目前世界上资料最多、门类最全、规模最大的资料库,你可以自由地在网上检索所需资料。可以说,目前 Internet 已成为世界许多研究和情报机构的重要信息来源。

那么,Internet 是怎样完成上述功能的呢？那就是它所提供的服务了。它提供的服务包括 WWW 服务、电子邮件(E-mail)、文件传输(FTP)、远程登录(Telnet)、新闻论坛(Usenet)、新闻组(News Group)、电子布告栏(BBS)等等。全球用户可以通过 Internet 提供的这些服务,获取 Internet 上提供的信息和功能。这里我们简单的介绍以下最常用的服务。

7.5.1 WWW 服务

WWW(World Wide Web)服务,它是 Internet 信息服务的核心,也是目前 Internet 网上使用最广泛的信息服务。WWW 是一种基于超文本(Hypertext)文件的交互式多媒体信息检索工具。它是由欧洲粒子物理实验室(CERN)研制的,将位于全世界 Internet 网上不同地点的相关数据信息有机地编织在一起。WWW 提供友好的信息查询接口,用户仅需要提出查询要求,而到什么地方查询及如何查询则由 WWW 自动完成。使用 WWW,只需单击,就可在 Internet 上浏览世界各地的计算机上的各种信息资源。

通过浏览 Web,用户可以做各种各样不同的事情:访问公司、政府部门、博物馆、学校,阅读新闻,使用图书馆,阅读,获取软件,网上购物,看电视、听 CD 品质的音乐和电台广播等休闲娱乐。

WWW 的成功在于,它制定了一套标准的、易为人们掌握的超文本开发语言 HTML、信息资源的统一定位格式 URL 和超文本传送通信协议 HTTP。

首先,WWW 服务采用客户机/服务器工作模式,由 WWW 客户端软件(浏览器)、Web 服务器和 WWW 协议组成。WWW 的信息资源以页面(也称网页、Web 页)的形式存储在 Web 服务器中,用户通过客户端的浏览器,向 Web 服务器(通常也称为 WWW 站点或 Web 站点)发出请求,服务器将用户请求的网页返回给客户端,浏览器接收到网页后对其进行解释,最终将一个文字、图片、声音、动画、影视并茂的画面呈现给用户。常见的浏览器是 Netscape 和 Internet Explorer。

其次,WWW 采用了超文本开发语言 HTML(Hyper Text Mark-up Language),是由 Tim Berners-lee 提出。设计 HTML 语言的目的是为了能把存放在一台电脑中的文本或图形与另一台电脑中的文本或图形联系在一起,形成有机的整体,人们不用考虑具体信息是在当前电脑上的还是在网络的其他电脑上。这样你只要使用鼠标在某一文档中点取一个图标,Internet 就会马上转到与此图标相关的内容上去,而这些信息可能存放在网络的另一台电脑中。HTML 文本是由 HTML 命令组成的描述性文本,HTML 命令可以说明文字、图形、动画、声音、表格、链接等。

Internet 中的 Web 服务器数量众多,且每台服务器都包含有多个网页,用户要想在众多的网页中指明要获得的网页,就必须借助于统一资源定位符(URL,Uniform Resource Locators)进行资源定位。网页位置、该位置的唯一名称以及访问网页所需的协议。这三个要素就共同定义了 URL。在 Web 上使用 URL 来标识各种文档,并且使每一个文档在整个 Internet 范围内具有唯一的标识符 URL。URL 给网上资源的位置提供一种抽象的识别方法,并用这种方法来给资源定位。只要在浏览器中输入了要浏览的网页的 URL,便可以浏览到该网页。

7.5.2　E-mail 服务

Internet 最基本的服务,也是最重要的服务,就是电子邮件 E-mail。据统计 Internet 上 30% 以上的业务量是 E-mail。广泛使用的 E-mail 程序有 Microsoft 中的 Outlook Express、Netscape communicator Messenger、Eudora 以及 Foxmail(著名的国产邮件软件)等。

与其他 Internet 应用一样,为在 Internet 上实现 E-mail 服务功能,必须在技术上具备邮件通信协议、邮件服务器和客户端程序。

邮件服务器有两种类型:接收邮件服务器和发送邮件服务器。接收邮件服务器是将别人发送的 E-mail 暂时寄存,直到通过客户端程序从服务器上将邮件取到自己的计算机上;而发送邮件服务器负责将 E-mail 交到收信人的接收邮件服务器。在这里"服务器"指的是计算机程序(进程),实际上,通常接收邮件服务器和发送邮件服务器是在一台计算机上。

由于发送邮件服务器遵循的是简单邮件传输协议(SMTP,Simple Message Transfer Protocol),所以在应用中,尤其是客户端邮件软件的设置中,称它为 SMTP 服务器。而多数接收邮件服务器遵循的是 POP3 协议,所以被称为 POP 服务器或 POP3 服务器。在每个 E-mail 地址中 @后的内容对应一个 POP 服务器地址,@读作 at,表示"在"。

当用户在一个 ISP 或校园网登记邮件服务时,所分配的邮件地址不区分接收邮件服务器和发送邮件服务器。不过这两个服务器没有什么对应关系,可以在使用中设置成不同的,例如可以在 Outlook Express 中设置多个 POP3 邮箱,而只设置一个 SMTP 发送服务器。

就协议本身而言,除了功能不同外,POP3 是需要口令和用户认证的。因为如果没有口令核对,任何一个人都可以接收并观看别人发的邮件,其后果不堪设想。而 SMTP 协议是不需要口令的,用户可以通过 Internet 上任何一个发送邮件服务器进行发送。如果用户选择一个和自己 E-mail 地址(POP3 接收邮件服务器网址)不同的计算机发送邮件,则对方回信(Reply)时,会回到正确的地址,这是因为邮件软件在回信时,是根据 E-mail 信头部分中发送者信息抄送回信的地址。

E-mail 也是采用客户/服务器模式,为此用户必须使用 E-mail 客户软件与邮件服务器通信,通常讲的邮件软件就是指的 E-mail 客户软件。客户软件的功能是:负责将撰写的邮件通过 SMTP 协议发送给 SMTP 服务器,让它再将邮件辗转递交到目的地;通过 POP3 协议和 POP3 服务器建立网络连接;从 POP3 服务器上将自己的邮件接收到自己的计算机上,并存储在硬盘上面;编辑、浏览、解码以及各种管理邮件的功能,而解码主要用于文字信息以外的多媒体信息的解释和还原。

一个典型的 E-mail 具有 3 个基本的元素:信头、信内容和签名。信头出现在最前面,一般包括下列信息：主题：一行的描述，用于说明邮件的主题，当接收者检查邮箱时，显示该主题行。地址：包括发送人、接收者以及其他接收邮件拷贝的用户地址。附件：许多 E-mail 程序允许附加文档和多媒体信息文件在邮件上。如果邮件有附件时，附加文件名出现在附件行上。接下来是信内容，最后签名行提供关于发送者辅助的信息，这个信息包括名字、地址和电话号码等。

7.5.3 FTP 文件传输

文件传送协议 FTP(File Transfer Protocol)是 Internet 上二进制文件的标准传输协议，该协议是 Internet 文件传送的基础。通过该协议，用户可以从一个 Internet 主机向另一个 Internet 主机拷贝文件。FTP 是 Internet 中的一种重要的交流形式。FTP 是在不同计算机主机之间传送文件的最古老的方法，FTP 的两大特征决定它能广为人们使用：即在两个完全不同的计算机主机之间传送文件的能力和以匿名服务器方式提供公用文件共享的能力。

1.FTP 服务器工作原理

FTP 也是一个客户机/服务器系统。用户通过一个支持 FTP 协议的客户机程序，连接到在远程主机上的 FTP 服务器程序。用户通过客户机程序向服务器程序发出命令，服务器程序执行用户所发出的命令，并将执行的结果返回到客户机。比如说，用户发出一条命令，要求服务器向用户传送某一个文件的一份拷贝，服务器会响应这条命令，将指定文件送至用户的机器上。客户机程序接收到这个文件，将其存放在用户目录中。FTP 服务器像用户计算机一样有文件夹（或称目录），文件夹中有各种各样的文件或子文件夹。目前大部分的 FTP 服务器是运行 Unix 的计算机，它们与 Windows 操作系统有着不同的工作环境，幸运的是，浏览 FTP 服务器的客户程序可以隐含这个问题，使访问 FTP 服务器的用户不用考虑实际运行的操作系统，仿佛就在 Windows 平台上工作。

在 FTP 的使用当中，用户经常遇到两个概念："下载"(Download)和"上载"(Upload)。"下载"文件就是从远程主机拷贝文件至自己的计算机上；"上载"文件就是将文件从自己的计算机中拷贝至远程主机上。用 Internet 语言来说，用户可通过客户机程序向（从）远程主机上载（下载）文件。

2.匿名 FTP

使用 FTP 时必须首先登录，在远程主机上获得相应的权限以后，方可上载或下载文件。也就是说，要想同哪一台计算机传送文件，就必须具有哪一台计算机的适当授权。换言之，除非有用户 ID 和口令，否则便无法传送文件。这种情况违背了 Internet 的开放性，Internet 上的 FTP 主机何止千万，不可能要求每个用户在每一台主机上都拥有账号。匿名 FTP 就是为解决这个问题而产生的。

匿名 FTP 是这样一种机制，用户可通过它连接到远程主机上，并从其下载文件，而无需成为其注册用户。系统管理员建立了一个特殊的用户 ID，名为 anonymous，Internet 上的任何人在任何地方都可使用该用户 ID。通过 FTP 程序连接匿名 FTP 主机的方式同连接普通 FTP 主机的方式差不多，只是在要求提供用户标识 ID 时必须输入 anonymous，该用户 ID 的口令可以是任意的字符串。

值得注意的是，匿名 FTP 不适用于所有 Internet 主机，它只适用于那些提供了这项服务的主机。当远程主机提供匿名 FTP 服务时，会指定某些目录向公众开放，允许匿名存取。系统中的其余目录则处于隐匿状态。作为一种安全措施，大多数匿名 FTP 主机都允许用户从其下载文件,而不允许用户向其上载文件,也就是说,用户可将匿名 FTP 主机上的所有文件全部拷贝到自己的机器上,但不能将自己机器上的文件拷贝至匿名 FTP 主机上。即使有些匿名 FTP 主机确实允许用户上载文件,用户也只能将文件上载至某一指定上载目录中。随后,系统管理员会去检查这些文件,他会将这些文件移至另一个公共下载目录中,供其他用户下载,利用这种方式,远程主机的用户得到了保护,避免有人上载有问题的文件。

7.5.4　Telnet 远程登录

远程登录是 Internet 的重要服务,它可以超越时空的界限,让用户访问连在 Internet 上的远程主机。

1.Telnet 的工作原理

Telnet 使用客户/服务器模式,用户可以在本地运行 Telnet 客户程序,然后客户程序与远程的计算机服务程序建立连接。链路一旦建立,用户在本地输入的命令或数据可以通过 Telnet 程序传输给远程计算机,而远程计算机的输出内容则通过 Telnet 程序显示在本地计算机的屏幕或其他输出设备上。

Telnet 原来是 Unix 操作系统下的一个命令,作为远程登录,它可以通过网络连接访问远程的大型机,以便充分利用大型机的资源来运行复杂程序或获取大量有用的信息。

2.Telnet 与 BBS

通过 Telnet 可以实现 BBS 系统的交互。参与 BBS 的用户远程登录到 BSS 主机上,主机会为每个用户启动一个进程,处理用户的输入和输出的反馈信息。而对于当前许多普通的用户,由于 BBS 的流行以及对 Unix 的不熟悉,几乎把 BBS 和远程登录作为一个等同的概念。

除了上述的服务外,Internet 上还有一些新兴的服务,正以其丰富多彩的界面吸引着越来越多的用户。例如,网上聊天、网上寻呼、IP 电话、网络会议、网上购物、网上教学和娱乐等等。随着 Internet 服务的发展,人类社会必将更加依赖 Internet,人们的生活方式也将因此而发生根本的改变。

7.6　Web 与浏览器

Web,或称为 WWW(World Wide Web),中文译为万维网,是目前 Internet 上最主要的信息服务类型,是 Internet 提供的一种信息检索服务手段。即 Web 提供广域超媒体信息服务,可以在同一页面中同时显示文本、图像、声音、动画,就是所谓的超文本或超媒体。正是由于 Web 具有丰富多彩的表现形式,方便了非专业人员对网络的使用,并且提供了大量的信息资源,几乎涉及人们所能想象的所有主题。

7.6.1　Web

Web 是由遍布世界各地、信息量巨大的文档组合而成。Web 的一个主要的概念就是超文本链接,它使得文本不再像一本书一样是固定的、线形的,而是可以从一个位置跳到另外的位置。正是由于这种多连接性,我们才把它称为 Web。

所谓的 Web,是建立在客户机/服务器模型之上,以超文本置标语言 HTML(Hyper Text Markup Language)和超文本传送协议 HTTP(Hyper Text Transfer Protocol)为基础,能够提供面向各种 Internet 服务、一致的用户界面的信息浏览系统。其中 Web 服务器利用超文本链路来连接信息页,这些信息页既可以放置在同一主机上,也可以放置在不同地理位置的不同主机上。文本链路由统一资源定位地址 URL(Uniform Resource Locators)维持。Web 客户端软件负责信息显示和向服务器发送请求。

1.Web 的客户端/服务器工作方式

Web 服务采用客户机/服务器的工作模式,用户想浏览 Web 网页,首先必须运行 Web 客户端程序浏览器(Browser)。通过浏览器访问 Web 服务器。

在 Web 服务系统中,信息资源以页面的形式存储在服务器中,这些页面采用超文本方式对信息进行组织,通过超级链接将一页信息链接另一页上。用户通过浏览器向 Web 服务器发出请求,并利用 HTTP 协议将用户的请求传送到 Web 服务器。

Web 服务器进程监听是否有来自客户端的连接请求,并建立连接。服务器根据客户端的请求内容将保存在服务器中的某个页面返回给客户端,浏览器接收到页面对其进行解释,最终将带有图、文、声的页面呈现给用户。

2.HTTP 协议

超文本传送协议 HTTP(Hyper-Text Transport Protocol)是使 Web 客户端与服务器之间进行交互需要严格遵守的协议。为了保证 Web 客户端与服务器之间通信不产生二义性,HTTP 精确定义了请求报文和响应报文的格式。

HTTP 是应用层协议,采用的是一种稳定的、面向连接的传输协议,如 TCP,但不提供可靠性或重传机制;HTTP 会话过程必须包括连接、请求、应答和关闭四个步骤;每个 HTTP 请求都是自包含的,服务器不保留以前的请求或会话的历史记录,即 HTTP 协议是无状态的协议;HTTP 是支持双向传输的,在大多数情况下,浏览器请求 Web 页,服务器把副本传输给浏览器。HTTP 也允许从浏览器向服务器传输(如在用户提交"表单"时)。

7.6.2　浏览器

正如前面所讲,用户是通过客户端软件(浏览器)访问 Web 网页的。浏览器的作用就是把从服务器传回的信息展现在用户面前,它知道如何去找到并解释和显示在 Web 上找到的页面(主要由 HTML 语言编写)。最终将带有图、文、声的页面呈现给用户。

1.统一资源定位地址 URL

Internet 上的 Web 服务器众多,而每台服务器中又包含有多个页面,那么用户如何指明要获得的页面呢? 这就要求助于 URL。

所有的 URL 至少有两个部分,即协议类型和主机名组成。如微软的 URL 是 http://www.microsoft.com,其中 http 指明要访问的服务器为 Web 服务器。www.microsoft.com 指明要访问的服务器的主机名,主机名可以是服务提供商为该主机申请的 IP 地址,也可以是服务提供商为该主机申请的主机名。许多 URL 还有包含路径及文件名的部分。

原则上,Web 访问相当简单。所有的访问都是从 URL 开始,用户可以通过键盘输入 URL 或者选择一项给浏览器提供 URL 的条目。浏览器分析 URL,提取信息,使用它得到请求页面的副本。因为 URL 的格式依赖于协议类型,所以浏览器首先要提取协议类型,然后使用协议类型确定如何分析 URL 的剩余部分,包括指定的服务器以及服务器中的某个文件。

2.超文本置标语言 HTML

Web 服务器中存储的页面是一种结构化的文档,采用超文本置标语言 HTML 书写而成。一个文档如果想通过 Web 浏览器显示,就必须符合 HTML 标准。HTML 是 Web 上用于创建 Web 页面的基本语言,可以定义格式化的文本、色彩、图像与超文本链接等,主要被用于 Web 主页的创建与制作。由于 HTML 编写制作的简易性,所以它对促进 Web 的迅速发展起到了重要的作用,并且使 Web 的核心技术在 Internet 中得到了广泛的应用。通过标准化的 HTML 规范,不同厂商开发的 Web 浏览器、Web 编辑器与 Web 转换器等各类软件可以按照同一标准对页面进行处理,这样用户就可以自由地在 Internet 上漫游了。

HTML 语言在 Web 应用中发挥了重要的作用,正是由于它的出现和应用,Internet 才像现在这样深入人心,规模也日益庞大。但由于其固有的特点,决定了它在 Web 的进一步应用中将会受到限制,因而出现了替代 HTML 语言的新一代 Web 语言,它就是 XML 语言。

3.可扩展置标语言 XML

HTML 的不足主要表现在以下几方面:首先,HTML 是把数据和显示格式一起存放的,不能只使用数据而不需要格式,而分离这些数据和格式较为困难。其次,HTML 对超文本链接支持不足,属于单点链接,功能上有一些限制。再次,HTML 缺乏空间立体描述,处理图形、图像、音频、视频等多媒体能力较弱,图文混排功能简单,不能表示多种媒体的同步关系等,也影响 HTML 的大规模应用,特别是复杂的多媒体数据处理。最后,HTML 的标记有限,不能由用户扩展自己的标记。

XML 是 eXtensible Markup Language 的缩写,即可扩展标记语言是一种可以用来创建个人标记的语言。它由万维网协会(W3C)创建,用来克服 HTML(即超文本标记语言(Hypertext Markup Language),它是所有网页的基础)的局限。

XML 实际上是 Web 上表示结构化信息的一种标准文本格式,它没有复杂的语法和包罗万象的数据定义。XML 同 HTML 一样,都来自 SGML(标准通用标记语言)。SGML 是一种在 Web 发明之前就早已存在的用标记来描述文档资料的通用语言。但 SGML 语言十分庞大且难于学习和使用。Web 标准化组织 W3C 建议使用一种精简的 SGML 版本——XML。XML 与 SGML 一样,是一个用来定义其他语言的元语言。XML 最初设计的目的是弥补 HTML 的不足,以强大的扩展性满足网络信息发布的需要,后来逐渐用于网络数据的转换和描述。

7.6.3　搜索引擎

如今随着 Internet 的飞速发展,网络资源越来越丰富。全世界成千上万的计算机通过 Internet 互联在一起,传播与分享这各种各样的信息资源。这些信息种类繁多、内容广泛、语言多样、更新频繁。这些资源好比是一个巨大的图书馆,具体查找某一条指定条目时,如果没有目录来指定条目所在的确切地点,那么想要查找信息是非常困难的。在图书馆中,用户通过各种索引和编目来查找图书的馆藏编号,而 Internet 完成同样工作的是各种搜索工具,即索引(Index)和搜索引擎(Search Engines),它根据用户的需求,查找到信息的 URL。

搜索引擎按其工作方式主要可分为 3 种,分别是全文搜索引擎(Full Text Search Engine)、目录索引类搜索引擎(Search Index/Directory)和元搜索引擎(Meta Search Engine)。全文搜索引擎是最广泛也是用得最多的一种,一般所说的搜索引擎都指的是全文搜索引擎。

(1)全文搜索引擎。全文搜索引擎是名副其实的搜索引擎,国外具代表性的有 Google、

Fast/AllTheWeb、AltaVista、Inktomi、Teoma、WiseNut 等,国内著名的有百度(Baidu)、中国搜索等。它们都是通过从互联网上提取的各个网站信息(以网页文字为主)而建立的数据库,检索与用户查询条件匹配的相关记录,然后按一定的排列顺序将结果返回给用户,因此他们是真正的搜索引擎。

从搜索结果来源的角度,全文搜索引擎又可细分为两种:一种是拥有自己的检索程序(Indexer),俗称"蜘蛛"(Spider)程序或"机器人"(Robot)程序,并自建网页数据库,搜索结果直接从自身的数据库中调用,如上面提到的 7 种引擎;另一种则是租用其他引擎的数据库,并按自定的格式排列搜索结果,如 Lycos 引擎。

(2)目录索引。目录索引虽然有搜索功能,但在严格意义上算不上是真正的搜索引擎,仅仅是按目录分类的网站链接列表而已。用户完全可以不用进行关键词(Keywords)查询,仅靠分类目录也可找到需要的信息。目录索引中最具代表性的莫过于大名鼎鼎的 Yahoo(雅虎),其他还有如 Open Directory Project(DMOZ)、LookSmart、About 等。国内的搜狐、新浪、网易搜索也都属于这一类。

(3)元搜索引擎。元搜索引擎在接受用户查询请求时,同时在其他多个引擎上进行搜索,并将结果返回给用户。著名的元搜索引擎有 InfoSpace、Dogpile、Vivisimo 等(元搜索引擎列表)。中文元搜索引擎中具代表性的有搜星搜索引擎。在搜索结果排列方面,有的直接按来源引擎排列搜索结果,如 Dogpile,有的则按自定的规则将结果重新排列组合,如 Vivisimo。

除上述三大类引擎外,还有以下几种非主流形式:

(1)集合式搜索引擎。如 HotBot 在 2002 年底推出的引擎,该引擎类似 META 搜索引擎,但区别在于,不是同时调用多个引擎进行搜索,而是由用户从提供的 4 个引擎当中选择,因此叫它"集合式"搜索引擎更确切些。

(2)门户搜索引擎。如 AOL Search、MSN Search 等虽然提供搜索服务,但自身即没有分类目录也没有网页数据库,其搜索结果完全来自其他引擎。

(3)免费链接列表(FFA,Free For All Links)。这类网站一般只简单地滚动排列链接条目,少部分有简单的分类目录,不过规模比起 Yahoo 等目录索引来要小得多。

由于上述网站都为用户提供搜索查询服务,为方便起见,我们通常将其统称为搜索引擎。

现代搜索引擎技术用到了信息检索、数据库、数据挖掘、系统技术、多媒体、人工智能、计算机网络、分布式处理、数字图书馆、自然语言处理等许多领域的理论和技术,这些技术的综合运用及人性关怀使得网络搜索引擎技术有了很大的提高,新的标准、新的技术也必将促进未来的搜索引擎向着更快、更好的方向发展。

7.6.4 Web 交互式应用

目前的 Web 与它诞生之初有着很大的不同,这主要表现在它在交互功能上有了很大的加强。除了简单的页面处理外,Web 服务器还利用一些新的工具来处理一些复杂的任务,如生成动态文档、查询数据库、处理多媒体对象等。这些工具允许用户处理分布式事务,而不是简单地查看静态数据。

从目前的情况来看,Web 交互式应用主要表现在两个方面,其一是与动态数据链接的用户查询;另一方面是对动态数据的处理,如电子数据表、动画广告、三维购物等。通过扩充 HTML 文档,Web 可以用多种方法实现交互性。常用的方法有三种,其一是提供 Web 服务器扩展功能的方法,主要包括公共网关接口(CGI)和应用编程接口(API)。这种方法把客户端的交互式请求通过 URL 传给 Web 服务器,再启动相应的处理程序,把结果变成动态 HTML 页传回给客户端;其二是把应用程序语句嵌入到 HTML 文档中,供含有相应解释器的浏览器下载执行,如 Netscape 提供的 Java Script 及微软的 VBScript 脚本语言;第三种方法是采用部件化软件方法。这种方法通常是把 Web 客户端的浏览器当作下载并执行 Web 服务器端部件化软件的包容器(Container)。当需要交互操作时,浏览器下载 HTML 文档中所标明的部件并执行。这种部件采用某种语法,按照严格的规范编制,具有某种功能,并且各部件之间可以相互通信。目前市场上存在着多种部件化软件模型产品,包括目前在 Web 上广为流行的 Sun 公司的 Java 语言及 JavaBean 规范和 Microsoft 的 ActiveX 以及 IBM 新近推出的 OpenDoc。另外,基于客户/服务器的分布式对象技术,包括公共对象请求代理结构(CORBA)和分布式组件对象模型(DCOM)标准正在迅速向 Web 过渡。虽然各种部件化软件的开发标准还没有完全统一,众多的软件开发厂家已在提供大量的、自封闭的、可重用的部件化软件产品来加强 Web 的交互功能。

下面简要介绍几种主要的 Web 交互式应用技术。

1.简单描述语言

通过在 HTML 文档中插入程序语句,可以实现交互功能。一种最简单的方法称为 SSI (Server Side Includes,服务器端嵌入法)。利用 SSI,能够动态地把某文件包含入另一文件中,使得 Web 服务器可以将少量动态数据直接插入到 HTML 文档中。Web 服务器在发送 HTML 页面之前,先扫描整个页面,如发现有 SSI 语句,则利用其资源在相应位置插入动态相关信息,然后才发送给客户端。

JavaScript 是 Netscape 公司发明的一种能够直接插入到 HTML 文档中的脚本语言。浏览器下载了包含有 JavaScript 语句的 HTML 页后,利用其内含的 JavaScript 解释器,逐条解释、执行 JavaScript 语句,从而完成交互功能。JavaScript 吸收了 Java 的一些思想,它不仅支持 Javaapplet,同时向 Web 作者提供了一种嵌入 HTML 文档进行编程的、基于对象的 Script 程序设计语言,采用的许多结构与 Java 相似。

VBScript 是微软公司提供的用来扩充 HTML 文档的另外一种脚本语言,作为其 ActiveX 技术的一部分,其语法是 Visual Basic 的子集。同 JavaScript 一样,VBS 要求在客户端的浏览器中包含有 VBS 解释器。

上述两种脚本语言虽然能完成一部分交互操作逻辑功能,但是对于大量复杂的处理逻辑,一般交由下面将要介绍的部件化软件模块(如 Java applet 或 ActiveX 部件)处理,而脚本主要用于对它们进行执行和控制。

2.公共网关接口(CGI)

CGI 是 Web 最早提供的具有完善交互功能的手段,早在 CERN 提出 Web 模型的同时,就提出了 CGI 的概念,作为 Web 浏览器和服务器之间的标准接口。实际上,它是允许 Web 服务器运行能够生成 HTML 文档并将文档返回 Web 服务器的外部应用程序规范。遵循 CGI 标准编写的服务器端可执行程序(称为 CGI 程序)可在客户机的浏览器和 Web 服务器间进行交互操作,另外,还可通过数据库编程接口与数据库服务器等外部数据流进行通信。

CGI 程序可以由任何一种编译语言工具生成,如 C、C++、Visual Basic 以及数据库语言等等。另外,CGI 也可以是可解释的脚本。由于 CGI 函数因平台而异,所以不能完全移植。目前,几乎所有的 Web 服务器软件均支持 CGI。CGI 程序的缺陷在于它们运行非常慢,每次客户端输入一个 URL,都产生一个服务器端的任务,并且不保留每次处理的信息,随着用户流量增加,Web 服务器的性能将急剧下降。

3.应用编程接口(API)

为了克服 CGI 的缺陷,几家主要的 Web 服务器生产厂家都已推出了各自的 Web 服务器软件的应用编程接口(API)。API 是驻留在 Web 服务器中的程序代码,且一般与 Web 服务器软件处在内存的同一地址空间中,因此每次调用时是在内存中运行相应的程序段,而不是像 CGI 那样需要启动新的进程,因而效率要比 CGI 高得多。另外,API 可以直接访问运行在 Web 服务器上的专用应用程序,因而它比 CGI 程度结构更紧凑,运行更快。

目前常用的 API 包括微软 Web 服务器 IIS 的 ISAPI(Internet Server API)、Netscape Web 服务器系列的 NSAPI(Netscape Server API)以及 OReilly and Associates 公司 WebSite 的 WSAPI。ISAPI 提供了开发交互操作的应用程序的编程接口。调用 ISAPI 的应用程序编译成 DLL 文件,首次调用时装入内存,而不必每次调用时都生成新的进程。同 ISAPI 一样,NSAPI 提供给 Web 开发人员定制的 Netscape Web 服务器基本服务的功能,使开发人员可以开发出与 Web 服务器以及与数据库等系统外部资源连接的接口。WSAPI 提供了访问 Web 后台资源的接口和一系列 Web 应用程序开发工具。另外,WSAPI 完全兼容 ISAPI,因而为微软 ISS 开发的 ISAPI 程序均可在 Web 上运行。

API 技术主要的缺点是开发难度大且可移植性差。开发 API 程序要比开发 CGI 程序复杂得多,它需要了解一些编程方面的专业知识,如多线程、进程同步、直接协议编程以及错误处理等,且开发出的应用程序往往只能在相应的 Web 服务器上运行。

4.Java 语言

对 Web 交互式应用产生的真正的革命性影响来自于 Java。Java 自 1995 年 5 月由 Sun 公司推出以来,立即风靡 Web 世界,成为 Web 上交互应用的主要技术。有些交互式操作,如电子数据表和交互式动画显示等,往往需要及时、快速地处理,这时如果通过发送 URL 请求给 Web 服务器,将显得滞后和难以忍受。Java 机制很好地解决了这一问题。当 HTML 页面需要用到交互操作时,就给出需引用的 Java applet(Java 的应用程序)标记。浏览器下载该 applet,替它安排显示区,然后执行。以 Web 电子表格为例,通过这种机制,HTML 里提供的不仅是静态的原始资料,还包括对资料的分析与处理。

由于 Java 语言应用程序是在客户端执行的,该技术大大减轻了 Web 服务器端的工作负荷。而且,Java applet 是跨平台的,一旦编写完成,就不用考虑在不同平台间的移植。在客户端,Java 包含一种 Java 虚拟机(Java Virtual Machine)机制,用来执行编译后的 Javaapplet 的字节码指令,而不是机器码指令。这种字节码与特定的硬件无关,在各种不同的平台下是完全一致的。所以,在任何操作系统下,只要安装了 Java 平台,就可运行完全相同的 Java 程序。另外,Java 提供一套抽象窗口工具库 AWT(Abstract Windows Toolkit),使应用程序的界面风格在 Windows、Mac 和 XWindows 系统中可以保持一致。

5.插件

插件是内置于浏览器内的应用扩展程序,可以为 Web 提供交互能力。插件可以用任何语言编写,但只能供特定平台编译。当浏览器要对 HTML 文档进行特殊处理时可调用相应插件。由于插件依赖于某一特定的浏览器,安装困难,应用范围又较小,正在逐渐被 Java 和 ActiveX 技术取代。

7.7 局域网基础

随着计算机软硬件技术的发展,个人计算机的价格也越来越低,并且得到了广泛的应用,同时,随着工作站和服务器数量的剧增人们希望能够把这些位置相同和不同地理位置的计算机连接起来实现资源共享和信息交换。局域网(LAN,Local Area Network)就是一种可以把物理位置上邻近的计算机通过传输介质连接起来实现资源共享的计算机网络。

7.7.1 局域网的组成

局域网由网络硬件和网络软件两大部分组成。网络硬件用于实现局域网的物理连接,为连接在局域网上的各计算机之间的通信提供一条物理通道。网络软件用来控制并具体实现通信双方的信息传递和网络资源的分配与共享。

1.服务器

网络硬件主要由计算机系统和通信系统组成。计算机系统是局域网的连接对象,是网络的基本单元。它具有访问网络资源、管理和分配网络共享资源及数据处理的能力。根据计算机系统提供的功能和在网络中的作用,联网计算机可分为网络服务器和网络工作站两种类型。通信系统是连接网络基本单元的硬件系统,主要作用是通过传输介质(传输媒体)和网络设备等硬件系统将计算机连接在一起,为它们提供通信功能。通信系统主要包括:网络通信设备(如 HUB、交换机、路由器等)、网络接口卡(如网卡、粗缆收发器、光纤收发器等)、传输介质(如同轴电缆、双绞线、光纤等)及其介质连接部件(如水晶头、T 型接头等)。

总体上讲,局域网硬件应包括:网络服务器、网络工作站、网络接口卡、网络设备、传输介质及介质连接部件,以及各种适配器等。

网络服务器是整个网络系统的核心,它为网络用户提供服务并管理整个网络。服务器不仅要处理自身的工作,还需要为网络上其他计算机处理工作。它拥有大量可共享的硬件资源(如大容量的磁盘和高速打印机、高性能绘图仪等贵重的外围设备)和软件资源(如数据库、信息、文件系统、应用软件等),并具有管理这些资源和协调网络用户访问资源的能力。网络服务器的主要功能如下:

◆ 通信功能。具有管理网络服务器与网络工作站之间通信的能力。
◆ 为网络用户提供各种软硬件资源,并能管理和分配这些资源,协调用户对资源的访问。
◆ 提供文件管理功能。如文件和目录的存取与安全保护、共享数据库的管理与访问、数据的存储与共享,以及对共享软件的管理和磁盘管理等。
◆ 提供各种 Internet 信息服务。如文件服务、打印服务、存储服务、电子邮件服务、域名服务、Web 服务、文件传输服务等。
◆ 提供各种网络应用服务。如信息管理系统(MIS)、远程教学、电子图书馆、IP 电话、电子商务、远程医疗、视频点播、电视会议等多媒体应用。
◆ 提供网络管理功能。如监控网络运行情况,对网络进行性能管理、失效管理、配置管理、设备管理和计费管理等。

在计算机网络上有许多不同类型的服务器,不同的服务器会提供不同的功能,并不是任何一台服务器都能提供如上所述的所有功能。按照网络服务器所提供的服务进行分类,网络服务器包括文件服务器、通信服务器、打印服务器、终端服务器、磁盘服务器、数据库服务器、视频服务器、邮件服务器、域名服务器、Web 服务器、目录服务器等。

网络服务器可以是一台高性能专用服务器,也可以是一台高档个人计算机或小型计算机。但由于服务器是为所有网络用户提供服务的,它会被多个用户同时访问,因此不管使用哪一种类型的计算机作服务器,它都应该配有高速、大容量硬盘和内存,高性能网络接口卡,并在计算机上运行多线程、多进程、多用户操作系统。

不同类型的网络服务器,对计算机系统的基本配置有不同的要求,需要根据服务器类型和服务器软件对运行环境的需求而定。但对服务器的基本要求是:在充当服务器的计算机上至少安装一块网络接口卡,再用传输介质和介质连接部件把计算机与网络设备连起来,使其成为网络上的一个站点;另一方面,在网络服务器上除运行多用户操作系统或网络操作系统外,还需要安装相应的网络协议软件、应用软件和信息资源,以便为网络工作站提供共享资源和各种网络服务。

2.局域网的软件组成

一个完整的网络不只是由可见工作站、服务器、网卡、通信信道、集线器、交换器以及路由器等硬件设备所组成,只有加上一定的软件来进行管理,这样网络上的计算机才能共享网络上的各种资源,并且进行通信。在计算机网络上,通信双方都必须遵守相同的协议,才能进行相互的信息交流和资源共享,所以网络软件必须包括网络协议,并在协议的基础上管理网络、控制通信、提供网络功能和网络服务,简单地说,网络软件是由网络协议或规则组成的。

根据网络软件的功能与作用,分为网络系统软件和网络应用软件。网络系统软件是控制和管理网络运行、提供网络通信和网络资源分配与共享功能的网络软件,它为用户提供了访问网络和操作网络的友好界面。网络系统软件主要包括网络操作系统(NOS)、网络协议软件和网络通信软件等。常用的网络操作系统有 Windows NT、Windows 2000 Server、Unix 和 Netware,常用的网络协议软件有 TCP/IP 和 SPX/IPX,常用的通信软件有各种类型的网卡驱动程序等。

在网络软件中,最主要的是网络操作系统。网络操作系统除了实现 ISO 的 OSI 参考模型或 TCP/IP 进行通信外,一般还具有如下特征:

◆ 硬件独立。可以在不同的硬件上运行,支持多种网卡。

◆ 多用户支持。给应用程序以及数据文件提供足够的、标准化的保护。能支持多用户共享网络资源。

◆ 网络管理。支持网络程序及其管理功能,例如安全管理、容错、性能控制以及系统备份等。

◆ 安全和存取控制。对用户资源进行控制,并提供控制用户对网络访问的方法。

网络应用软件是指为某一个应用目的而开发的网络软件,它为用户提供一些实际的应用,网络应用软件既可用于管理和维护网络本身,也可用于某一个业务领域。常用的网络应用软件有网络管理监控程序、网络安全软件、分布式数据库、管理信息系统(MIS)、数字图书馆、Internet 信息服务、远程教学、远程医疗、视频点播等。网络应用的领域极为广泛,应用软件也极为丰富。现在人们越来越认识到网络应用的重要性,各界人士都在关注着网络应用软件的开发。

7.7.2　服务器的建立

局域网建设中最为关键的是服务器操作系统的选择和安装、DNS 配置、邮件服务器的安装与配置等。

1.服务器操作系统的选择与安装

可以作为网络服务器的操作系统主要有 3 种:基于 SUN 工作站平台的 Solaris 操作系统、免费的 Linux 操作系统以及 Windows NT 或 Windows 2000 Server 操作系统。

服务器操作系统的安装与普通的 PC 机上的操作系统安装大同小异,不同之处在于安装完操作系统后,对服务器的配置应同时提供多种服务,如 WWW 服务、E-mail 服务、DNS 服务等。

2.Web 服务器

IIS 提供了 Internet 应用服务的集成解决方案,包括几种 Internet 的常用服务,如 FTP、WWW、SMTP、NNTP 等服务。在 WWW 服务方面,IIS 支持业界标准的 HTTP v1.1 协议,支持 Microsoft ASP 扩展。ASP(Active Server Pages)是一种开放的 Web 应用程序环境,可以利用 ASP 将简单的 HTML 语言与脚本语言(如 VBScript 和 Jscript)结合在一起,并且可结合 ActiveX 控件,以此创建出功能强大的、动态的 Web 站点,支持各种商业应用。

在安全方面,由于 IIS 已经完全融入 Windows NT 和 Windows 2000 Server 系统中,所以在其服务中融入了多种基于 Windows NT 和 Windows 2000 Server 安全机制的安全功能,如 Web 用户账户的合法性检验(即口令验证)、将 NTFS 文件系统的安全特性结合在对 WWW 服务的文件夹的访问控制之中等。通过利用 SSI.的安全特性和 RSA 的数据加密技术,IIS 支持客户和服务器之间的“数字证书验证”。

3.DNS 服务器

DNS(域名系统)是 Internet 的基本服务之一,是不能缺少的,它的主要作用是在 IP 地址与域名之间的自动转换,以支持各种网络应用的需要。DNS 服务器,是网络操作系统的部分功能,它以区域为单位存储数据。如果一个 DNS 服务器负责管辖一个或多个区域,则把该 DNS 服务器称为是这些区域的授权名字服务器。由授权名字服务器查询返回的数据是否准确。为了提高性能,DNS 通常有缓冲区存储近期曾经访问过的信息,如果名字解析程序在查询时得到的是来自其他 DNS 服务器的缓存,此时的信息就称为非授权信息,即来自非授权服务器的数据。由于数据的同步与更新通常有一个较长的时间,因此这些信息也就不一定是完全可靠的。

DNS 系统中的名字服务器有下面不同的种类。

(1)主名字服务器(Primary Name Server)。存储它所管辖的区域的域名信息,如果区域中的数据有所变化,这些更改保存到主名字服务器中。

(2)辅助名字服务器(Secondary Name Server)。它所存储和维护的数据来自其他的名字服务器(可以是主名字服务器或辅助名字服务器)的副本,是通过区域数据传输过程复制的。当辅助名字服务器启动时,会与其映象的所有的主名字服务器通信,从中复制域名数据;此后它将定期地自动执行复制过程。使用辅助名字服务器提高了 DNS 系统的容错性能,同时减轻了主名字服务器的处理负担。

(3)纯缓存名字服务器(Cache-only Name Server)。纯缓存名字服务器不负责管理任何的区,它只把曾经查询过的数据复制在本地的高速缓存中,以便今后 DNS 工作站在查询相同数据时,能够快速地从高速缓存中取得该数据。纯缓存名字服务器的基本功能是响应 DNS 工作站的查询请求,负责查询数据,将查到的数据保存在高速缓存之中。

4.FTP 服务器

文件传输协议(FTP)是 Internet TCP/IP 网络中几种传统的服务之一,用于在 Internet 网络中的两台计算机之间传输文件。从目前的使用来看,尽管市场一上有许多商品化的 FTP 软件可用,但微软公司的 IIS 仍然是最理想的服务器产品。

安装完 IIS 后,可以使用 Internet 服务管理器建立与配置 FTP 服务。Internet 服务管理器是微软管理控制台的一个插件,所有 IIS 服务都是利用该插件进行配置的。

配置 FTP 服务,实际上是设置 FTP 服务的属性表。在 IIS 的安装过程中已经为各种服务的属性表设置了默认值,此后便可使用 FTP 服务了。但是为了更好地与自己的需求相适应,需要定制属性表中的参数值。

5.E-mail 服务器

目前邮件系统中服务器端软件较多,如 Lotus Notes、Qmail、Sendmail 等,但是从中小企业对邮件服务系统的应用来看,它主要为企业提供内部沟通和外部沟通两个渠道。

Microsoft Exchange 秉承了微软平台的风格,并且与 IIS、SQL Server、Office 等软件有很好的兼容性,可通过 Outlook、Office、Web 浏览器,Windows 资源管理器、蜂窝电话等多种可供选择的客户端来进行访问。

7.8　网站创建

在 Internet 飞速发展的今天,互联网成为人们快速获取、发布和传递信息的重要渠道,它在人们政治、经济、生活等各个方面发挥着重要的作用。Internet 上发布信息主要是通过网站来实现的,获取信息也是要在 Internet"海洋"中按照一定的检索方式将所需要的信息从网站上下载下来。因此网站建设在 Internet 应用上的地位显而易见,它已成为政府、企事业单位信息化建设中的重要组成部分,从而备受人们的重视。

7.8.1　网站建设考虑要素

网站的建设,除了技术方面的因素,还有一些因素是首先需要考虑的。网站建设要素主要也就是网站规划,包括确定网站主题及内容、选择好网站名称及域名、网站的访问速度等内容。

1.网站的主题及内容

任何一个网站必须统一在一个明确的主题之下,Internet 上各种信息浩如烟海,如果一个网站要包罗万象,显然是不现实的。如果没有明确的主题,什么内容都想包括一点儿,结果往往相当于什么都没有,因此首先必须确立一个明确的主题,主题的选择应该结合个人的兴趣特长,还应该考虑网站的维护和发展。

而内容则是网站的灵魂和生命。一个有价值网站的内容通常是非常重要的,提供什么样的内容,就体现什么样的价值。一个有价值的网站,首先其内容就必须是有价值的。网站内容是网站的根本之所在。网站内容左右着网站流量,内容为主依然是网站成功的关键。

2.网站名称及域名

网站名称是网站的招牌,好听、易记的网站,是网站成功推广的关键。

域名是网站的重要基础设施,对网站进行的所有宣传,其最终目的都是希望网民记住网站的域名,并让他们通过此域名访问网站,最终达到推广网站的目的。好的域名要起得形象、简单、易记。

3.访问速度

网站的响应速度对网民的心理影响也是不容忽视的。网站的访问速度是很关键的。要提高网站的响应速度,主要因素是网站服务的性能、服务器与 Internet 主干网的连接方式、带宽、稳定性等。另外,如果一个网站中的页面包含了较多的图片、动画、声音等多媒体效果等,还有Java Applet 插件,也会影响到打开页面的速度。那么就需要选择适当的图片、动画、声音的格式,尽量缩减不必要的多媒体内容。另外,Java Applet 也会占用较多的客户端资源,尽量少用。

7.8.2　网站设计

网站由多个网页组成,主要是使用超文本标记语言编写的文本文件,一般将其保存为.html 或.htm 文件。浏览器浏览网页时,实际上就是从该网页所在的 Web 服务器下载 HTML文件,然后在本地进行语法解释并显示在用户屏幕上。

1.主要组成构件

网页中需要包含一些构成网页的基本组件:

(1)表达网页的大部分内容的文本,包括标题、文章以及文字连接。

(2)各种各样的图像是组成网页的重要元素,也是精美的网页吸引人的重要原因之一。

(3)可以在网页中插入视频片断。

(4)书签是网页中的一些标记,对于很长的网页,如有很多章节的网页,这些书签可以放在网页的页首作为目录。

(5)超链接是网页之间进行跳转的方式,超链接可以是文字和图像。

(6)用户可以用图片或颜色来填充网页背景,增加网页的视觉效果。

(7)用户可以使用表格安排一些统计数据等信息。

2.建站工具

虽然 HTML 语言是功能强且语法简单的网页设计语言,但是,直接用 HTML 在普通的文本编辑器上编写制作复杂精美的网页是很不方便的。网页设计者不得不花大量的时间去测试所写的文档是否合乎其语法规则,又不能在网页设计的同时就了解文档在浏览器上显示的确切效果;其次要记忆及掌握大量的 HTML 语言的语法规则也不是一件容易的事情。而现在可视化网页设计工具可以使得设计者网页设计轻松自如。网页设计的工具很多,当前流行的工具有:FrontPage、Dreamweaver、Flash 等。

而为了克服静态网页的呆板、缺乏交互性等缺点,使网页变得绚丽多彩、充满互动性,动态网页已经成为当今的网站构成主体。动态网页技术包括网页的动态表现技术与网页的动态内容技术,前者是网页外观的动态表现技术,如 GIF 动画、FLASH 技术、DHTML(动态 HTML)技术、VHTML(虚拟 HTML)技术、VRML(虚拟实现造型语言)技术等。而网页的动态内容技术是通过一定的计算机语言编程如 CGI、ASP、JSP、PHP 等,使得计算机按照网页设计者设置的网页格式,生成所需要内容的网页并传送给访问网页者浏览。

7.8.3　网站发布

网站建设好后还需要进行发布,否则就只能自己欣赏了。但是如果需要在 Internet 上发表自己的主页,让其他用户在网上访问该网站则需要进一步的设置。

1.通过专用的网站服务器发布网站。

现在国内外很多网络公司提供这样的服务,在它们的服务器上提供一定的硬盘空间,存放用户的网页,并分配 URL(Uniform Resource Locator,统一资源定位器)。这些 Web 服务包括很多种形式,有专业的和免费的。在这种情况下存放网页一般要经过如下过程:

(1)提出申请。访问提供空间的网站,填写一些申请表格。

(2)服务器管理员通过 E-mail 确认用户被许可,即许可用户将网页放置在服务器上。许可的同时给用户登录服务器的用户名和密码。使用户能以 FTP 方式将自己的网页文件上载到服务器上指定的目录中。

(3)上载文件后,需要向服务器管理员请求分配给它 URL,并将 URL 与该网页文件建立链接。

2.使用个人网站发布服务器

当前流行的 Web 发布方式主要是两种:IIS 和 Apache 服务器,它们会被分别绑定在 Windows 和 Linux 操作系统上。通过使用这些服务器软件,可以利用自己提供的服务器发布网站。只要保证自己的服务器一直处于开机状态,Internet 上的用户就可以直接通过网址来访问。

这些服务器软件的技术已经较为成熟,配置和使用起来也不算复杂。当然,为了保证性能和稳定性,需要服务器管理人员做出相应的配置和管理工作。

7.8.4 网站推广

网站制作完毕并传送到网络服务器上后,就能够通过相应的网址进行访问了。但是,如何才能让别人知道自己的网站及网址,并通过网址来访问这个网站,以便了解自己的企业、产品、服务或其他信息,是十分重要的。因此,网站的推广是做网站的一个非常重要的部分。一般来说,网站的推广主要有以下几种方式:

(1)搜索引擎注册与搜索目录登录技巧。注册著名的搜索引擎站点是在技术上推广网站的第一步。注册搜索引擎有一定的技巧,像 AltaVista、搜索客这样的搜索引擎,它自动收录提交的网址。另外,注意 Meta 的使用,不要提交分栏 Frame 页面,大部分搜索引擎不识别 Frame,所以一定要提交有内容的 Main 页面。

而像 Yahoo、搜狐等搜索目录网站采用手工方式收录网址,以保证收录网站的质量,在分类查询时获得的信息相关性比搜索引擎站点(靠 Spider 自动搜索的)更强。由于搜索目录网站收录网站的人为因素相对较多,因此在提交网站时要注意遵守规则。如 Yahoo 要求注册站点描述不超过 25 个单词。在此要注意:将网址提交到最合适的目录下面,要认真详细的介绍网站,千万不要有虚假、夸张的成分。

(2)广告交换技巧。很多个人站点在相互广告交换时都提出了几个条件:第一,访问量相当;第二,首页交换。显而易见,这种做法是为了充分利用广告交换。以很多个人网站的经验,当与一个个人站点交换链接时,对方把网站的 LOGO 放到了友情链接一页,而不是首页时,很少有访客会来自那里。通常在首页,广告交换才会有很好的效果。

(3)目标电子邮件推广。使用电子邮件宣传网址时,主要有如下技巧:可以使用免费邮件列表来进行,只要你申请了免费邮件列表服务,你就可以利用邮件列表来推广你的网站;可以通过收集的特定邮件地址,来发送信息到特定的网络群体,在特定网络群体中推广自己的网站;发送 HTML 格式的邮件,即使其内容与接收者关系不大,也不会被当作垃圾信件马上删掉,人们至少会留意一下发送者的地址。不过,在进行邮件推广的时候要注意网络道德。

7.9　Blog

目前风光无限的 Blog(网上日志,博客)是继 Email、BBS、ICQ 之后出现的第四种网络交流方式。可以用 Blog 工具轻松自如地把自己的生活体验、灵感想法、得意言论、网络文摘、新闻时评等沿着时间的轨迹记入 Blog 中,与网友共享。也可以说,博客(blog)是一种新的生活方式、新的工作方式、新的学习方式和交流方式,是"互联网的第四块里程牌"。

1.Blog 的历史

博客是 blog 的中文译名(blog 又译作网志、部落格),英文 Blog 一词起源于 Weblog,意思是网上日志,1997 年由 Jorn Barger 提出。在 1998 年,infosift 的编辑 Jesse J. Garrett,将一些类似的 Blog 的网址收集起来,寄给 Cameron Barrett。Cameron 随后将名单发布在 CamWorld 网站上,许多人亦陆续将 Blog 的 URL 发给 Cameron,慢慢地,一个新的网络社区俨然成型。1999 年,Brigitte Eaton 成立一个 Blog 目录,收集她所知道的网志站点。1999 年,Peter Merholz 开始将 Weblog 念成 We Blog,Blog 成了一个动词,并逐步发展为今天常用的术语。但是,Blog 真正开始快速发展的转折点是在 1999 年 6 月,当时 Pitas 开始提供免费的网志服务,紧接着 8 月,Pyra lab 推出了现在的 blogger.com。blogger.com 提供了简单易学的说明,以及能通过 FTP 直接将网志发表在个人网站上的功能,这带给使用者很大的方便。目前已经有了很多 Blog 托管服务商(BSP),Blog 迎来了高速发展时期。

2.Blog 的特点

Blog 是一种特殊的网络个人出版形式,Blog 网站是个人在互联网中发表各种思想的虚拟场所。一个 Blog 就是一个网页,它通常由简短且经常更新的帖子构成,这些张贴的文章都按照年份和日期排列。Blog 之间的交流主要是通过留言评论的方式来进行。Blog 的写作者称为 Blogger。

通俗地说,以前互联网是人家的,我们只是被动的信息接收者。而 Blog 可以让你自己在网上安一家,将互联网变成自己的家园。因此可以总结 Blog 的特征如下:

(1)个性化。不同的人运用博客的角度不一样,每个博客可以按照自己的兴趣爱好写作,表达自己的思想,抒发自己的情感。

(2)即时性。在自己的博客中,我们可以经常(甚至每天)更新,不断积累。即时发表是博客文体有别于其他个人文章、著作的关键。

(3)开放性。在博客中,每位 Blogger 都会即时地把自己最珍贵、最有价值的收获,发表在自己的博客中与大家一起分享。博客可以不断搜索提炼信息,不断学习和思考。博客的内容很"博",我们可以及时分享其他优秀博客的文章。

(4)聚合性。博客具有 RSS 功能。每个博客网站都有"XML"图标,别人通过这个 RSS 地址可以随时随地调用、转载和阅读你的博客。

对知识管理和创造而言,Blog 提供了新的形态和途径。Blog 写作既承续了笔记文学的优秀传统,更充分鼓励了个人表达。

3.博客与个人网站、BBS 的区别

博客作为一种新兴的网络交流方式,在运用上与个人网站和 BBS 有一些相似点,但是博客与网站和 BBS 在思想内涵、实践操作、技术运用上有一些实质上的区别。

博客与个人网站的区别:个人网站与博客(blog)都是个人为了满足各自的兴趣爱好而制作的一种媒体形式。拥有自己的个人网站,可以在一块小小的网络空间里更加自由灵活地展现自己的个性风采。注册自己的博客,可以方便快捷地发布自己的收获,博客灵活独有的评论机制,给更多人参与的机会,彼此在互动中一起收获交流的快乐。

(1)个人网站技术门槛较高,需要懂得 HTML 语言、图形处理、网页制作、网页发布等相关技术,即使掌握了这些技术还不一定能建立一个个人网站,这使得很多人无法拥有自己个人网站;而博客基本上是零技术,不需要任何网站建设的技术,只要会打字、会上网就行了。

(2)个人网站成本高,需要租用个人空间、域名等;而博客则不需要这方面的投资,是零成本。

(3)个人网站制作的时间周期长,从技术的掌握到网页的设计和发布需要很长的时间,而博客只需要在几分钟之内填写个表单提交就可以了。

(4)个人网站常常注重内容的表现形式,很多个人网站总是追求技术的先进性和表现的艺术性,往往忽略了内容本身;而博客更注重知识的积累、共享和交流,关注内容本身,是个性化的个人知识管理系统。

博客与 BBS 的区别:

(1)从适用的范围来看,BBS 是由很多人聚在一起的聊天,是一个自由交流的公众场所;而"博客群"则是一群为了共同目标聚在一起研究和探讨问题的"对话者"的交流场所。

(2)从网络文化的角度来看,BBS 是一个开放的、自由的空间,面向的是一个较松散的群组,为解决人们缺乏自由发表言论的机会而创设的;而 blog 则是一个私有性较强的平台,面向的是个人和较小的、具有共同目标的群组,是服务于个人和小团体的。

(3)从文章的组织形式来看,BBS 采用帖子固顶和根据发帖的时间顺序来组织帖子,并采用主题方式对帖子进行分类,只有版主才有管理权限。而 blog 则以日历、归档、按主题分类的方式来组织文章,并且 Blog 的使用者可以自行对文章分类,或者将属于私人的信息隐藏起来不对外公布。

(4)从交流方式上来看,BBS 只允许注册用户回复,BBS 中的帖子不易查找;而 blog 不用注册就可以回复。

(5)从内容显现上来看,BBS 的开放性和自由性使用得用户在发表帖子时有时可以不假思索,随意性强,必然会造成无关信息较多。Blog 的内容是经过使用者的思考和精心筛选组织起来的,通过网络的互联,用户是在别人精选的基础对网络资源进行再次筛选,这就保证了资源的有效性与可靠性。

(6)从形成的过程上来看,BBS 的形成是由一大批网友针对不同的主题在不同的时间发表各自的看法,这样知识的形成没有连续性,显得杂乱;而 Blog 通常记录一个人的学习过程和思维经历,Blog 对新手的指导作用比论坛大。

总之,Blog 和 BBS、个人网站各有其优点,在实际运用中我们一定要根据自己的需求,对这些工具加以选择,发挥其优势与作用。

7.10 网格的基本概念

1.网格与网格计算的定义

在过去的几年里,"网格"(Grid)一词主要在学术界使用,如今,它已从幕后走到了台前,在 IT 界引起人们普遍关注。一般认为,有关网格的实质性研究始于 1995 年,当时美国 Argonne 国家实验室的 Ian Foster 博士和南加州大学信息科学研究所的 Carl Kesselman 博士共同领导了美国政府(能源部、NASA 等)支持的高性能分布式计算项目 Globus。在此项目中,为了标记现代科学和工程方面的分布式计算基础结构,首次使用了具有实际内涵的"网格",提出了一种能够广泛利用 Internet 上的各种资源实现虚拟组织的资源共享和问题求解技术。

网格技术的出现的目的不外乎是要利用互联网把分散在不同地理位置的电脑组织成一台"虚拟的超级计算机",实现计算资源、存储资源、数据资源、信息资源、软件资源、存储资源、通信资源、知识资源和专家资源等的全面共享。当然,网格并不一定非要这么大,也可以构造地区性的网格,如企事业内部网络、局域网网格,甚至家庭网格和个人网格等。

网格的根本特征不是它的规模,而是资源共享,消除资源孤岛。网格需要实现动态的、多机构虚拟组织中的协同资源共享与问题解决。资源共享的含义包括两个方面,一是不同的时间段、不同的用户或应用程序分时使用同一个资源;另一是同一个用户或应用程序同时使用多个资源。

基于网格的问题求解就是网格计算。网格计算可以从以下三个方面来理解:

第一,从概念上,网格计算的目标是资源共享和分布协同工作。网格的这种概念可以清晰地指导行业和企业中各个部门的资源进行行业或企业整体上的统一规划、部署、整合和共享,而不仅仅是行业或大企业中的各个部门自己规划、占有和使用资源,这种思想的沟通和认同对行业和企业是至关重要的,将提升或改变整个行业或企业信息系统的规划部署、运行和管理机制。

第二,网格是一种技术。为了达到多种类型的分布资源共享和协作,网格计算技术必须解决多个层次的资源共享和合作技术,制定网格标准,将 Internet 从通讯和信息交互的平台提升到资源共享的平台。

第三,网格是基础设地理施,是将网络上各种计算机、数据、设备和服务等资源综合在一起的基础设施。随着网格技术逐步成熟,将建立分布在全国或世界范围内的大型资源节点,集成网络上的多个资源,联合向全社会按需提供全方位的信息服务。

网格基础设计的建立,将使用户如同今天我们按需使用电力一样,无需在用户端配套安装大量的全套计算机系统和复杂软件,就可以简便地得到网格提供的各中服务,并大大减少设备投资、软件投资和维护开销。

2.网格领域的研究方向

(1)网格技术要解决的问题本质是资源共享问题。利用网络技术,可以将地理位置不同的计算设施、存储设备、服务设施、仪器仪表等集成在一起,建立大规模计算和数据处理等的通用基础支撑结构,实现 Internet 上计算资源、数据资源和服务资源等的广泛共享、有效聚合和充分释放。

传统的 Internet 实现了计算机硬件的连通,Web 实现了网页的连通,而网格试图实现互联网上所有资源的全面连通,包括计算、存储、通信、软件、信息、知识等资源。

以网络为基础的科学活动环境,就是要基于网格技术,建立一个实现区域或全球合作或协作的虚拟科研和实验环境,从而支持以大规模计算和数据处理为特征的科学活动,改变和提高目前科学研究的方式与效率。

(2)网格的实现目标。网格需要实现动态的、多机构虚拟组织中的协同资源共享与问题解决;网格的本质是对分布、异构、动态、演化、大规模、多机构的资源进行组织和管理;网格系统的目标是允许、维持和控制大规模分布式自治资源的共享,以完成共同的目标。因此,网络计算环境下资源组织与管理的理论与方法,是网格系统研究和应用中最基本、最核心、最关键、最有挑战性的问题之一,也是目前国际上公认的网格基础科学研究的热点和难点。

(3)网格基础研究的科学挑战。网络计算环境下的资源组织与管理是一个非常复杂的问题,在基础理论研究方面仍面临着一系列根本性的科学挑战。

◆ 网络计算环境的局部自治性。网络计算环境中的局部自治系统各自为政,相互之间缺少有效的交互、协作和协同,难以联合起来共同完成大型的应用任务,严重影响了全系统综合应用的发挥,也影响了局部系统的利用率。

◆ 网络计算环境异构性。网络计算环境中的各种软件、硬件资源存在着多方面的差异,这种千差万别的状态影响了网络计算系统的可扩展性,加大了系统的使用难度,在一定程度上限制了网格计算的发展空间。

◆ 网络计算环境的混沌性。互联网络中的资源急剧膨胀,其相互关联关系不断发生变化,缺乏有效的组织与管理,呈现出"无序、演化、非线性的混沌状态",使得人们很难有效地控制整个网络系统和提供服务质量 QoS 支持与性能保证。

小 结

计算机网络技术是计算机科学与技术领域中一大类技术,计算机之所以能够迅速普及,与计算机网络所提供的大量信息和新的通信方式密不可分,人们可以通过 Internet 共享许多资源,查找到所需要的资料,并且进行方便而快速的交流。计算机间的通信是复杂的技术,需要各种硬件设备和软件的配合才能正常工作。计算机网络的体系结构是多种多样的,计算机也多种多样,不同类型的网络和计算机之间要想能够畅通无阻的通信,必须需要一系列的交换协议。同时,大量的网站创建工具也给各种个性网站提供了可能性。

习 题

一、选择题

1.计算机网络中实现互联的计算机之间是( )进行工作的。
 A.独立 B.并行 C.相互制约 D.串行
2.下面( )不是网络拓扑结构。
 A.总线型 B.令牌环 C.星型 D.网状
3.下面( )不是有线传输介质。
 A.双绞线 B.红外线 C.同轴电缆 D.光纤

4.在 OSI 参考模型中,(　　)处于模型的最低层。

　　A.传输层　　　　B.网络层　　　　C.数据链路层　　　　D.物理层

5.在 TCP/IP 参考模型中,与 OSI 参考模型的网络层对应的是(　　)。

　　A.网络接口层　　B.网际层　　　　C.应用层　　　　　　D.传输层

6.IP 地址能够唯一地确定 Internet 上的每台计算机与每个用户的(　　)。

　　A.距离　　　　　B.时间　　　　　C.位置　　　　　　　D.费用

7.www.nankai.edu.cn 不是 IP 地址,而是(　　)。

　　A.硬件编号　　　B.域名　　　　　C.密码　　　　　　　D.软件编号

8.WWW 服务是 Internet 上最方便与最受用户欢迎的(　　)。

　　A.数据库计算机方法　　　　　B.信息服务类型

　　C.数据库　　　　　　　　　　D.费用方法

9.elle@nankai.edu.cn 是一种典型的用户(　　)。

　　A.数据　　　　　B.信息　　　　　C.电子邮件地址　　　D.www 地址

10.我们将文件从 FTP 服务器传输到客户机的过程称为(　　)。

　　A.下载　　　　　B.浏览　　　　　C.上传　　　　　　　D.邮寄

二、问答题

1.什么是计算机网络?

2.计算机网络的硬件组成有哪几部分? 各部分的主要作用是什么?

3.什么是通信子网和资源子网? 它们分别有什么特点?

4.试举一个例子说明信息、数据和信号之间的关系。

5.通过比较说明双绞线、同轴电缆与光纤这 3 种常用传输介质的特点。

6.计算机网络采用层次结构模型有什么好处?

7.Internet 的基本服务功能有哪几种?

8.简述电子邮件服务器的基本工作原理。

三、实例操作

1.浏览 WWW 网站。要求:浏览清华大学 Web 站点(http://www.tsinghua.edu.cn),并通过链接进入南京大学的 Web 站点。

2.收发电子邮件。要求:申请与使用免费电子邮箱,并给你的朋友发送电子贺卡。

3.文件下载。要求:使用 FTP 软件下载 FTP 服务器(ftp://ftp.pku.edu.cn)。

4.搜索引擎。要求:使用搜索引擎搜索网页标题中包含文字"计算机网络"的网页。

第8章

多媒体技术及应用

本章重点:多媒体相关的基本概念以及多媒体信息的采样、编码、压缩等多媒体信息处理技术,多媒体技术在计算机技术中所占的地位和所起的作用。

本章难点:多媒体压缩技术。

计算机中大量的音像信息刺激着用户的眼球和耳朵,吸引着用户的注意力,使得计算机不再是枯燥的机器,在给用户提供大量服务的同时,也成为一个放松精神和娱乐的场所。

8.1 多媒体技术简介

8.1.1 什么是多媒体技术

媒体在计算机领域有两层含义,一是指用以存储信息的实体,如磁带、磁盘、光盘和半导体存储器等;另一种是指所表达信息内容的形式,如文字、图形等。多媒体(Multi-medium)中的"媒体"是指后者。国际电报电话咨询委员会对媒体进行了分类,将计算机处理的媒体分为以下五种。

◆ 感觉媒体(Perception Medium)是指直接作用于人的感觉器官,使人产生直接感觉(视觉、听觉、嗅觉、触觉等)的媒体形式。如声音、文字、图形、图像等。

◆ 表示媒体(Presentation Medium)是信息的表示形式。它是为有效地加工、处理和传输感觉而人为研究创造出来的一种媒体。如对声音、文字、图形、图像等的编码,都称为表示媒体。

◆ 显示媒体(Display Medium)是显示感觉媒体的物理设备,用来进行信息的输入和输出。显示媒体分为两类,一类是输入显示媒体,如话筒、键盘、鼠标、扫描仪、摄像机等,另一种是输出显示媒体,如扬声器、显示器以及打印机等。

◆ 传输媒体(Transmission Medium)是传输表示媒体的物理设备。如电缆、光缆、电磁波、交换设备等都是传输媒体。

◆ 存储媒体(Storage Medium)是存储表示媒体的物理设备。如磁盘、光盘、胶卷、磁带等。

多媒体就是指多种媒体的组合,如文字、声音、图形、图像、视频、动画等多种媒体信息,经过计算机数字化处理组合后就称为多媒体。而多媒体技术就是指能够同时获取、加工处理、存储和展示两种或两种以上不同类型信息媒体的技术。多媒体技术能够通过计算机综合处理各种媒体信息,使多种信息建立逻辑关联,集成为一个具有交互性的系统。多媒体主要具有以下特征:

(1)集成性。以计算机为中心综合处理多种媒体信息,它包括信息媒体的集成和处理这些媒体的设备的集成,即声音、文字、图像、视频等多种媒体信息的集成,同时也包括计算机、电视、音响、录像机等多种媒体处理设备的集成。

(2)交互性。交互性是指用户可以与计算机的多种媒体进行交互式操作,实现信息的双向处理,使用户增加对信息的注意力和理解力,从而更有效地控制和使用信息。

(3)多样性。多种媒体共同作用,使人们通过视觉、听觉、触觉、嗅觉及味觉等感觉器官产生更丰富的信息。而信息媒体的多样性是指计算机处理信息媒体的多样化。如果对多媒体信息进行加工、组合、变换,那么就可以大大丰富信息的表现形式和效果。

(4)实时性。实时性是指多媒体系统中的声音及活动的视频图像是实时的,多媒体系统提供了对这些时间媒体的实时处理能力。

应用多媒体技术,计算机系统的人机交互界面变得更加友好和方便,使非专业人士也可以方便地使用和操作计算机。更进一步来说,多媒体技术使计算机技术和通信技术等信息处理技术紧密地结合起来,为信息处理技术的发展奠定了新的基础。

8.1.2　多媒体技术的研究领域

多媒体技术涉及面相当广泛,其研究内容主要包括以下方面。

1.多媒体数据压缩技术

在多媒体系统中,需要表示、传输和处理大量的文字、声音、图像、视频等信息。而音频、图像和视频等信号数字化信息的存储要占用大量的存储空间,同时对传输速度要求也很高。因此,高效的编码、压缩和解压算法成为多媒体系统中的重要研究课题和关键技术。

2.多媒体专用芯片技术

多媒体专用芯片的开发依赖于大规模集成电路技术。要实现图像、音频和视频等信号的编码、压缩、解压缩等处理,需要大量的快速计算的支持。因此,专用芯片技术是多媒体硬件系统体系结构的关键技术。多媒体计算机的专用芯片可分为两大类,一类是功能固定的芯片,另一种是可编程的数字信号处理器 DSP 芯片。

3.多媒体数据存储技术

大量的多媒体信息需要高效的海量存储设备。多媒体的音频、图像、视频等信息即使经过压缩处理,但仍然需要大量的存储空间。大容量的可移动硬盘和光盘系统成为较流行的多媒体数据存储设备,它解决了多媒体信息存储空间的问题。目前存储在服务器上的数据量越来越大,因此对服务器硬盘容量的需求迅速提升。为了避免由于磁盘受损而造成数据资源丢失,人们应用了磁盘管理技术。磁盘阵列就是在这种情况下诞生的一种数据存储形式。这些大容量存储设备为多媒体系统的应用提供了存储条件的保障。

4.多媒体通信技术

多媒体通信技术是指利用通信网络实现多媒体信息的传输和交换的一个综合性技术。这种技术将计算机、通信、多媒体等多个领域融合在一起,提供了诸如多媒体电子邮件、视频会议等全新的信息服务形式。多媒体通信也是建设信息高速公路的主要手段之一,它集成了数据处理、数据通信和数据存储等多种技术,并且给这些领域带来了很大的影响。

5.多媒体数据库

与传统的关系数据库相比,多媒体数据库包含了多种数据类型,数据关系变得更为复杂、难于描述。这就需要一种更为有效的数据库管理技术对多媒体数据库进行管理。它包括多媒体数据库管理系统、面向对象的多媒体数据库系统、基于内容的检索技术等。多媒体数据库主要研究多媒体数据模型、多媒体数据管理及存取方法、多媒体数据管理用户界面等。

8.1.3 多媒体计算机系统的组成

多媒体计算机系统是指能够对文本、图形、图像、动画、音频和视频等多种媒体信息实现获取、编辑、综合、存储和展示等功能的计算机系统。多媒体计算机系统改变了人们对信息处理的方式,能够协调使用多种媒体信息,使之与硬件协调地工作,因此,多媒体计算机系统与传统的计算机系统相比更为复杂。一般的多媒体系统主要由以下四个部分内容组成:多媒体硬件系统、多媒体操作系统、多媒体开发工具和用户应用软件(图 8.1)。

1.多媒体硬件系统

多媒体硬件系统包括计算机硬件、声音/视频处理器、多种媒体输入/输出设备及信号转换装置、通信设备及接口等。其中,最重要的是根据多媒体技术标准而研制生产的多媒体信息处理芯片、光盘驱动装置等。计算机硬件系统在整个多媒体系统中处于最底层,是系统的物质基础。多媒体计算机中的所有硬件设备和由这些设备组成的一个多媒体硬件环境都属于多媒体硬件系统。

2.多媒体操作系统

多媒体操作系统除了具有一般的操作系统的功能以外,还能够在多媒体环境下进行实时任务调度、多媒体信息管理和多媒体设备的同步控制等。多媒体软件平台是多媒体软件系统的核心,其主要任务是提供基本的多媒体软件开发环境。它是专门为多媒体系统而设计的,或者是在已有操作系统基础上的扩充和改进。

3.多媒体开发工具

多媒体开发工具是多媒体系统的重要组成部分。多媒体开发工具包括多媒体数据准备工具和多媒体创作工具。多媒体准备工具是由各种采集和创作多媒体信息的软件工具组成。而多媒体创作工具,又称多媒体编辑工具,它为多媒体开发人员提供组织编排多媒体数据并连接成多媒体应用系统的软件工具。

4.用户应用软件

用户应用软件是根据多媒体系统的最终用户的需求而专门制作的应用软件,或是面向某一特定领域用户而开发的应用软件系统。多媒体用户应用软件是面向大规模用户的软件产品。它是由多媒体开发人员利用多媒体开发系统制作的多媒体应用产品。

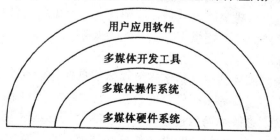

图 8.1　多媒体系统的层次结构

8.2 多媒体信息处理技术

一般来说,多媒体信息处理技术包括音频技术、图形和图像处理技术、视频和动画,以及数据压缩技术。

8.2.1 音频技术

1.音频和数字音频

声音是因物体振动而产生的一种物理现象。从物理学上讲,声音是一种波。描述声音的物理量有声波的振幅、周期或频率。

音频是指频率范围在 20～20 000 Hz 以内的声波。模拟音频是指随时间连续变化的音频声波的模拟记录,通常采用电磁信号对声音波形进行模拟记录。唱片、磁带都是模拟音频的记录媒体。而数字音频并非一种新的声音,它是模拟音频在计算机内的一种记录和存储形式。对模拟音频的数字化,使在时间上连续变化的波形声音变成了一串由 0、1 组成的数据序列,这就是数字音频。所以说,数字音频是对模拟音频的数字化。光盘、硬盘和软盘都是数字音频的记录媒体。

音频技术主要包括 4 个方面,音频数字化、语音处理、语音合成和语音识别。

音频数字化就是将模拟音频转换成为数字音频。对连续波动的声音信号进行数字化,其主要步骤包括采样、量化和编码。

采样就是每隔一定的时间间隔 T,抽取语音信号的一个瞬时幅度值,采样后得到了一系列在时间上离散的采样值,如图 8.2 所示。采样频率是指录音设备在一秒钟内对声音信号的采样次数。采样频率越高,则还原的声音失真就越小,听起来就越真实。

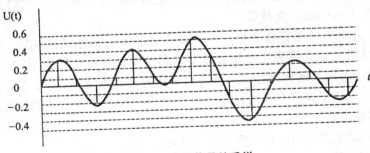

图 8.2 声音信号的采样

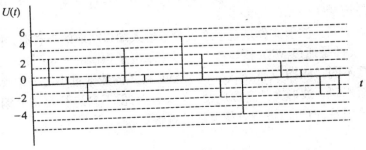

图 8.3 声音信号的量化

采样将模拟信号离散化为在时间上离散的脉冲信号,但脉冲的幅度仍然是模拟的,还必须进行信号取值的离散化处理。这就需要对幅值进行取整处理,这个过程称为量化,如图 8.3 所示。

采样、量化后的信号还不是数字信号,需要把它转换成数字编码脉冲,这一过程称为编码。对量化后的结果采用某种音频编码算法进行编码,从而得到数字音频。最简单的编码方式是二进制编码,如图 8.4 所示。

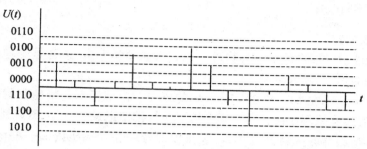

图 8.4　声音信号的编码

音频数字化目前已较为成熟,多媒体声卡、数字音响就是采用此项技术设计而成的。语音处理包括的范围较广,主要集中在音频压缩上,目前的 MPEG 语音压缩算法可将声音压缩 6 倍。在语音合成方面,目前几种主要语音的合成水平已达到实用阶段。难度最大也是最吸引人的音频技术是语音识别,其广阔的应用前景使其一直成为研究的热点问题。

2. 数字音频文件

在多媒体计算机中,常用的数字音频文件通常包括波形文件和非波形文件两类。

波形文件是指模拟音频信号经过数字化后,由计算机处理、存储、传输,输出时经 D/A 转换器将数字信号还原成为原来的波形音频文件。波形文件主要有 WAVE 文件、VOC 文件、PCM 文件、MP3 文件和 Read Audio 文件等。

非波形文件是指通过语音合成器产生相应声音的非波形格式的 MIDI(Musical Instrument Digital Interface)文件。该文件采用数字方式对乐器演奏的声音进行记录,然后在播发时再对这些记录进行声音合成。该文件存储的不是数字化的实际声音,而是发送给音频合成器的一系列指令,这些指令只记录了音符所对应的音量、音色、力度、节拍及按键压力等 MIDI 信息,因此占用磁盘空间较小。

波形文件和 MIDI 文件的区别主要有以下几点:

(1)文件格式不同。波形文件是通过对模拟声音信号进行数字化而得到的数字音频信号;而 MIDI 文件只是记录了一系列乐谱指令。

(2)声音来源不同。波形文件是直接通过声卡输入端口获取的声音源,并可从输出端口直接播放;而 MIDI 文件是通过 MIDI 接口由音序器记录电子乐谱的一系列指令数据。

(3)存储容量不同。MIDI 文件格式要比 WAVE 格式的数据量小两个数量级以上。

(4)适用范围不同。波形文件音源广泛、音效逼真,但不易进行复杂的编辑;而 MIDI 文件的音源有限,效果稍差,但可以进行方便灵活的编辑。

8.2.2 图形和图像技术

1.图形

图形也称矢量图,是由数字方法产生的用一系列计算机指令来描述和记录的一幅图。这幅图可分解为一系列子图,如点、线、面等。这些点、线、面等也被称为矢量图中的元素。它们是用数学表达式来描述的,因此需要专门的软件来解释对应的图形指令。

矢量图是可修改的,里面的图形元素的长度、粗细、颜色等模式可以进行移动、缩放、旋转、复制、属性的改变等操作。如果需要编辑一小块图形时,用矢量图非常有效的。相同或类似的对象可以当作基本图块,并存入图形库中。这样不仅可以加速图的生成,而且可以减小矢量图文件的大小。然而,当图像变得很复杂时,计算机就要花费很长的时间去执行绘图指令才能把一幅图显示出来。对于一幅复杂的彩色照片,很难用矢量图来表示。

编辑这种矢量图形的软件通常称为绘图程序,例如 AutoCAD,它特别适于绘制机械图、电路图等。

2.图像

图像是对人、物或场景的空间形象的视觉描述信息。图像在计算机中是以位图的形式表示和存储的。它是由许许多多像素点组成的二维空间矩阵,矩阵的行列坐标代表像素点的位置,像素点的值代表图像在该点的亮度、颜色信息。所有计算机能接受和处理的图像都一定是数字图像。模拟图像是在进入计算机以前的非数字化图像,可以从现实世界通过图像获取设备来得到。模拟图像进入计算机存储和处理,首先要进行数字化,即对模拟图像进行采样和量化,这与模拟声音的数字化原理相同。采样是把图像划分为若干图像元素(像素)并赋给它们相应的地址,即行列坐标值;量化是度量每个像素的灰度,并把连续的度量结果取为整数,因为数字图像的亮度值是用整数来表示。模拟图像数字化的结果就是得到数字图像,而计算机中的图形只能用图形编辑器或程序来产生,不能从现实世界获取。

3.位图图像和矢量图形比较

位图图像和矢量图形主要有以下不同点:

(1)存储容量不同。由于位图文件是由大量的像素点组成,其大小取决于图像分辨率、图像大小等,数据量非常大,占用空间较大,而矢量图文件只保存算法和特征点,数据量少,占用空间较小。

(2)获取方式不同。由于位图文件适合表示自然景物图像,一般是通过图像获取设备实际拍摄或对图片进行扫描得到,而矢量图文件一般是通过画图程序得到,侧重于绘制和创建。

(3)显示速度不同。位图文件显示时只是将像素映射到屏幕上,显示速度快,而矢量图文件显示时需重新运算和变换,速度相对较慢。

4.图像的存储格式

图像文件在计算机中的存储格式有多种,如 BMP、PCX、TIF、TGA、JPG 等。下面介绍现在使用最多的几种图像文件格式:

(1)BMP 格式。BMP 是 Windows 所使用图形图像的基本位图格式。在 Windows 系统的图像图形软件都支持该格式。该文件将数字图像中的各个像素点对应存储,一般不采用压缩技术,因此占用存储空间很大。BMP 格式支持黑白图像、16 色和 256 色的伪彩色图像以及 RGB 真彩色图像,是微机上使用最广泛的图像文件格式之一。

(2)JPG 格式。JPG 是一种有损压缩的静态图像文件格式,其应用范围非常广泛,在网上嵌入的图像几乎都是采用该格式。由于该文件采用先进的图像压缩技术,因此具有较高的图像保真度和较高的压缩比。这种格式的最大特点是文件小,压缩比可调,非常适用于要处理图像数据量较大的情况。

(3)GIF 格式。GIF 是压缩图像存储格式。GIF 格式支持黑白图像、16 色和 256 色彩色图像该文件,使用 LZW 压缩方法,压缩比较高。由于它同时支持静态和动态两种形式的图像,文件长度又较小,可减少下载浏览时间,因此在网页制作中受到普遍欢迎。GIF 格式可存储多幅图像,并具有交错显示(下载最初以低分辨率显示,以后逐渐达到高分辨率)和动画效果(同一文件中几副画面连续显示),可用于在不同的平台上进行图像交流和传输。它的缺点是不支持真彩色。

(4)TIF(或 TIFF)格式。TIF 格式是一种在数字图像扫描、桌面排版系统中非常重要的文件格式。该文件分为压缩和非压缩两类。其中非压缩的格式文件是独立于软硬件的,具有良好的兼容性。而压缩文件相当复杂,压缩的方法有好几种,且是可扩充的。因为压缩存储有很大的选择余地,非压缩的 TIF 文件又可选择压缩存储,因此许多图像处理软件都支持该文件格式。TIF 是工业标准格式,支持所有图像类型,特别是在扫描仪和文字识别中使用相当广泛。

8.2.3 视频和动画

视频是指活动的、连续的图像序列。其中的一幅图像称为一帧,帧是构成视频信息的基本单元。当序列中每帧图像是由人工或计算机产生的图像时,常称作动画。视频和动画都是连续的动态图像序列,视频或动画中的帧以一定的速率播放,使观看者得到连续运动的感觉。与静态的图像相比,视频和动画具有更加丰富的内容,满足了人们对生动形象的动态画面的视觉要求。

常见的动画文件有 GIF 文件、FLIC 文件、MPG 文件等格式。GIF 文件由于采用了无损数据压缩方法中压缩比较高的 LZW 算法,因而文件尺寸较小、占用空间少,在网页制作中得到广泛应用。FLIC 文件是 Autodesk 公司的三维动画设计软件 3Dstudio 所采用的彩色动画文件格式,它是 FLI 文件和 FLC 文件的统称。

视频技术包括视频数字化和视频编码技术两个方面。模拟视频信号进入计算机,首先需要解决模拟视频信息的数字化问题。与音频数字化一样,视频数字化是将模拟视频信号经过模数转换和彩色空间变换转为计算机可处理的数字信号形式,使计算机可以显示和处理视频信号。

数字图像数据的数据量很大,而数字视频信息的数据量问题就更加突出。这样大的数据量无论是传输、存储还是处理,都是极大的负担。为了解决这个问题,必须对数字视频信息进行压缩编码处理。视频压缩的目标是在尽可能保证视觉效果的前提下减少视频数据率。视频是连续的静态图像,其压缩编码算法与静态图像的压缩编码算法有某些共同之处。但是,在对视频进行压缩时还必须考虑其自身的运动特性。由于视频信息中相邻画面之间具有很强的相似性,再加之人眼的视觉特性,所以数字视频的数据量可压缩至几十倍甚至几百倍。

常用的视频文件有 MPEG 文件、AVI 文件等格式。AVI 文件是微软公司开发的一种音频与视频文件格式,可以用来保存电影、电视等各种格式的视频。MPEG 格式是基于动态图像专家组组织所制定的动态影像存储标准文件格式。该文件格式压缩比高,图像和音质好,目前市场上出售的 VCD、DVD 都是采用了 MPEG 文件格式。

8.2.4 数据压缩技术

声音和图像等多媒体数据中,存在着大量的冗余信息。通过去除冗余数据可以使原始数据量极大缩减,从而达到对数据的压缩。数据压缩技术就是研究如何利用数据的冗余来减少表示和存储的数据量的方法。多媒体数据压缩技术有三个重要的指标:首先,实现压缩的算法要简单,压缩、解压的速度要快,尽可能地做到实时压缩和解压。其次,数据压缩前后所需的信息存储量之比要大,即实现的压缩比要大。最后,恢复的效果要好,要尽可能的完整地恢复原始数据的信息。数据压缩的方法种类繁多。根据解码后数据是否能够完整地无丢失地将原始数据恢复出来,可分为无损压缩和有损压缩。

1.无损压缩

无损压缩又称可逆压缩,它的工作原理是利用数据的统计冗余去除或是减少冗余值,但这些值可以在解压缩时重新插入到数据中,恢复出来原始数据;它可以完全回复原始数据而不引起任何失真,但压缩比受到数据统计冗余度的限制,一般为 2:1 到 5:1。无损压缩方法广泛用于文本数据压缩或特殊应用场合的图像数据(如指纹图像、医学图像、传真图像等)的压缩等。无损压缩的典型算法有哈夫曼编码、香农 – 费诺编码、LZW 编码、算术编码、行程编码等。

2.有损压缩

由于受到压缩比的限制,无损压缩不可能解决大量图像和视频的存储和传输问题。有损压缩又称不可逆压缩,这种方法在压缩时利用人类听觉和视觉中对某些频率成分的不敏感性,允许压缩过程中损失一定的信息。有损压缩虽然减少了数据的信息量,不能完全恢复成原始数据的状态,但是损失的部分对原来数据的理解影响较小,却换来了较大的压缩比。在语音、图像和视频等大量数据的压缩中,有损压缩方法已经被广泛采用。自然景物彩色图像的有损压缩,压缩比可达到几十倍甚至上百倍。预测编码和变换编码是较常用的有损压缩方法,是按照压缩技术所采用的原理来划分的。新一代的数据压缩方法包括基于模型的压缩方法、分形压缩、小波压缩等。

变换编码是先对原始数据进行变换,变换到另一个更为紧凑的表示空间,如将时域信号变换为频域信号,去除信号的空间冗余度。因为声音、图像中的大部分信号属于低频信号,在频域中信号的能量可以得到集中,变换后再进行编码,可以得到比预测编码更高的压缩比。离散余弦变换(Discrete Cosine Transform,DCT)常被认为是图像信号的一种近似最佳变换。DCT 变换的最大特点是对于一般的图像都能够将像块的能量集中于少数低频 DCT 系数上,这样就可能只编码和传输少量的低频系数而不严重影响图像的质量。离散余弦变换与其他方式结合进行压缩编码,已广泛应用于各种图像压缩编码标准中,如 JPEG 压缩标准。

(a) bmp格式

(b) jpg格式

 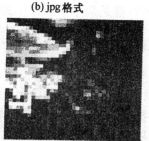

(c)图(a)的局部区域放大　　　　　　　(d)图(b)的局部区域放大

图 8.5　图像压缩前后的比较

3.多媒体数据压缩标准

目前,被国际社会广泛认可和应用的通用压缩编码标准有很多,其中 JPEG 标准和 MPEG 标准比较常用。

(1)JPEG 标准。JPEG 标准是由国际标准化组织和国际电报电话咨询委员会于 1991 年 3 月联合制订,适用于彩色和灰度的静止数字图像的压缩。

(2)MPEG 标准。MPEG 是由运动图像专家组(Moving Picture Experts Group)制订的,它研究视频及其伴随音频的编码标准。MPEG 能够以高压缩比例来压缩视频数据。MPEG 分为 MPEG1、MPEG2 和 MPEG 4。MPEG 1 适用于 VCD,MPEG 2 适用于 DVD,而 MPEG 4 主要适用于电信领域,例如移动电话、互联网等。

8.3　多媒体创作工具

8.3.1　多媒体创作工具的概念

随着多媒体技术的普及和它在教学和商业领域的广泛应用,多媒体创作工具也应运而生。多媒体创作工具是用来制作完成多媒体应用的系统工具。多媒体开发人员借助于多媒体创作工具,在多媒体操作系统上组织编排多媒体数据资料,并把它们连接成完整的多媒体应用。

多媒体创作工具又称多媒体开发平台,它是对文本、声音、图形、图像、视频、动画等多种媒体信息进行集成和统一管理的编辑制作软件。具体地讲,多媒体创作工具是一组程序命令的集合。为了给多媒体应用系统的设计者提供一个自动生成程序编码的环境,多媒体创作工具提供了各种媒体功能的组合,注重设计过程的简化。多媒体创作工具包括了制作、编辑和输入/输出各种媒体数据,并将其组合成所需呈现的序列的基本工作环境。在集成了多媒体信息的基础上,多媒体创作工具还提供了自动生成超文本组织结构的超级链接功能,称为超媒体创作工具。

多媒体应用的设计过程包括选题、设计、准备数据、集成、测试和发行等多个阶段,而多媒体创作工具一般是指在集成阶段所使用的开发工具。需要注意的是,一个大型的多媒体项目的研制开发,其关键问题并非在于用多媒体软件设计的过程。首先必须明确制作内容和预期展示效果,分析技术可行性、熟悉软硬件环境等;然后进行总体结构规划,确定主题后,进行自顶向下的模块化设计,对各功能模块进行相对独立的设计。对于创作素材的收集,可以通过网络下载文档图片、捕获视频或音频等获取现成的素材。对于创作素材的组织,可以利用声音、图形、图像、动画和视频等多种媒体素材的加工工具进行素材的再制作。

8.3.2　多媒体创作工具的分类

多媒体创作工具根据编辑和创作方式的不同,可分为基于脚本语言的创作工具、基于流程图的创作工具和基于时间的创作工具。

1.基于脚本语言的创作工具

基于脚本语言的创作工具需提供一套脚本描述语言或描述符号,设计者用这些语句或符号像写程序那样组织、控制各种媒体元素的呈现和播放。为了便于创作,通常将脚本按页或卡片进行组织,所以这类创作工具又称基于页面和卡片的制作工具。工具系统根据脚本中对页或卡片的结构描述来安排逻辑结构,就好像一本书的各个章节由不同页面组成一样。

这类工具的典型代表作是 Hypercard 和 Multimedia ToolBook。它们通常的设计方法是用创作工具中提供的脚本编辑器(如卡片编辑器)通过指令或符号建立脚本,再利用系统提供的预放系统进行播放,不满意再返回到脚本编辑器进行重新设计。为了减轻设计者记忆描述语言的负担,一些系统把脚本编辑器设计成填表或对话模板的方式,设计者只需按格式填写。这类开发环境可以使设计者很容易地一面撰写脚本,一面播放来观察制作效果的好坏。

2.基于流程图的创作工具

在基于流程图的创作工具中,多媒体元素和交互作用提示及数据流程控制都在一个流程图中进行安排,即以流程图为主干创建事件、任务和判断选择。流程图中的流线反映数据控制流程,流线上放置的不同类型的图标扮演着类似脚本指令的角色。流程图的方式能够形象地描述整个项目的逻辑关系,正好符合人类的认知规律。为了进一步完善多媒体作品,可以对逻辑结构进行重新安排,即调整图标及其属性。

基于流程图的多媒体创作工具简化了项目的组织过程,并使整个设计以流程图的方式呈现,一目了然,因此这种编辑方式被称为可视化创作(Visual Authoring)。这类创作工具也具有类似脚本指令的优点,可以制作出灵活多变的多媒体节目。Authorware 是这类工具的典型代表,它是目前公认的交互功能最强的多媒体创作工具。

3.基于时间的创作工具

基于时间的创作工具是多媒体创作工具中最常见的。它随时间来决定事件的顺序和对象演示的时段。这种创作过程除了按时间顺序管理节目的内容和流程外,还要进行各种媒体资料的同步控制,因此可以包括多个频道,便于协调多种对象的同时呈现。在这类创作工具中,都有一个控制播演的面板,它与录音机、录像机的控制板相类似。

基于时间的创作工具适用于信息从头到尾按顺序播放的商业广告、电影、动画片等影视节目的制作。这类创作工具的典型代表是 Action 和 Director。虽然基于时间的创作工具在控制媒体的同步上具有很大的优势,但在交互式的操作及逻辑判断处理方面都不如脚本描述和流程图方式那样直观,比较适合于制作交互性不强多媒体作品。

8.3.3　多媒体制作工具简介

多媒体创作工具产生的初衷是为不熟悉编程的人员制作多媒体应用软件提供一种便利快捷的工具。多媒体创作工具本质上是一组高级的软件程序或命令集合。多媒体创作工具可以完成可视化编程的任务。因此,随着多媒体技术的发展,其应用范围越来越广阔,手段越来越灵活,相应的创作工具的功能也越来越复杂。

1. Director

用 Director 进行多媒体创作,简单易学,作品效果好,尤其适合于多媒体创作的初学者使用。Director 提供了 Studio 工作室,为创作人员提供了方便灵活的二维动画创作环境。通过使用 Studio 工作室中的各种窗口提供的功能,可以完成动画的创作。Director 属于基于时间的多媒体创作工具,Director 的动画是不同时间间隔上的图像流。Director 除了为开发者提供了各种创作功能外,还提供了各种外部接口,可以很方便地调入其他开发工具制作的多媒体素材。

采用 Director 制作的多媒体应用系统可以在 Windows 和 Macintosh 平台上运行。它的运行方式有两种,一种是在 Windows 中直接运行 EXE 文件,另一种方式是制作成为 Microsoft 公司专门为 Windows 定义的 AVI 动画文件。

2. Authorware

Authorware 是 MacroMedia 公司推出的另一种颇具影响力的多媒体创作工具,是当今公认的功能比较强大的交互式多媒体制作软件。它的用途广泛、操作简单、程序流程直观明了、交互能力强,不需要大量编程就使得不具备专业编程能力的人员也能创作出高水平的多媒体作品,所以 Authorware 已成为多媒体制作者的首选工具。

Authorware 作为一款多媒体集成工具,可用的媒体素材丰富。它本身提供的文本、绘图和动画功能并不十分强大,但可以大量引用外部素材,其中包括文字、声音、图像、动画、数字化电影等。与 Director 一样,Authorware 支持多平台,可以在 Windows、Macintosh 等操作系统下运行。

8.4 虚拟现实技术

8.4.1 虚拟现实简介

虚拟现实(VR,Virtual Reality)是一项与多媒体技术密切相关的边缘技术,它通过综合应用计算机图像处理、模拟与仿真、传感技术、显示系统等技术,以模拟仿真的形式,给用户提供一个真实反映操作对象变化与相互作用的三维图像环境,从而构成的虚拟世界,并通过特殊设备(如头盔和数据手套)给用户提供一个与该虚拟世界进行交互的用户界面。具体地讲,虚拟现实是一种可以创建和体验虚拟世界的计算机系统,它能够使参与者产生各种感官信息,如视觉、听觉、手感、触觉、味觉及嗅觉等体验,从而接受并认识客观世界中的客观事物。虚拟现实技术涉及计算机技术、计算机图形学、计算机视觉、视觉生理学、视觉心理学、仿真、微电子、多媒体技术、信息技术、立体显示、传感与测量、软件工程、语音识别、接口技术、计算机网络及人工智能等多种技术,是这些技术集成的产物。

虚拟现实具有沉浸性、交互性和想象性等特点。沉浸性又称临场感,是指用户对虚拟世界中的一种真实感觉,它能够给人以身临其境的感受,就如同在现实世界中的感觉一样。交互性是指用户对虚拟世界中的物体的可操作性,例如,用户可以用手去直接抓取虚拟环境中的虚拟物体,这时手会有握着东西的感觉,并可以感觉物体的重量。想象性是指虚拟现实技术应给用户以广阔的想象空间,拓宽了人类的认知范围,不仅可再现真实存在的环境,也可以随意构想客观不存在的甚至是不可能发生的场景。

虚拟现实是用计算机模拟三维世界,用户不仅可以浏览、展示虚拟现实所创建的环境,还可以参与到这个虚拟世界中去,体验身临其境的感觉,因此这种技术特别适用于对特殊环境的模拟,例如,建筑师可以运用虚拟现实技术向用户提供三维虚拟模型,而外科医生还可以在三维虚拟的病人身上实施一种新型的外科手术,再比如汽车驾驶员培训、飞行员和宇航员的训练等。目前,虚拟现实技术还被广泛地用来编制三维的仿真游戏,这类游戏允许在网络环境下有多个人参与到所描述的虚拟现实中,达到接近现实的逼真效果。从 20 世纪 90 年代初起,美国率先将虚拟现实技术用于军事领域,以增强其临场感觉,提高训练质量,锻炼和提高士兵的作战水平、快速应变能力和心理承受力。美国陆军 1994 年的“路易斯安娜 94”作战演习,就是利用虚拟现实技术进行的。这次演习不仅很好地达到了演习目的,还节约演习经费近 20 亿美元。

8.4.2　虚拟现实的模型描述语言

基于虚拟现实语言(VRML,Virtual Reality Modeling Language)的虚拟现实技术在互联网上得到了广泛应用。虚拟现实技术可以用 VRML 语言制作带有动画、运动过程、多用户参与的交互式实时仿真系统。

VRML 是虚拟现实的模型描述语言,是一种描述可以通过 Internet 相互连接和访问的虚拟世界的语言。VRML 不仅可以描述静态事物,同时可以制作具有复杂动态交互的仿真环境。VRML 语言提供了很多描述三维几何体的元素,比如锥体、球体、柱体等。像 HTML 文件一样,要想浏览 VRML 文件,需要一个 VRML 的浏览器。目前已有的 VRML 浏览器很多,Netscape 将 HTML 浏览器和 VRML 浏览器集成在一起的,其 3.0 版可通过一个 VRML 的解释器插件来支持 VRML。此外,VRML 浏览器还有 CyberPassage、WebSpace 等。这些浏览器一般支持对 VRML 对象的三维转动和不同角度及远、近视角调整等。

小　　结

多媒体技术是 20 世纪 90 年代计算机发展的又一次革命,多媒体技术及其产品在计算机产业中占据了相当重要的地位,多媒体的出现拓宽了计算机的应用范围。通过对本章中多媒体和多媒体技术的学习,能够广泛地了解了多媒体技术的工作原理,极大地方便了对该专业课程的进一步学习,同时为学生制作多媒体作品、在多媒体技术方向的深入研究打下了一个良好的基础。

习　　题

1. 多媒体的媒体种类有哪些?
2. 多媒体技术有哪些主要特征?
3. 多媒体技术涉及哪些主要内容?
4. 矢量图形与位图图像的区别是什么?
5. 什么是有损压缩、无损压缩?
6. 数字音频文件主要有哪几种形式?
7. 多媒体创作工具有哪几类?
8. 什么是超文本和超媒体?
9. 什么是虚拟现实?

第9章 数据库系统及其应用

> **本章重点**：数据库系统的三级结构、两层映象实现的基本原理、数据模型的建立及结构化查询语句的使用方法，数据库技术在实际生活中所起的作用。
> **本章难点**：SQL 查询语句的使用。

数据库是 20 世纪 60 年代末发展起来的专门用于数据管理的技术，其主要目标是探索科学组织数据的方法和高效处理数据的策略。在减少数据冗余的前提下，保障数据的完整性和安全性，进一步实现数据的共享。由于其自成体系的理论、先进的管理技术和方便实用的操作方法，30 多年来在世界范围内得到了广泛的应用。目前，数据库的规模、性能、容量、使用频度、安全性和可靠性已成为衡量一个国家信息化程度的重要标志。数据库技术也发展成为计算机科学与技术学科的一个重要分支。

9.1 数据管理技术的产生和发展

自从计算机诞生之日起，高效地处理数据就一直是计算机学术界所探讨的问题。在处理数据的过程中，计算工作往往是比较简单的，而管理工作却相对比较复杂。所谓数据管理是指对数据的收集、整理、组织、存储、维护、检索和传送等操作，是整个数据处理的核心。随着计算机硬件和软件的快速发展，管理数据的方法也在不断地更新和完善。数据管理技术的发展主要经历了人工管理阶段、文件管理阶段和数据库管理阶段等三次重要的变迁。

1.人工管理阶段

20 世纪 50 年代中期，计算机主要用于科学计算。当时的硬件配置较低，外存只有纸带、卡片和磁带，没有磁盘等直接存储设备；软件方面尚未出现操作系统，没有文件管理系统，应用程序只能进行科学计算；计算机的时空资源相对比较昂贵，因而数据处理主要采用批处理方式，以减少计算机的空闲时间为更多的用户服务。数据是按物理地址进行寻址的，在编程序时，程序员不但需要考虑数据的逻辑定义和组织方法，而且要考虑数据在计算机中的物理存储方式和存储地址。因此，所设计出的程序往往与数据交织在一起，相互结合形成一个整体。当时对数据的管理基本上是靠人工来完成的，而且是分散进行的，计算机还没有在数据管理中发挥出应有的作用。所加工的数据在程序运行结束后，也不在计算机中进行保留。

在人工管理阶段，数据与程序之间的对应关系可以用图 9.1 来表示。此时的数据是面向具体应用的，一个数据集仅对应于一个应用程序。尽管应用程序 i 和应用程序 j 都是使用了公共数据，但也必须各自定义数据集，无法相互利用。这种数据管理方式会导致数据集之间存在着大量的重复数据，所存储数据的一致性也无法得到保证。

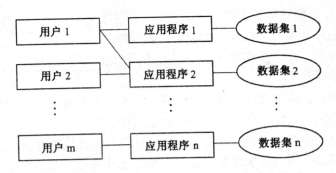

图9.1 人工管理阶段数据与程序之间的对应关系

2.文件管理阶段

20世纪50年代后期到60年代中期,数据管理已进入文件管理阶段。在这一时期,计算机不仅用于科学计算,而且被广泛地应用于工作管理中。当时的硬件技术得到了迅猛的发展,外存设备磁带的出现使得人们可以记录计算过程中所产生的大量数据;磁盘和磁鼓等直接存取设备(无序顺序存取,由地址直接访问所需的数据)的出现,使计算机的存储能力得到了加强。在软件方面,出现了第一代操作系统,人们不必去自己管理计算机,而是由机器自身来进行管理。操作系统为直接存取设备设计了专门的数据管理软件,一般称为文件系统。该系统主要包括文件存储空间管理、目录管理、文件读写管理、文件保护、同时可以向用户提供接口。在处理数据时,也不仅仅局限于批处理方式,也有联机实时处理等其他一些方法。

在文件管理阶段,应用程序与数据文件之间的对应关系如图9.2所示。

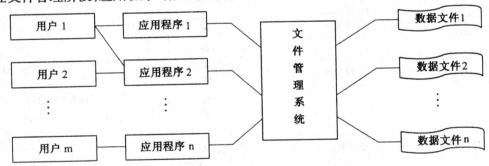

图9.2 文件管理阶段数据与程序之间的对应关系

与人工管理数据相比,文件管理方法具有以下特点:

(1)数据存储在文件中,文件可长时间地保存在外存设备里。用户可随时对数据文件进行检索、修改、插入和删除等操作。

(2)文件系统管理数据。文件系统是应用程序与数据文件之间交互的接口,程序和数据文件之间的存取操作都是由文件系统来执行完成的。存取时所使用的主要技术是按文件名访问和按记录存取。文件系统将文件的逻辑结构转换为物理结构,从而使程序和数据相分离。此时,数据与应用程序之间有了一定程度的独立性。

相对于人工管理而言,文件管理有了很大程度的进步,但仍然存在着许多问题:

(1)数据冗余度大。在文件管理中,一个文件基本上对应于一个应用程序,即在文件系统中,文件仍由应用程序来定义。当不同的应用程序具有部分相同的数据时,也必须建立各自的数据文件,而不能共享相同的数据。例如,如果数据文件1是学生的学籍文件,在该文件中包含了所有学生的信息;数据文件 2 是学生的成绩文件,而成绩文件中又包含了学生的相关信息,则数据文件 1 与数据文件 2 之间存在着数据冗余问题。

(2)数据的不一致性。由于程序存在很多副本,给数据的修改和维护工作带来了很大的困难,容易造成数据的不一致。

(3)数据的独立性差。由于文件的逻辑结构是在应用程序中进行定义的,因此当数据的逻辑结构发生改变时,必须在应用程序中对文件结构进行修改。

(4)数据之间的关联性差。不同文件之间的数据存在着紧密的逻辑联系,但是由于实现这种逻辑联系是相当复杂的,因而在文件管理系统中很少提供这些数据之间的联系方法。各数据文件之间是孤立存在的,不能反映现实世界中客观事物之间的内在联系。

3. 数据库管理阶段

20 世纪 60 年代后期,随着社会和生产的高速发展,计算机所处理数据的规模越来越大,需要处理的数据量也在急剧增加,实现数据共享已成为迫切需要解决的问题。这些需求的变化使得文件系统的缺点越来越令人难以忍受,人们迫切盼望数据冗余度小,能够实现数据共享的系统出现。此时,计算机的硬件环境有了进一步的改善,CPU 的计算速度明显加快、内存容量有了很大程度的提高(已拥有了大容量的磁盘)。在数据处理方式上,人们对联机实时数据处理的需求不断增加,并开始提出和考虑分布式处理方法。在这种背景下,为了解决多用户数据共享问题,使数据尽可能多地为应用程序服务,人们开始使用数据库技术来管理数据,出现了统一管理数据的专门软件系统即数据库管理系统(Database Management System,DBMS)。

在数据库管理阶段,程序与数据之间的对应关系如图 9.3 所示。

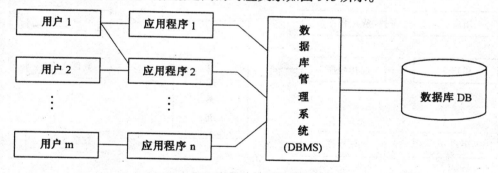

图 9.3　数据库管理阶段数据与程序之间的对应关系

与文件管理阶段相比,数据库管理技术具有以下特点:

(1)数据结构化。由于数据是按照模型来进行组织、描述和存储的,因而称数据库具有数据集成化或数据结构化的特性。在进行数据库设计时,要站在全局的角度来抽象和组织数据,需要完整并准确地描述数据之间的联系。在数据库系统中,数据不再针对某一具体应用程序,而是面向全局、面向系统、面向所有用户,具有整体结构化的特性。

(2)数据的高度独立性。当数据的逻辑结构和存储结构发生变化时,通过系统所提供的映象转换功能,使应用程序不做任何修改仍可满足用户的需求。数据库的维护工作完全交给数据库管理员(Database Administrator,DBA)来完成,而程序员在不知道数据库物理存储的情况下,仍然能够开发出用户所需要的应用程序,真正实现了数据和程序相独立。

(3)数据由 DBMS 统一管理和控制。对数据库的管理和维护实际上是由 DBMS 来完成的。DBMS 提供了数据的安全性保护、完整性保护、并发性控制和数据库恢复等各种功能,以确保用户能正常地使用数据库。在硬件故障或受到人为破坏的情况下,实现数据库的自动恢复。

(4)数据的共享程度高。数据库系统从整体角度来看待数据和描述数据,数据不再面向具体应用而是面向整个系统,因此数据可以被多个应用程序所共享。共享数据可以大大地减少数据存储中的冗余问题,节省存储空间。数据共享还能避免数据之间的不相容性,保证所有用户使用的数据都是一致的。

9.2　数据库系统中的基本概念

在介绍数据库技术之前,应掌握与其密切相关的四个基本概念:数据、数据库、数据库管理系统和数据库系统。

1. 数据(Data)

数据和信息是一对密切相关的概念。信息是对客观事物运动状态及特征的描述。数据是信息的负载符号,是对客观事物特征的抽象化和符号化描述。使用数据符号可以表示那些从观察或测量中所收集到的基本事实。

为了了解世界和认识世界,人们需要对事物进行描述。使用自然语言进行描述虽然很直接,但却很繁琐,也不便于形式化,更不利于在计算机内部对其进行存储和组织。为此,人们通常从事物中抽取那些感兴趣的特征或属性来对其进行描述。例如,一个学生可用以下符号记录进行描述:(00011,李楠,男,04218,1984,软件学院,软件工程)。上面这条学生记录所包含的信息如下:李楠是 04218 班,学号为 00011 的学生,1984 年出生,性别男,在软件学院的软件工程系学习。此处描述学生信息的符号记录称为数据。数据是数据库中存储的基本对象,数据包括数字、字符串、日期、逻辑值、文本、图形、图像和声音等多种表现形式,这些符号都可以经过数字化处理之后存入计算机。

2. 数据库(DB, Database)

数据库是计算机系统中按照一定的数据模型进行组织、储存和应用的相关数据集合,是数据库系统操作的对象。通常包括两部分内容:一部分是有关应用程序的工作数据集合,称为物理数据库,它是数据库的主体;另一部分是关于各级数据库结构的描述,称为描述数据库,通常由数据字典和两层映象功能所组成。数据库中的数据具有集中性和共享性。集中性是指把数据库看成性质不同的数据文件集合,数据冗余性很小;共享性是指不同的用户使用不同的程序设计语言,为了不同的应用目的可同时存取数据库中的数据。

3. 数据库管理系统(DBMS, Database Management System)

数据库管理系统是数据库系统的核心,负责处理应用程序存取数据库的各种请求,例如,检索、修改和存储数据等操作。DBMS 位于用户与操作系统之间,对数据库实施统一的管理和控制。用户所使用的各种数据库命令以及应用程序的执行,最终都必须由 DBMS 来实现。在 DBMS 的控制下,用户不能直接接触数据库,而只能通过 DBMS 来实现数据的存取,用户不必注重于数据的逻辑或物理上的表达细节,而只需要注意数据的信息内容。完备的数据库管理系统应该对数据资源进行有效的管理,并且使之能为多个用户所共享,同时还能保证数据的安全性、可靠性、完整性、一致性和高度的独立性。不同的 DBMS 所要求的运行环境会有所区别,因而造成了在功能和性能上普遍地存在着差异。但一般来说,DBMS 通常主要包括以下 6 个方面的功能。

(1)数据库定义功能。提供数据定义语言 DDL(Data Description Language)和操作命令,对数据库的模式进行精确描述。同时 DBMS 使用 DDL 编译程序对 DDL 语句进行编译或解释,并将它登录到数据字典中,供以后操作或控制数据时使用。

(2)数据操作功能。DBMS 提供了数据操作语言 DML(Data Manipulation Language),对数据库中的数据进行插入、修改、删除和检索处理。依据其实现方法,可分为两种不同的类型:一种是自主型语言,自主型 DML 可以独立交互式地使用,不依赖于任何程序设计语言;另一种是宿主型语言,宿主型 DML 可嵌入到 Delphi、VC ++ 等宿主语言中使用。DBMS 包含了 DML 编译器,对 DML 语句进行优化并转换成查询运行核心程序所能执行的低层指令。

(3)数据库运行控制功能:数据库中的数据是提供给多个用户共享的,用户对数据的存取可能是并发进行的,即多个用户同时使用同一个数据库。DBMS 提供了以下 3 个方面的数据控制功能。

并发控制:对多用户并发操作加以控制和协调。当某个用户正在修改某些数据项时,如果其他用户也同时对其进行读取的话,可能会导致错误的操作结果。如果两个用户同时修改同一数据时,先存储的修改就会丢失。DBMS 应该对要修改的记录采取加锁措施,在修改期间暂时不让其他用户访问该记录,等完成修改并存盘后再开锁。

数据的安全性控制:对数据库采取设置口令等保护措施,防止非授权用户存取数据而造成泄密或破坏问题。

数据的完整性控制:数据完整性是数据准确性和一致性的测度。DBMS 应采取一定的措施确保数据项的有效性,使数据的格式与数据库的定义一致。例如,当输入或修改数据时,不符合定义或范围规定的数据将不予以接受。

数据库恢复控制:在操作数据库的过程中,可能会出现停电、软硬件错误和人为破坏等各种故障,导致数据库的损坏或数据出错。当出现故障时,DBMS 应将数据库恢复到最近的某个正确状态。为此,DBMS 经常为数据库建立了若干个备份副本。

(4)数据库维护功能。提供数据库初始数据的载入、转换、存储、数据库重组、性能监视和分析等功能。DBMS 通常提供装配程序、重组程序、日志程序和统计分析程序等。

(5)数据字典 DD(Data Dictionary)。存放着对实际数据库各级模式所作的定义,即对数据库结构的描述。DD 提供了对数据描述的集中管理手段,对数据库的使用和操作都需要通过查阅数据字典来完成。

(6)数据库通讯功能。在分布式数据库或提供网络操作功能的数据库中,应提供数据库的通讯功能。

4. 数据库系统(DataBase System)

数据库系统是基于数据库的计算机应用系统,数据库系统由数据库、数据库管理系统(DBMS)、数据库管理员(Database Administrator,简称 DBA)、使用数据库的应用程序和用户组成,其组成结构如图 9.4 所示。用户主要包括程序员和终端操作人员。数据库中的数据为所有用户共享,而且内容也是不断地发生变化,例如,应用程序可以增加新数据、删除旧数据或修改已有的数据等。因此,在长时间运行之后数据库管理员必须考虑系统的性能、安全性、资源管理、数据恢复等问题。数据库管理员需要对数据库系统实施管理,维护其正常运行。DBMS 是整个数据库系统的核心,提供了应用程序与数据库之间的接口。DBMS 允许用户逻辑地访问数据库,负责数据的逻辑地址与物理地址之间的映射,保证数据和应用程序具有逻辑独立性和物理独立性。目前市场上主流的 DBMS 有 Oracle、Sybase、IBM 公司的 DB2 和 Microsoft 公司的 SQL Server 等。

在不引起混淆的情况下,通常数据库系统简称为数据库。

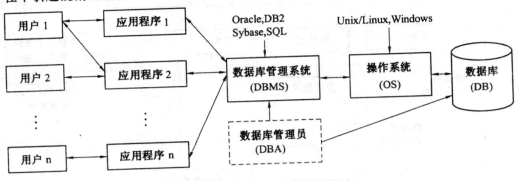

图 9.4　数据库系统的组成结构图

9.3　数据库的体系结构

对于数据库系统而言,它的使用者、管理者和维护者所关心的内容及观察的视角都是互不相同的。使用者结合自己的应用需求,去操作与自己相关的数据信息;数据库管理者应考虑数据库的全局性问题,对数据库的安全性及并发性进行控制;而维护者则着重处理数据的物理存储问题。为此,美国国家标准学会(ANSI)在 1975 年公布了一个关于数据库标准的报告,该报告从逻辑上将数据库划分为外模式、逻辑模式和内模式三级结构,并提供了两层映象功能。

9.3.1　数据库系统的三级结构

在程序设计语言中,数据有型(Type)和值(Value)之分。型是数据所属的类型说明,而值则是对型的具体赋值,即数据实例(Instance)。如数据 int i = 16,i 的型是整型,16 是 i 的值。在数据库中,对数据进行描述时,也有型(Type)和值(Value)之分。对数据的结构、类型、属性和约束条件的描述给出了数据库中数据的型;对于每个类型而言,可以有很多的值即实例,如学生记录(姓名,学号,性别,班级,学院,专业)给出了记录的型,而(00011,李楠,男,04218,1984,软件学院,软件工程)则是对该记录型的一个具体赋值。

模式是数据库中全体数据的逻辑结构和特征描述,它仅仅涉及型的概念,而不包含具体的值。对模式赋予具体的值就获得了模式的一个实例。一个模式可以有多个实例,模式是相对稳定的,而实例则是变动的。模式描述了某一类事物的结构、属性、类型和约束,实质上是用数据模型来对某类事物进行形式化描述,而实例则反映了某类事物在特定条件下的状态。就记录型(学号,姓名,性别,班级,学院,专业)而言,(00011,李楠,男,04218,1984,软件学院,软件工程)、(00017,高山,女,04219,1984,软件学院,软件工程)分别是在学号 = 00011 和学号 = 00017 条件下的不同学生的记录值。

数据库系统的三级模式如图 9.5 所示,主要包括逻辑模式、外模式和内模式。

逻辑模式由若干个记录类型组成,是所有用户的公共数据视图。在逻辑模式中,定义了记录之间的联系、所允许的操作、数据的一致性、有效验证、安全和管理控制等方面的要求。它是数据库系统模式结构的中间层,不涉及数据的物理存储细节和硬件环境,与具体应用程序无关,是逻辑级数据库。

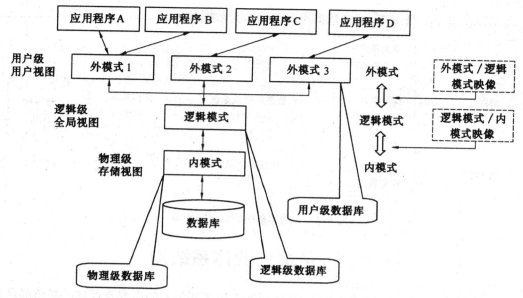

图 9.5　数据库系统的三级模式

外模式是用户眼中的数据库,又称用户级数据库。从逻辑关系上看,外模式是逻辑模式的一部分,或者说是逻辑模式的一个子集。从逻辑模式中,可以使用某种规则导出外模式,例如,在关系数据库中,通过关系运算就可以从逻辑模式中导出每个用户所需要的数据。通常,外模式包含了逻辑模式中允许特定用户使用的那部分数据。一个数据库只有一个逻辑模式;每个用户可以有多个外模式,因为不同的应用程序对数据有不同的视角和需求。每个用户只能看到他所需要的数据,其他不相关的数据则不可见。利用外模式不仅可以简化数据库的操作,而且也保证了数据库的安全。

内模式描述了数据存储的物理结构和组织方式,是数据在计算机内部的表示形式。例如,记录是采用顺序存储方式还是采用树型结构进行存储的;在存储时,是采用压缩方法还是采用加密方法。内模式是物理级数据库,是真实存在的数据库。

对数据库系统而言,实际上只存在物理级数据库,它是所用应用程序访问的基础;逻辑级数据库只不过是物理级数据库的一种抽象描述;用户级数据库则是用户与数据库之间的接口。

在三种模式中,逻辑模式是内模式的抽象表示,内模式是逻辑模式的物理实现。外模式是逻辑模式的部分抽取。三个模式反映了数据库的三种不同层面:逻辑模式表示了逻辑级数据库,描述了数据库的全局视图,体现了数据库操作的接口层;内模式表示物理级数据库,是数据库操作的存储层,描述了数据库的存储视图;外模式表示了用户级数据库,是数据库操作的用户层,描述了数据库的用户视图。接口层和存储层只能有一个,而用户层则可以有多个。

9.3.2　数据库的两层映象功能与数据独立性

数据库系统的三级模式从不同层面上对数据进行抽象,把数据的具体组织留给 DBMS,从而使用户能够逻辑抽象地去处理数据,不必关心数据在计算机内部的具体表示方法与存储形式。为了在计算机内部实现这三级模式之间的联系与转换,DBMS 提供了两层映象功能:外模式/逻辑模式的映象和逻辑模式/内模式的映象。

逻辑模式/内模式映象存在于全局视图和存储视图之间,用于定义逻辑模式和内模式的对应与转换,把逻辑级数据库与物理级数据库联系起来。逻辑模式/内模式映象一般是存放在内模式中。

外模式/逻辑模式映象存在于用户视图和全局视图之间,用于定义外模式和逻辑模式的对应和转换,把用户级数据库与逻辑级数据库联系起来。外模式/逻辑模式映象一般是存放在外模式中。

这两层映象功能确保了数据库系统中的数据具有较高的逻辑独立性和物理独立性。数据的逻辑独立性是指系统提供了数据的总体逻辑结构和面向某个具体应用的局部逻辑结构之间的映象和转换功能,当数据总体逻辑结构改变时,通过映象保持局部逻辑结构不变,从而应用程序不需要修改。所谓数据的物理独立性是指当数据的存储结构发生改变时,系统提供了数据的物理结构与逻辑结构之间的映象和转换功能,保证了数据的逻辑结构不变,从而应用程序不需要修改。

假定数据库中保存了某单位的全部职工信息。不同的科室具有不同的职能:劳资科负责工资报表;职称管理办公室负责职称评定;人事处负责员工的个人档案信息管理。职工信息管理数据库系统的三级模式如图 9.6 所示。劳资科利用工资管理 – 外模式/逻辑模式映象来获取工资管理视图;职称管理办公室利用职称管理 – 外模式/逻辑模式映象来获取职称管理视图;人事处利用人事管理 – 外模式/逻辑模式映象来获取人事管理视图。各个部门在对数据库进行存取访问时,不必关心数据库的全局视图,也不必关心数据库的存储视图。外模式/逻辑模式映象是由 DBMS 来进行管理和维护的,当逻辑模式的结构发生改变时,只需要修改外模式/逻辑模式映象的定义即可,根本不需要修改应用程序,因而所开发出的应用程序具有较高的逻辑独立性。当内模式结构发生调整时,只需要修改逻辑模式/内模式映象的定义,根本不需要更改逻辑模式,从而不会影响到外模式和用户的应用程序。两层影像功能使得应用程序独立于逻辑模式和内模式的变动。在图 9.6 中,我们可以看出职工信息管理数据库中的三层模式之间是相互独立的,通过两层映象功能将它们紧紧地联系起来。三个部门分别看到了逻辑模式中与自己相关的部分,避免了数据的冗余问题。DBMS 通过外模式/逻辑模式的定义使得逻辑模式中的某些数据项对用户不可见,从而有利于实现数据的安全性和保密性。

9.3.3　DBMS 的工作模式

应用程序通过调用 DBMS 来操作数据库中的记录。应用程序在存取数据时,DBMS 首先开辟了系统缓冲区,用于输入和输出数据。三级模式的定义和两层映象存放于数据字典中。应用程序读取数据库记录的具体步骤如下所示:

(1)应用程序发出一条读记录的 DML 语句 A,A 语句给出了所涉及的外模式中的记录类型名和待读记录的关键码值。当计算机执行到 A 语句时,立即启动 DBMS,并向 DBMS 发出读记录的命令。

(2)DBMS 接收读记录命令后,首先访问该用户对应的外模式,检查该操作是否在合法的授权范围之内。若不合法则拒绝执行,并向应用程序发出读取失败的信息;若合法则继续执行步骤(3)。

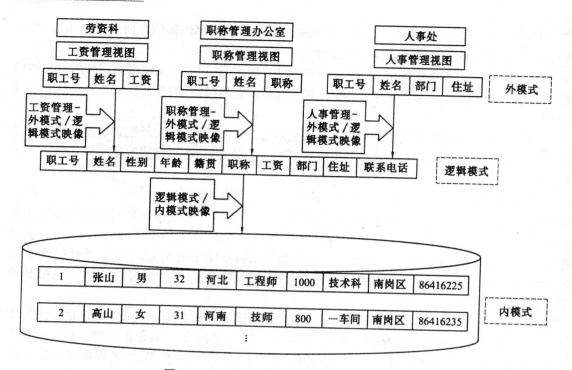

图 9.6 职工信息数据库系统的三级模式结构

(3)DBMS 依据相应的外模式/逻辑模式映象定义,将语句 A 中所涉及的外模式映象成逻辑模式,也就是把外模式的记录格式转换成逻辑模式的记录格式,即决定应从逻辑模式中读入哪些数据项。

(4)DBMS 调用相应的逻辑模式/内模式映象定义,把逻辑模式映象成内模式,也就是把逻辑模式的记录格式转换成内模式的记录格式,即确定应读入哪些物理记录以及这些物理记录的存储地址。

(5)DBMS 向操作系统发出从指定存储地址读取物理记录的命令。

(6)操作系统执行读取命令,从数据库中按指定的存储地址把记录读入系统缓冲区中,并在操作结束后向 DBMS 做出回答。

(7)DBMS 在收到操作系统读操作结束的回答后,参照逻辑模式/内模式映象的定义,将系统缓冲区中的内容变换成逻辑记录。

(8)DBMS 参照相应的外模式/逻辑模式映象定义,将逻辑记录变换成用户要求读取的外部记录。

(9)DBMS 从系统缓冲区中,将所导出的外部记录返回给应用程序。

DBMS 的具体工作模式如图 9.7 所示。

9.4 数据模型

数据模型是对现实世界的简单模拟。计算机不可能直接处理现实世界中的具体事务,必须首先把这些事务转换成计算机能够表示的内部数据形式,然后再对其进行处理。同样,在数据管理过程中,通常使用数据模型来表示现实世界中的事物。在数据库技术中,数据模型是抽

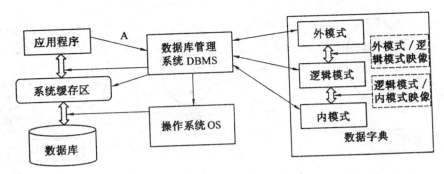

图 9.7　DBMS 的工作模式

象描述现实世界的一种重要工具。根据其应用目的不同,数据模型可以划分为:概念模型、逻辑模型和物理模型。

9.4.1　概念模型

　　概念模型是现实世界到机器世界的一个中间层次。现实世界的事物可以通过视觉器官和感觉器官反映到人的头脑中来,人们把这些事物抽象为一种既不依赖于计算机系统又依赖于 DBMS 的概念模型。获取精确的概念模型往往需要经过多次的迭代过程。概念模型主要用来描述现实世界的概念化结构。在设计的初始阶段,概念模型能使设计人员摆脱计算机系统和 DBMS 的具体实现技术的制约,集中精力分析数据和数据之间的联系,忽略其中的细节性信息,使我们能够抓住问题的最主要部分。利用概念模型,设计人员可以与用户进行充分的交流,使他的设计方案能够真正地反映用户的客观需求。在概念模型中,经常要涉及以下几个名词。

　　(1)实体:是客观存在并能够相互区分的事物,可以是具体的人、事或物,也可以是抽象的概念或联系。例如,销售员和产品是具体的实体,而产品的入库、产品的出库和产品的销售也是实体,只不过它们都是抽象的实体。

　　(2)实体集:性质相同的同类实体的集合称为实体集。例如,所有的销售员和所有的产品都称为实体集。

　　(3)属性:每个实体都具有一定的属性。可以使用单一的属性来描述实体;也可以用若干个属性的组合来表示实体。例如,在描述销售员实体时,使用了(职工号,姓名,性别,出生日期,籍贯,工资,部门,住址,销售总额,联系电话)多个属性的组合。我们可以根据属性的取值来区分不同的实体。

　　(4)关键字:能唯一地标识实体的属性或属性集合称为关键字。例如,职工号是销售员实体的关键字。

　　(5)联系:在现实世界中,事物并不总是孤立存在的,实体与实体之间往往存在着一定的联系。按照参与者的数量划分,实体与实体之间的联系主要包括以下三种类型:

　　①一对一联系(1:1):如果实体集 E1 中的每个实体至多与实体集 E2 中一个实体存在着对应关系,并且实体集 E2 中的每个实体至多与实体集 E1 中一个实体相对应,那么 E1 和 E2 之间存在着一对一的联系(1:1)。例如,在某个单位中,部门经理和部门之间存在着一对一的联系,一个经理只能管理一个特定部门,而一个部门只能接受某个经理的管理,如图 9.8 中的(a)所示。

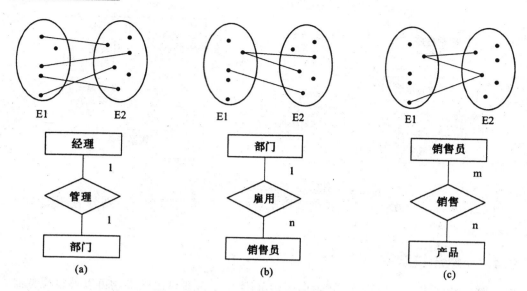

图9.8　实体对应联系图

　　②一对多联系(1:n):如果实体集 E1 中的一个实体与实体集 E2 中的多个实体相对应,而实体集 E2 中的一个实体至多与实体集 E1 中的一个实体相对应,那么 E1 与 E2 之间存在着一对多的联系(1:n)。例如,部门和销售员之间存在着一对多的联系,一个部门要雇用多个销售员,而一个销售员只隶属于某个特定的部门(不考虑兼职的情况),如图9.8中的(b)所示。

　　③多对多联系(m:n):如果实体集 E1 中的一个实体与实体集 E2 中的多个实体相对应,而实体集 E2 中的一个实体也与实体集 E1 中的多个实体相对应,那么 E1 与 E2 之间存在着多对多的联系(m:n)。例如,销售员和产品之间存在着多对多的联系,一个销售员可以推销多种产品,而一种产品可能被多个销售员所推销,如图9.8中的(c)所示。

　　通常使用实体关系模型(Entity－Relationship Model,简称 E-R 模型)来表示概念模型中的实体及其之间存在的联系。E－R 模型是一种高层次的概念模型,使用 E-R 模型可以清晰、直观地刻画出实体属性及其之间存在的关系类型。在概念上表示数据库的结构,能够使设计人员、开发人员和用户清晰地描述数据之间的联系,便于设计者与开发者进行交流。在建立 E-R 模型时,主要使用 3 种基本成分,如图9.9所示。

　　(1)实体集:用矩形框表示,框内标识出实体的名称。

　　(2)联系:用菱形框表示,框内标识实体之间所存在的联系名称。

　　(3)属性:用椭圆形框表示,框内标识实体的属性名称,如果该属性是主键,则在属性名下划一横线。

图9.9　E－R 模型的 3 个基本成分

　　实体、联系和属性的名称都填写在各自的框内,使用线段将它们连接起来。在实体和联系的连线两端分别注明参与者的数量。经过对销售流程进行分析,我们建立了产品销售问题的E-R 模型,如图9.10所示。

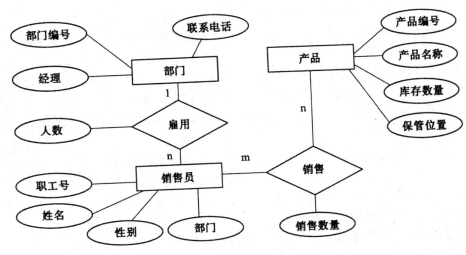

图9.10 产品销售问题的 E－R 模型

9.4.2 逻辑模型

逻辑模型指定了数据库系统的结构,又称结构数据模型。常用的结构数据模型包括层次模型、网状模型、关系模型和面向对象模型。结构数据模型包括数据结构、数据操作和数据完整性约束 3 个部分。

(1)层次模型:层次模型用于描述具有一对多联系且层次分明的实体集。这种模型的形式比较简单、直观、容易理解且易于在计算机内部进行实现。层次模型中的实体及其之间所存在的联系表现为树型结构。树的节点表示记录的类型,每个非根节点有且仅有一个父节点,只有根节点无双亲。上层记录类型和下层记录类型之间存在着 1:n 的联系。在层次模型中,使用指针来实现这种联系(模型中用带有箭头的连线来表示)。记录类型是描述实体的,记录类型中包含了若干个字段,字段描述的是实体的属性和特征。必须对各个记录类型及其字段进行命名。应为每个记录类型定义一个排序字段,也称关键码字段,如果定义该排序字段的值是唯一的,则它能唯一地标示这个记录。图 9.11 给出了某子公司的数据库层次模型。每个子公司可拥有多个部门,子公司记录类型和部门记录类型之间存在着一对多的联系;每个子公司要设有多个仓库,子公司记录类型和仓库记录类型之间存在着一对多的联系;每个部门要雇用多名职工,部门记录类型和职工记录类型之间也存在着一对多的联系。

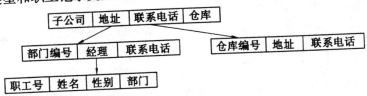

图9.11 层次模型

层次模型的优点:模型的形式比较简单,易于理解,易于在计算机内部进行实现。如果实体之间的联系较为固定,且事先已经定义好,则应采用层次模型来实现。层次模型的缺点:它只能表示一对多的联系,虽然有许多辅助手段可以实现多对多的联系,但算法较为复杂。

(2)网状模型:网状模型是一种使用有向图来表示实体类型与实体类型之间的联系的结构

数据模型。网状模型的典型代表是 DBTG 系统,20 世纪 70 年代由数据系统语言研究会 CODASYL(Conference On Data Systems Language)下属的数据库任务组(Data Base Task Group,简称 DBTG)所提出的一个方案。在网状模型中,节点表示记录类型,记录类型包含若干个字段,节点之间的连线表示记录类型间存在着对应关系,通常为一对多的联系。网状模型允许两个节点之间有两个或两个以上的联系。使用网状模型可以更直接地去描述现实世界,而层次模型实际上仅仅是网状模型的一个特例。在图 9.12 中,子公司拥有多个仓库,在每个仓库中,可存储多种类型的产品,但每种产品只能存放在一个指定的仓库中(此假设在现实中较为合理,因为公司的销售要形成自己的特色,通常是代理一个系列的产品,如子公司 1 只经营装饰材料,子工司 2 仅销售洁具产品。每种产品存入指定的仓库中,其目的是为了加快提货的速度),因此仓库和产品之间存在着一对多的联系;每个职工可以有多个销售记录,一种产品可以由多个销售员进行推销,即销售记录类型有两个父节点。图 9.12 是标准的网状模型。

　　网状模型的优点:记录类型之间的联系是通过指针来实现的,M:N 联系可拆分为两个一对多的联系,查询效率较高。网状模型的缺点:数据结构和算法设计较为复杂,难以实现。20 世纪 70 年代的 DBMS 产品大部分是在网状模型的基础上建立起来的,例如,Honeywell 公司的 IDS－Ⅱ,HP 公司的 IMAGE-3000 和 CINCOM 公司的 TOTAl 等。

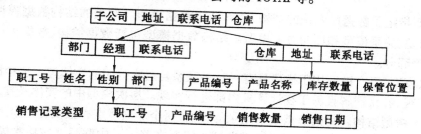

图 9.12　网状模型

　　(3)关系模型:由于层次模型和网状模型本身所存在的缺点,从 20 世纪 80 年代中期开始,数据库市场已经逐步被关系系统所取代。关系模型的主要特征是使用二维表格来表示实体集合。相对于层次模型和网状模型而言,关系模型的数据结构比较简单。关系模型由若干个关系模式组成,关系模式相当于记录类型,它的实例称为关系,每个关系实际上是一张二维表格。在关系模型中,基本的数据结构是表格。在层次模型和网状模型中,联系是通过指针来编程实现的,而在关系模型中,记录之间的联系是通过记录类型的公共属性来体现的。图 9.13 给出了产品销售管理数据库的关系模型。

　　例如,要查询职工号＝001 的职工个人信息及所销售产品的名称和数量,可采用如下算法:

　　①在销售员信息表中找到职工号＝001 的记录,列出销售员的详细信息;

　　②设置产品编号集合 ProductSet＝?,在销售表中找到职工号＝001 的所有记录,并从每个记录中获取所对应的产品编号,加入产品编号集合 ProductSet;

　　③for 每个 ProductID∈ProductSet,依据 ProductID 在产品信息表中查找该产品的详细信息,并进行输出。

　　在二维表格中,表头给出了各属性列的名称。每列称为一个字段,每个字段有字段名、字段类型和字段的取值范围。可以使用下面的形式来描述:

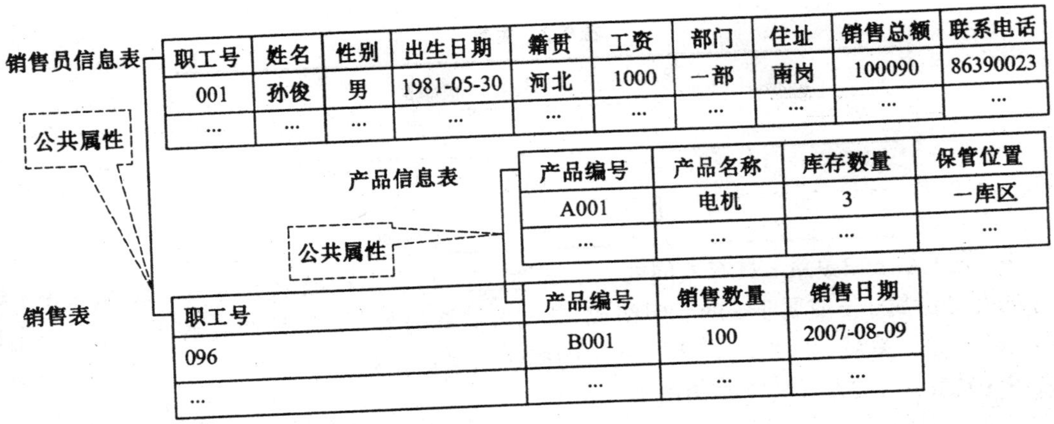

	职工号	姓名	性别	出生日期	籍贯	工资	部门	住址	销售总额	联系电话
销售员信息表	001	孙俊	男	1981-05-30	河北	1000	一部	南岗	100090	86390023
	...	...	...	...	...	...	...	...	...	...

公共属性

	产品编号	产品名称	库存数量	保管位置
产品信息表	A001	电机	3	一库区
	...			

公共属性

	职工号		产品编号	销售数量	销售日期
销售表	096		B001	100	2007-08-09
	...				

图 9.13　关系模型

关系名(属性名 1,属性名 2,属性名 3,……,属性名 n)

在层次模型和网状模型中,数据之间的关系是通过指针来编程实现的,指针是一种紧密型的联系,一旦确定就不能轻易地改变,否则将会影响到模型中的其他部分。关系数据库是由多个独立存储的二维表格组成的。这些表格之间存在着松散的联系,表与表之间是由公共属性进行连接的,因而当表的存储地址和内容发生改变时,不会影响到表之间的联系。正是关系模型的这个特点,使得人们产生了一种误解:即表就是文件系统中的文件。这种说法并不完全正确。实质上表与文件有着本质的区别:在文件中不能直接实现数据之间的关联,而表通过公共属性能够实现数据之间的联系;文件结构的设计必须通过编程来实现,而表的结构是通过DBMS 直接定义并存储在数据字典中,由 DBMS 来统一管理和维护表的结构信息。

在关系数据库中,采用关系操作从表格之间导出用户所需要的数据视图。早期的关系操作主要包括关系代数和关系演算两种形式,现在已经证明这二者之间是完全等价的。本章将主要探讨关系代数操作。

如果使用关系代数来表示关系操作,则其操作的对象应该是关系,操作的结果也是关系。关系操作主要包括:并、交、差、广义笛卡儿积、选择、投影和连接。

关系 r 与 s 的定义为:r 包括 A、B、C 三个属性,s 也包含 A、B、C 三个属性;A 的取值域为 $\{a_1, a_2, a_3\}$,B 的取值域为 $\{b_1, b_2\}$,C 的取值域为 $\{1, 2, 3\}$。关系 r 中的各个元组取值情况见表 9.1,关系 s 中的各个元组的取值见表 9.2。

表 9.1　关系 r

A	B	C
a_1	b_1	2
a_2	b_2	1
a_3	b_1	3
a_2	b_2	2

表9.2　关系 s

A	B	C
a_1	b_1	2
a_1	b_2	2
a_2	b_1	1

①并:设关系 r 和关系 s 具有相同的 n 个属性,且相应的属性取值于同一个域,则关系 r 与关系 s 的并是由属于 r 或属于 s 的元组组成,其结果关系仍为 n 个属性的关系,记作 r∪s={t|t∈r∨t∈s}。对于关系 r 和关系 s 而言,r∪s 的操作结果见表9.3。

②交:关系 r 与关系 s 的交是由既属于 r 又属于 s 的所有元组组成,其结果关系仍为 n 个属性的关系,记作 r∩s={t|t∈r∧t∈s}。对于关系 r 和关系 s 而言,r∩s 的结果见表9.4。

表9.3　r∪s 的结果

A	B	C
a_1	b_1	2
a_2	b_2	1
a_3	b_1	3
a_2	b_2	2
a_1	b_2	2
a_2	b_1	1

表9.4　r∩s 的结果

A	B	C
a_1	b_1	2

③差:关系 r 与关系 s 的差 r−s 是由属于 r 但不属于 s 的所有元组组成,其结果关系仍为 n 个属性的关系,记作 r−s={t|t∈r∧t∉s}。对于关系 r 和关系 s 而言,r−s 的结果见表9.5。

表9.5　r−s 的操作结果

A	B	C
a_2	b_2	1
a_3	b_1	3
a_2	b_2	2

④广义笛卡儿积:如果关系 r 有 n 个属性,关系 s 有 m 个属性,则 r 与 s 的广义笛卡儿积是 (n+m) 个属性元组的集合。元组的前 n 个属性是由关系 r 中的元组来提供,后 m 个属性是关系 s 中的元组来提供。关系 r 和关系 s 的广义笛卡儿积有 n×m 个元组,记作 r×s={(r_1,…,r_n, s_1,…,s_m)|(r_1,…,r_n)∈r∧(s_1,…,s_m)∈s}。对于关系 r 和关系 s 而言,r×s 的结果见表9.6。

表 9.6　r×s 的结果

A	B	C	A	B	C
a_1	b_1	2	a_1	b_1	2
a_1	b_1	2	a_1	b_2	2
a_1	b_1	2	a_2	b_1	1
a_2	b_2	1	a_1	b_1	2
a_2	b_2	1	a_1	b_2	2
a_2	b_2	1	a_2	b_1	1
a_3	b_1	3	a_1	b_1	2
a_3	b_1	3	a_1	b_2	2
a_3	b_1	3	a_2	b_1	1
a_2	b_2	2	a_1	b_1	2
a_2	b_2	2	a_1	b_2	2
a_2	b_2	2	a_2	b_1	1

⑤选择：选择又称限制，它在关系 r 中选择满足给定条件的所有元组，其结果仍然是一个关系，记作 $\sigma f(r) = \{t \mid t \in r \wedge f(t) = \text{true}\}$。其中 f 表示选择的条件，它是一个逻辑表达式，取值为逻辑真或逻辑假。选择运算 $\sigma_f(r)$ 的含义是从关系 r 中找出所有使 f 为真的元组。对于关系 r 而言，$\sigma_{f:C=3}(r)$ 的结果见表 9.7。

表 9.7　$\sigma_{f:C=3}(r)$ 的结果

A	B	C
a_3	b_1	3

⑥投影：关系 r 上的投影是从 r 中选择出若干属性组成新的关系，记作 $\Pi A, B, \cdots (r) = \{t [A, B, \cdots] \mid t \in r\}$。其中 $A, B, \cdots$ 为 r 中的属性。投影之后不仅取消了关系 r 中的某些属性，而且还可能取消某些元组，因为取消了某些属性后，可能会出现重复的行，而投影将取消这些完全相同的行。对于关系 r 而言，$\Pi_{A,B}(r)$ 的结果见表 9.8。

表 9.8　$\Pi_{A,B}(r)$ 的结果

A	B
a_1	b_1
a_2	b_2
a_3	b_1

为了定义连接操作，我们给出关系 r_1 和 r_2 的定义。r_1 中包括 A、B、C 三个属性，r_2 中包括 B、D 两个属性；A 的取值域为 $\{a_1, a_2, a_3\}$，B 的取值域为 $\{b_1, b_2, b_3\}$，D 的取值域为 $\{1, 2, 3\}$。关系 r_1 中的各个元组取值见表 9.9，关系 r_2 中各个元组取值见表 9.10。

表9.9 关系 r_1

A	B	C
a_1	b_1	2
a_2	b_2	1
a_3	b_1	3

表9.10 关系 r_2

B	D
b_1	3
b_2	2
b_3	3
b_1	1

⑦连接:连接也称 θ 操作,从关系 r_1(r_1 有 n 个属性)和 r_2(r_2 有 m 个属性)的笛卡儿积中选取在属性 A(A 为 r_1 中的属性)上的值与属性 B(B 为 r_2 中的属性)上的值满足比较关系的元组,其结果为一个具有(n + m)个属性的元组集合。记作 $r_1 \underset{A\theta B}{\Delta} r_2 = \{t_{r_1} t_{r_2} \mid t_{r_1} \in r_1 \wedge t_{r_2} \in r_2 \wedge t_{r_1}[A]\theta t_{r_2}[B]\} A\theta B$,其中 θ 为比较运算符($>$,$\geqslant$,$<$,$\leqslant$,$=$ 或 $<>$)。对于关系 r_1 和关系 r_2 而言,$r_1 \underset{C<D}{\Delta} r_2$ 的结果见表9.11。

表9.11 $r_1 \underset{C<D}{\Delta} r_2$ 的结果

A	B	C	B	D
a_1	b_1	2	b_1	3
a_1	b_1	2	b_3	3
a_2	b_2	1	b_1	3
a_2	b_2	1	b_1	3
a_2	b_2	1	b_2	2
a_2	b_2	1	b_3	3

当 θ 取等号且在 r_1 和 r_2 上进行比较的是相同的属性组时,连接操作演变为自然连接。在关系运算中,自然连接是连接操作的特例。在关系 r_1 和 r_2 的自然连接结果中,需要把 r_1 和 r_2 中重复的属性列去掉。若关系 r_1 和 r_2 具有相同的属性 B,则 r_1、r_2 的自然连接记作 $\theta_B(r_1, r_2) = \{t_{r_1} t_{r_2}[\overline{B}] \mid t_{r_1} \in r_1 \in r_1 \wedge t_{r_2} \in r_2 \wedge t_{r_1}[B] = t_{r_2}[B]\}$。$t_{r_2}[\overline{B}]$ 表示从 r_2 的元组中去掉属性 B 的字段。对于关系 r_1 和关系 r_2 而言,$\theta_B(r_1, r_2) =$ 的结果见表9.12。

表9.12 $\theta_B(r_1, r_2)$ 的结果

A	B	C	D
a_1	b_1	2	3
a_1	b_1	2	1
a_2	b_2	1	2
a_3	b_1	3	3
a_3	b_1	3	1

（4）面向对象模型：虽然关系模型比较灵活方便，但仍然不能表达现实世界中的许多复杂概念，例如，图形数据、多媒体数据和分布式系统所要处理的数据。自从 20 世纪 80 年代以来，面向对象方法在计算机的各个领域中得到了广泛的应用，并已逐步地向数据库技术进行渗透，产生了面向对象模型。

面向对象设计方法的核心思想是：把设计的主要活动集中在建立对象和对象之间的联系上，面向对象的程序就是相互通信的对象集合。由于现实世界中的许多事物都可以抽象为对象和对象之间联系的集合，所以面向对象技术能够真实地描述客观事物及其之间所存在的关系。在面向对象模型中，最基本的概念是对象和类。对象用于描述现实世界中的实体，对象都有唯一的标识符，把对象的属性和操作封装在一起。具有相同属性和方法的所有对象的集合称为类，同类对象在数据结构和操作性质方面具有共性。面向对象数据库是面向对象模型与数据库技术相结合的产物。

针对产品销售问题的 E-R 模型，可以设计出实现数据库系统所需要的对象模型，如图9.14所示。在该模型中，包括部门类 CDepartment，销售员类 CSalesman 和产品类 CProduct；三个类之间的联系通过雇佣类 CEmployment 和销售类 CSell 来实现。在类 CEmployment 中，通过定义属性 m_Depar（m_Depar 是 CDepartment 类型）和属性 m_SalesmanList（m_SalesmanList 是 CArray < CSalesman，CSalesman * >类型）来描述部门和销售员之间存在着一对多的联系。结构体 node 中定义了属性 m_Salesman（m_Salesman 是 CSalesman 类型）和属性 m_ProductList（m_ProductList 是 CArray < CProduct，CProduct * >类型）；在类 CSell 中，定义了 CArray < node，node * >类型的属性 m_SellRecord，以刻画销售员和产品之间的多对多的联系。

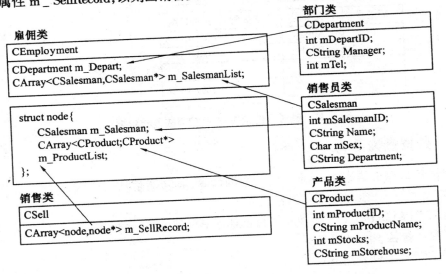

图 9.14 产品销售问题的类模型

9.4.3 物理模型

物理模型描述了数据在存储介质上的组织形式。它不但与数据库系统的 DBMS 有关，而且还与操作系统和硬件相关，是物理层次的数据模型。在计算机内部进行实现时，每种逻辑模型都有自己的物理模型。为了保证数据的独立性和可移植性，DBMS 会自动地完成大部分物理模型的实现工作,而设计者只需要设计索引和聚族等特殊结构。

9.5 基本的 SQL 语句

SQL(Structured Query Language)的定义是结构化查询语言,其主要功能是同各种数据库建立联系。按照 ANSI(美国国家标准协会)的规定,SQL 是关系型数据库的标准语言。目前绝大多数流行的关系型数据库,如 Oracle,Sybase 和 SQL Server 等都采用了 SQL 语言标准。著名的 T-SQL(Transact-SQL)语言就是 Microsoft 公司在 SQL Server 数据库管理系统中 SQL 的实现。

为了说明 SQL 语句的功能和执行结果,以下所有的数据库操作命令都是在图 9.15 所示的销售员信息表、产品信息表及销售表上进行的。

销售员信息表

职工号	姓名	性别	出生日期	籍贯	工资	部门	住址	销售总额	联系电话
001	孙俊	男	1981-05-30	河北	1000	一部	南岗	100090	86390023
002	张军	男	1980-04-03	河南	1500	二部	道里	5000	86420631
...	...	...	...	...	...	...	...	...	...
976	黄玉	女	1973-04-09	安徽	1000	一部	道外	3000	55617473

产品信息表

产品编号	产品名称	库存数量	保管位置
A001	电机	3	一库区
A002	电表	100	三库区
...	...	...	...
Z800	钉子	10009	二库区

销售表

职工号	产品编号	销售数量	销售日期
001	A002	1	2007-07-08
096	B001	100	2007-09-09
...	...	...	...
177	C022	2	2007-10-06

图 9.15 销售员信息表、产品信息表及销售表

9.5.1 数据查询语句

SELECT 语句是 SQL 语言中的唯一一条查询命令,其功能是从一个或多个数据库中查找满足条件的数据元组。SELECT 语句的格式如下:

SELECT [ALL|DISTINCT] * [<目标列> AS⟨列名⟩[,<目标列> AS⟨列名⟩]…]
FROM <表名>[,<表名>]…
[WHERE<条件表达式>]
[GROUP BY <列名>[HAVING<条件表达式>]]
[ORDER BY <列名> <ASC|DESC>]

语句中的参数含义如下:

(1)DISTINCT 表示去掉重复的行,缺省时为 ALL 表示查询结果中所有的行都被显示。

(2)目标列为字段的名称,该字段包含了要从表中所获取的数据,如果数据包含多个字段,则按列举顺序依次获取它们;如果要查询特定表的全部字段,则使用符号 *。

(3) AS<列名>:用来指定查询结果中列的标题,以代替原始表中原有列的名称。

(4)FROM <表名> :指出了查询所涉及表的名称。

(5)WHERE <条件表达式> :表示查询结果所应满足的条件,条件表达式可有多个,使用 AND|OR 进行连接。条件表达式的格式为: <表达式 1> <运算符> <表达式 2> ;其中<表达式 1> 和<表达式 2> 是表中的列字段名,<表达式 2> 可以是几个数据的枚举组合,甚至是一个查询,<运算符> 分为以下 3 种:

①普通运算符:= 、< >、! = 、>= 、<= 、< 、> ;

②扩展运算符:BETWEEN(在两者之间),IN(集合中的元素),LIKE(使用通配符选择字符);

③运算符的修饰符:NOT(取反),ALL(全部),ANY(任一),SOME(至少一个)。

(6)GROUP BY <列名> :按列的值对查询结果进行分组。

(7)HAVING <过滤条件> :HAVING 与 WHERE 类似,用来决定选择哪些记录;在使用 GROUP BY 对这些记录分组后,利用 HAVING 决定显示哪些记录。

(8)ORDER BY <列名> <ASC|DESC> :对查询结果按一个或多个字段的升序或降序进行排序,省略的排序方式是指 ASC(升序)排列;若没有指定此项,查询结果将无序显示。

SELECT 语句的含义:根据 WHERE 子句的条件表达式,从 FROM 子句指定的基本表中找出满足条件的元组,再按 SELECT 子句中的目标列选出元组中的属性值形成结果表;GROUP 子句将结果按照 <列名> 值进行分组,属性列值相等的元组为一个分组;若 GROUP 子句带又 HAVING 短语,则只有满足条件表达式的元组才被输出;ORDER 子句的作用是将查询结果按 <列名> 值的升序或降序排列。

【例 9.1】 查询销售员的职工号、姓名、年龄、工资和联系电话,查询命令为:

    SELECT 职工号,姓名,年龄,工资,联系电话
    FROM 销售员信息表

【例 9.2】 查询销售员信息表中所有年龄为 20 或 21 岁的职工情况,查询命令为:

    SELECT *
    FROM 销售员信息表
    WHERE(year(date()) - year(出生日期)) = 20 or (year(date()) - year(出生日期)) = 21

【例 9.3】 查询家住南岗、道里和道外的所有销售员的相关信息,查询命令为:

    SELECT *
    FROM 销售员信息表
    WHERE 住址 IN ("南岗","道里","道外")

【例 9.4】 查询工资为 1500 ~ 2000 之间的所有销售员的相关信息,查询命令为:

    SELECT *
    FROM 销售员信息表
    WHERE 工资 BETWEEN 1500 AND 2000

【例 9.5】 查询销售总量超过 1000 的销售员的职工号、姓名及销售总量,查询命令为:

    SELECT 销售员信息表.职工号,销售员信息表.姓名,SUM(销售表.销售数量) AS 销售总量
    FROM 销售员信息表,销售表
    WHERE 销售员信息表.职工号 = 销售表.职工号
    GROUP BY 销售员信息表.职工号 HAVING SUM(销售数量) > 1000

【例 9.6】 查找所有姓张的销售员的职工号、姓名、性别、住址和联系电话,查询命令为:

```
SELECT 职工号, 姓名, 性别, 住址, 联系电话
    FROM 销售员信息表
    WHERE 姓名 LIKE '张%'
```

【例9.7】 查找所有姓张且名仅有一个字的销售员的职工号、姓名、性别、住址和联系电话,查询命令为:

```
SELECT 职工号, 姓名, 性别, 住址, 联系电话
FROM 销售员信息表
WHERE 姓名 LIKE '张_'
```

使用 LIKE 查找指定的属性值与 < 匹配串 > 相匹配的元组,匹配串可以是一个完整的字符串,也可以包含通配符%或_;其中%代表任意长度的字符串,_代表任意的单个字符。

【例9.8】 查询所有工资大于 1000 的销售员的相关信息,查询结果按工资进行降序排列,查询命令为:

```
SELECT *
FROM 销售员信息表
WHERE 工资 > 1000
ORDER BY 工资
```

【例9.9】 查询销售了编号为 C002 产品的销售员的相关信息,查询命令为:

```
SELECT *
FROM 销售员信息表
WHERE 职工号 IN
SELECT 职工号
FROM 销售表
WHERE 产品编号 = C002
```

SELECT – FROM – WHERE 语句称为一个查询块,可将一个查询块嵌套在另一个查询块的 WHERE 或 HAVING 子句中。

【例9.10】 查询销售了编号为 C002 产品的销售员和工资大于 1000 的销售员的相关信息,查询命令为:

```
SELECT *
FROM 销售员信息表
WHERE 职工号 IN
 SELECT 职工号
FROM 销售表
 WHERE 产品编号 = C002
UNION
SELECT *
FROM 销售员信息表
WHERE 工资 > 1000
```

SELECT 语句的查询结果是元组的集合,对多个 SELECT 语句的查询结果可以进行集合操作。集合操作主要包括并(UNION)、交(INTERSECT)和差(MINUS)。

【例9.11】 查询销售了编号为 B001 产品的所有销售员的姓名,查询命令为:

```
SELECT 姓名
```

FROM 销售员信息表

WHERE EXISTS

 SELECT ＊

FROM 销售表

WHERE（销售表.职工号＝销售员信息表.职工号）and（销售表.产品编号＝B001）

EXISTS 为存在量词,带有 EXISTS 的子查询不返回任何数据,只产生逻辑真或逻辑假。查询涉及了销售员信息表和销售表,在销售员信息表中依次取每个元组的职工号的值,用此值去检索销售表中的元组,对检索到的元组进行判断,若其产品编号＝B001,则将销售员信息表中对应的姓名信息送入结果关系中。

9.5.2 数据操纵语句

SQL 语言中的数据操纵命令包括 INSERT、UPDATE 和 DELETE 语句。

1. INSERT 插入语句

INSERT 语句的功能是在指定的数据库表中增加一条新的记录。SQL 的数据插入语句 INSERT 通常包括插入元组和插入子查询结果两种形式。

(1)插入元组的 INSERT 语句格式:

    INSERT

    INTO ＜表名＞［＜列名＞,…］

    VALUES(表达式,…)

语句中的参数含义如下:

◈ 表名:插入操作所涉及表的名称;若此表尚未打开,系统将自动在新的空闲工作区内打开它,然后追加新记录;若此表已经打开,但不是当前表,则在该表追加新记录,当前工作区保持不变。

◈ 列名:指定表中被插入字段的名称,缺省时将按表字段的顺序依次赋值。

◈ VALUES(表达式):指定追加到各个列字段的值。

INSERT 语句的含义是将新元组插入到指定的表中,新元组的各个列字段的值由表达式指定。

【例 9.12】 将新员工记录(职工号:008, 姓名:李静, 性别:女, 出生日期:1982－5－30, 籍贯:河北省, 工资:1000, 部门:销售科, 住址:南岗, 联系电话:86419133)插入到销售员信息表中,插入命令为:

    INSERT

    INTO 销售员信息表

    VALUES('008', '李静', '女', '1982－5－30', '河北省', '1000', '销售科', '南岗', '86419133')

【例 9.13】 将一条新产品记录(产品编号:09223, 产品名称:锁)插入到产品信息表中,插入命令为:

    INSERT

    INTO 产品信息表(产品编号,产品名称)

    VALUES('09223', '锁')

新插入的产品记录在库存数量和保管位置两个属性列上都取空。

(2)插入子查询结果的 INSERT 语句格式:

```
INSERT
    INTO <表名> [<列名>,…]
```

子查询可以在 INSERT 语句中嵌套 SELECT 子查询,用以生成要插入的批量数据。

【例 9.14】 对每一个销售员,计算他的销售总额,并把结果存入销售员信息表中,插入命令为:

```
INSERT
    INTO 销售员信息表(职工号,销售总额)
    SELECT 职工号,SUM(销售数量)
    FROM 销售表
    WHERE 销售员信息表.职工号 = 销售表.职工号
```

2. UPDATE 数据更新命令

使用 UPDATE 语句对表中的字段值进行修改,UPDATE 语句的一般语法格式为:

```
UPDATE  <表名>
    SET <列名> = <表达式> [, <列名> = <表达式> …]
    [WHERE <条件表达式>]
```

语句中的参数含义如下:

◆ <表名>:要更新表的名称。

◆ SET <列名> = <表达式>:指定要更新的列字段,以及字段的新值;如果省略了 WHERE 子句,则每个记录字段都用相同的值进行更新。

◆ WHERE <条件表达式>:筛选出要更新的记录;条件表达式中可以包含多个条件,条件之间用 AND、OR 或 NOT 操作符进行连接,或用 EMPTY() 函数检查字段是否为空。

UPDATE 语句的含义是:修改指定表中满足 WHERE 子句条件的元组,SET 子句用 <表达式> 的值去取代相应的属性列;如果省略了 WHERE 子句,则表示要修改表中的所有元组。

【例 9.15】 在销售员信息表中,将员工高山的个人联系电话更新为 96419907,高山的职工号为 009,更新命令为:

```
UPDATE 销售员信息表
    SET 联系电话 = '96419907'
    WHERE 职工号 = '009'
```

【例 9.16】 在销售员信息表中,将所有员工的工资都普调 200 元,更新命令为:

```
UPDATE 销售员信息表
    SET 工资 = 工资 + 200
```

在 UPDATE 语句中,可以使用子查询来构造修改条件。

【例 9.17】 将销售一部门的销售总额在 1 000 以上的所有员工的工资都普调 200 元,更新命令为:

```
UPDATE 销售员信息表
    SET 工资 = 工资 + 200
    WHERE 部门 = '一部' and 销售总额 >= 1000
```

3. DELETE 数据删除语句

使用 DELETE 语句删除表中的数据,其一般语法格式为:

```
DELETE
```

　　　　　FROM ＜表名＞

　　　　　［WHERE＜条件表达式＞］

语句中的参数含义如下:

◆ ＜表名＞:指定删除记录所在的表。

◆ WHERE ＜条件表达式＞:筛选出要删除的记录;条件表达式中可以包含多个条件,条件之间使用 AND 或 OR 操作符进行连接。

　　DELETE 语句的含义是:从指定表中删除满足 WHERE 子句条件的所有元组。如果省略了 WHERE 子句,表示删除表中的全部元组,但该表的定义仍然在数据字典中。删除的是表中的数据,而不是表的定义。

【例 9.18】　在销售员信息表中,将员工高山的个人信息记录删除,高山的职工号为 009,删除命令为:

　　　　　DELETE

　　　　　FROM 销售员信息表

　　　　　WHERE 职工号 = '009'

【例 9.19】　将销售表中的所有记录都删除,删除命令为:

　　　　　DELETE

　　　　　FROM 销售表

删除命令的结果使销售表中的所有记录都被清除,销售表成为一张空表,但销售表的结构定义仍然存放在数据字典中。

　　可将 SELECT 子查询嵌套在 DELETE 语句中,用以构造删除操作的条件。

【例 9.20】　删除销售一部门销售总额为 0 的所有销售员的信息记录(假定该公司雇用了大量的兼职销售员,这些兼职人员不需要上班,工作一段时间后可能会自动离开本公司,因而需要定期地维护销售员信息表,将那些无销售业绩人员的记录删除),删除命令为:

　　　　　DELETE

　　　　　FROM 销售员信息表

　　　　　WHERE '销售一部' =

　　　　　　SELECT 销售员信息表.部门

　　　　　　FROM 销售员信息表,销售表

　　　　　　WHERE 销售员信息表.职工号 = 销售表.职工号

　　　　　　GROUP BY 销售员信息表.职工号 HAVING SUM(销售数量) = 0

9.5.3　数据定义语句

在创建数据库时,最重要的步骤就是定义基本表,SQL 语言给出了 CREATE TABLE、DROP TABLE 和 ALTER TABLE 三种表定义操作。

1.CREATE TABLE 建表语句

使用 CREATE TABLE 来定义基本表的名称及结构,CREATE TABLE 的一般语法格式为:

　　　　　CREATE TABLE ＜表名＞(

　　　　　＜列名＞＜数据类型＞［列级完整性约束］

　　　　　［,＜列名＞＜数据类型＞［列级完整性约束］］

　　　　　　　⋮

[,<表级完整性约束>])

语句中的参数含义如下：

◆ <表名>:所定义的基本表的名称。

◆ <数据类型>:列字段的数据类型。

◆ 建表时可以给出相关的完整性约束条件,这些约束条件被存入数据字典中,当用户操作基本表时,由 DBMS 自动检查该操作是否遵循约束条件。如果完整性约束条件是针对某个列设置的,则称为列级完整性约束;若约束条件涉及该表的多个属性列,则必须定义在表级上,称为表级完整性约束条件。

【例9.21】 建立职工信息表,表的结构为(产品编号,产品名称,库存数量,保管位置),定义表的命令为：

CREATE TABLE 产品信息表(产品编号 CHAR(5) NOT NULL UNIQUE,

产品名称 CHAR(20),

库存数量 INT,

保管位置 CHAR(10))

2. ALTER TABLE 修改基本表语句:

在建立基本表后,可根据需求的变化对其结构进行修改和调整,即修改、增加或删除列。ALTER TABLE 语句的一般语法格式为：

ALTER TABLE <表名>

[ADD <新列名> <数据类型>[完整性条件]]

[DROP <完整性约束名>]

[MODIFY <列名> <数据类型>]

语句中的参数含义如下：

◆ <表名>:要修改的基本表的名称。

◆ ADD 子句用于在基本表中增加新列或新的完整性约束条件,新增加的列初始值为空(NULL)。

◆ DROP 子句用于从表中删除指定的完整性约束或指定的列。在删除属性列时有两种方式:CASCADE 和 RESTRICT。在 CASCADE 方式下,所有引用到被删除属性的视图或约束都要被删除;在 RESTRICT 方式下,只有在没有视图或约束引用时,该属性才能被删除。

【例9.22】 在产品信息表中增加"价格"列,其数据类型为字符串型,修改表的命令为：

ALTER TABLE 产品信息表

ADD 价格 CHAR(10)

【例9.23】 将产品信息表中库存数量的类型改为字符串类型,修改表的命令为：

ALTER TABLE 产品信息表

MODIFY 库存数量 CHAR(10)

【例9.24】 在产品信息表中删除产品编号必须取值唯一的约束,修改表的命令为：

ALTER TABLE 产品信息表

DROP UNIQUE(产品编号)

3. DROP TABLE 撤销基本表语句

当数据库中不再需要某个表时,可用 DROP 语句将其撤销。当表被撤销时,表中的所有数据也就丢失了,在执行此操作时应格外小心。DROP TABLE 语句的一般语法格式为：

DROP TABLE < 表名 >

9.6 SQL Server 2005

SQL Sever 2005 是微软公司推出的新一代数据库管理工具。该产品不仅简化了企业数据库的创建、部署和管理工作,而且也为客户提供了伸缩性、可用性和安全性保障。SQL Sever 2005 为 IT 专家和信息共享者带来了功能强大的数据管理工具,同时减少了在移动设备和企业平台上创建、部署、管理及使用数据和分析应用程序的复杂度。SQL Server 2005 能够对现有系统进行全面的集成,对日常任务进行自动化管理,因而可以为不同规模的企业提供完整的数据解决方案。

SQL Server 2005 是在 SQL Server 2000 的基础上发展起来的,其性能、可靠性、可用性和可编程性都得到了很大程度的提高。SQL Server 2005 具有以下一些特点。

1. 可伸缩的商业解决方案

SQL Server 2005 是运行在 Windows 平台下的最好的数据库产品。对各个领域的用户和软件供应商来说,SQL Server 2005 是最佳的关系数据库之一。SQL Server 2005 提供功能强大而又灵活的开发平台,并能同现有的应用程序实现无缝连接。对那些需要为特定商业用途进行定制的企业来说,SQL Server 2005 是一个最有效的开发环境。

2. 易于创建、管理和配置

在设计 SQL Server 2005 时,微软公司将降低使用者的总成本作为其开发的最终目标。在 SQL Server 2005 中,用户可以轻易地建立、管理和部署基于联机交易处理技术的应用程序。SQL Server 2005 提供了外部数据库自动调整以及管理功能。SQL Server 2005 在应用性、可伸缩性、可靠性以及性能等方面做出了一系列的革新,为开发者提供快速简便的编程模式。新的动态行级锁定、主动备份以及多站点管理功能使 SQL Server 2005 成为商业运作的最佳选择。

3. 强大的数据仓库管理能力

SQL Server 2005 提供了一个功能强大的数据管理平台,这个平台使设计、创建、维护及使用数据仓库解决方案变得更加容易、更加快捷。用户可以依靠及时准确的信息做出有效的商业决策。

4. 支持数据复制

SQL Server 2005 具有自动数据复制的能力。这种特性使 SQL Server 2005 可以将数据复制到其他的微软数据库上,如 DB2、Oracle、Sybase,甚至是微软 Access 这样的数据库中。利用复制功能可以向远程站点分发数据,平衡负载,向数据仓库中复制数据。

5. 网络独立性

虽然 SQL Server 2005 必须运行于 Windows NT 或 Windows X 下,但它是独立于网络协议的。可以和任何操作系统下的客户端进行通信,只要该操作系统使用符合工业标准的网络协议即可。

6. 集中式管理

无论企业中有多少个 SQL Server 服务器,也无论它们分布在什么位置上,都可以在一个集中的位置上对所有的数据进行管理。这不但使数据库管理员的工作变得轻松,也使数据库维护的总体费用变得更低。

7. 可视化管理工具

可以在 SQL Enterprise Manager(企业管理器)的图形化用户界面中对任务进行管理。SQL Server 2005 还具有任务调度功能,可以自动地执行许多任务,例如,无人值守备份。

8. 与 Internet/Intranet 互连

人们发现,公用的 Internet 和本单位使用的 Intranet 提供了廉价的共享数据的通信手段。SQL Server 2005 可以很方便地通过 Web 站点共享数据,使用户通过 Web 浏览器就能直接对 SQL Server 数据库中的数据进行访问。在许多系统中,前端就是一个标准的 Web 浏览器。

SQL Server 2005 产品家族可分为五个版本:企业版、开发版、标准版、工作组版和精简版。其中最常用的是企业版、标准版和工作组版。SQL Server 2005 企业版是大型企业客户的理想选择。对于中小型企业而言,使用 SQL Server 2005 标准版完全能够满足需求。小型机构需要的是入门级的数据库产品和快捷易用的数据库解决方案,因而 SQL Server 2005 工作组版就成为很好的选择。在某些情况下,用户可以不花一分钱而将一个轻量级数据库嵌入到他们的应用程序中,因此精简版将是理性的选择。

9.6.1 SQL Server 2005 的编程管理工具

SQL Server Management Studio 是一个集成开发环境,用于访问、配置和管理所有 SQL Server 组件。SQL Server Management Studio 组合了大量图形工具和丰富的脚本编辑器,是 SQL Server 2005 中最重要的管理工具。SQL Server Management Studio 将 SQL Server 2000 中包括的企业管理器、查询分析器和服务管理器的各种功能,组合到一个单一的环境中。此外,SQL Server Management Studio 还提供了统一的环境,用于管理 Analysis Services、Integration Services、Reporting Services 和 XQuery。为数据库管理人员提供了单一的实用化工具,使用户能够通过易用的图形工具和丰富的脚本完成管理任务。

Business Intelligence Development Studio 是一个集成的环境,用于开发商业智能构造,例如,多维数据集、数据源、报告和 Integration Services 软件包等。Business Intelligence Development Studio 包含了一些模板项目,这些模板可以为特定开发任务构造上下文。使用 Business Intelligence Development Studio 开发项目时,用户可以将其作为某个解决方案的一部分进行开发,而该解决方案独立于具体的服务器。

SQL Server Profiler 是用于捕获来自服务器的 SQL Server 2005 事件的工具,事件保存在一个跟踪文件中,可在以后对该文件进行分析,也可以在试图诊断某个问题时,用它来重播某一系列的步骤。

SQL Server Configuration Manager 是用于管理与 SQL Server 相关联的服务、配置 SQL Server 使用的网络协议及设置 SQL Server 客户端计算机管理网络连接配置。

Database Engine Tuning Advisor 可以帮助用户选择和创建索引、索引视图和分区,并不要求用户具有数据库结构、工作负载和 SQL Server 2005 内核的专业知识。

SQL Server 2005 提供了许多命令行工具,使用这些命令,可以同 SQL Server 2005 进行交互,但不能在图形界面下运行,只能在 Windows 命令提示符下,输入命令行以及参数来运行(相当于 DOS 命令)。这些命令行工具默认存储在 C:\Program Files\Microsoft SQL Server\90\Tools\Binn 或 C:\Program Files\Microsoft SQL Server\90\DTS\Binn 路径中。

如果安装了 SQL Server 2005 的联机帮助,用户还可以使用帮助系统,通过联机帮助,用户可以随时了解到 SQL Server 2005 的更多功能。

9.6.2 使用 SQL Server 2005 进行数据库操作

在 SQL Server 2005 中,可以使用两种不同的方法来建立数据库。一种是在 SQL Server Management Studio 的可视化界面中直接创建,另一种是在查询编辑器中执行 SQL 语句来创建。

在 SQL Server Management Studio 中创建数据库的步骤如下:

(1)点击"开始"按钮,在"程序"菜单中选择 SQL Server 2005,然后点击 SQL Server Enterprise Manager Studio。在服务器列表中,双击你要建立数据库的那个服务器,这样你就和服务器连接起来了,如图 9.16 所示。

(2)点击挨着服务器名字的加号,打开一个文件夹列表,可以用它来访问 SQL Server 上的不同对象,如图 9.17 所示。

图 9.16 连接服务器

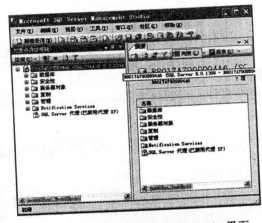

图 9.17 SQL Server Management Studio 界面

(3)点击"数据库"文件夹旁的加号,打开所有你能连接上的数据库列表。用鼠标右键点击 SQL Enterprise Manager Studio 的右边面板,打开一个菜单,从中选择"新建数据库"选项。在"新建数据库"页面中填入要建立的数据库的相关信息。在"数据库名称"框中,键入要创建的数据库的名称,例如,键入 CStudent。SQL Enterprise Manager Studio 将自动地创建数据库文件 CStudent.mdf 和数据库日志文件 CStudent_log.ldf。可以对数据库文件的格式进行设置,"自动增长"部分是用来确定文件的增量方式,SQL Server 将按照这个增量方式增加数据库的容量。其中第一个选项是缺省选项,每次按照一个固定的兆字节数增加数据库的容量。例如,你有一个 10 MB 的数据库,而且已经满了,你可以让 SQL Server 按 3 MB 的增量来扩大这个数据库。通过改变存储路径来修改数据库文件的存放位置,如图 9.18 所示。

(4)填写完上面所列的这些选项之后,点击"确定"按钮,SQL Server 2005 会为你建立一个数据库。

使用以上步骤,你将创建一个名为 CStudent 的数据库,其数据库文件 CStudent.mdf 和日志文件 CStudent_log.ldf 存放在 C:\ Program Files \ Microsoft SQL Server \ MSSQL.1 \ MSSQL \ Data 目录中。

建立数据库的另一个方法是在查询编辑器中执行 SQL 语句来创建,在 SQL Enterprise Manager Studio 的工具条中点击新建查询,如图 9.19 所示,在 Sqlquery.sql 中键入下列 SQL

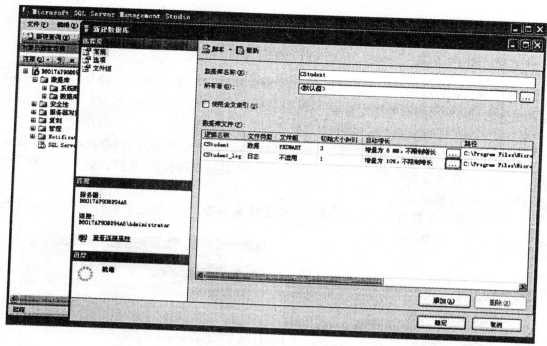

图 9.18 "新建数据库"页面

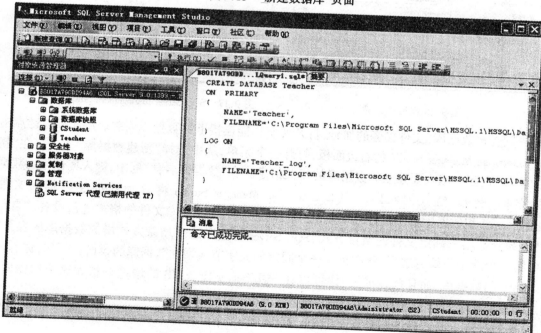

图 9.19 在查询编辑器中执行 SQL 语句创建数据库

语句：

CREATE DATABASE Teacher

ON PRIMARY(

NAME = 'Teacher',

FILENAME = 'C: \ Program Files \ Microsoft SQL Server \ MSSQL. 1 \ MSSQL \ Data \ Teacher. mdf'

)
LOG ON(
NAME = 'Teacher_log',
FILENAME = 'C:\Program Files\Microsoft SQL Server\MSSQL.1\MSSQL\Data\Teacher_log.ldf'
)

执行完毕后,可创建数据库文件 Teacher.mdf 和日志文件 Teacher_log.ldf,如图 9.20 所示。

建立好数据库之后,就可以创建表了。在 SQL Server 2005 中,提供了两种方法来创建表: 一种是在 SQL Server Management Studio 的可视化界面中直接创建表,另一种是在查询编辑器中执行 SQL 语句来建表。

图 9.20　在 SQL Server Management Studio 界面中创建表

在 SQL Server Management Studio 中创建表的步骤如下:

(1)点击 CStudent 文件夹旁的加号,打开 CStudent 数据库,CStudent 数据库包含了数据库关系图、表和视图等对象。

(2)用鼠标点中表,并单击右键弹出一个菜单,选中"新建表"选项。

(3)在出现的页面中,输入待建表的所有字段及其数据类型,SNO: nchar(10)、SNAME: nchar (10)、SEX: nchar(5)、AGE: smallint、SCORE: float,设置 SNO 为主键。

(4)按下"保存"按钮,在弹出的对话框中键入表的名字,再按下"确定"按钮,此时生成了一个名为 dbo.STUD_Table 的表,如图 9.21 所示。

用鼠标点中表 dbo.STUD_Table 的图标,单击右键弹出下拉菜单,选中"打开表"选项。在弹出的页面中,输入 STUD_Table 表的各个记录,点击"查询设计器"菜单中的"执行 SQL(X)"子菜单项,将输入的记录存储在 dbo.STUD_Table 表中,如图 9.21 所示。

建立数据表的另一个选择是在查询编辑器中执行 SQL 语句来创建,在 SQL Enterprise

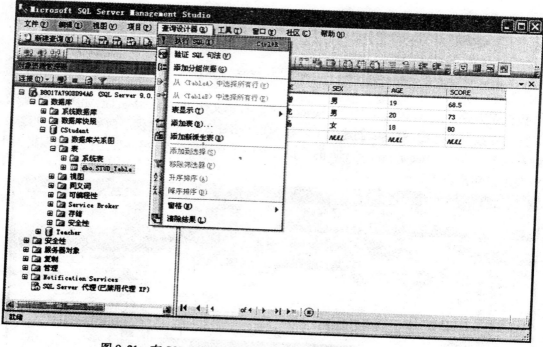

图 9.21 在 SQL Server Management Studio 界面中输入表中的记录

Manager Studio 的工具条中点击新建查询,在 Sqlquery.sql 中键入下列 SQL 语句:

CREATE TABLE COURSE

(

CourseID int Not NULL UNIQUE,

CourseName nchar(10) Not NULL,

Introduction nchar(10) Not NULL,

Score float Not NULL

)

执行完毕后,即可创建表文件 dbo.COURSE,如图 9.22 所示。

利用 Insert 语句向 dbo.COURSE 中插入数据。在 SQL Enterprise Manager Studio 的工具条中点击新建查询,在 Sqlquery.sql 中键入下列 SQL 语句:

INSERT

INTO COURSE(CourseID, CourseName, Introduction, Score)

VALUES('001', '数据结构', '大三开设', '98')

执行完毕后,即可在 COURSE 表中添加记录('001', '数据结构', '大三开设', '98'),如图9.23所示。

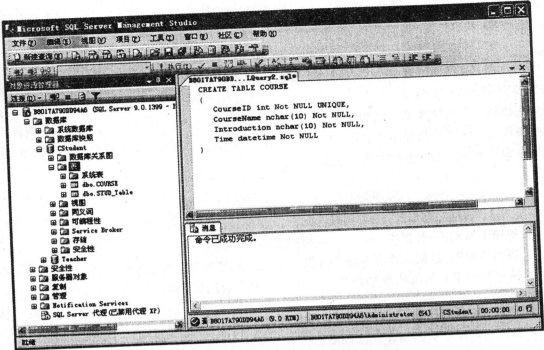

图 9.22 在查询编辑器中执行 SQL 语句创建表

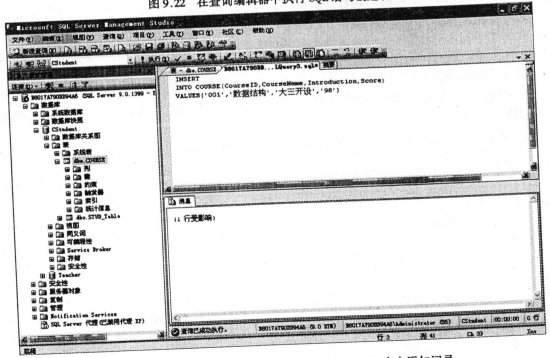

图 9.23 在查询编辑器中执行 SQL 语句向 COURSE 表中添加记录

小　结

　　数据库是用于科学组织和高效处理数据的一门管理技术。本章介绍了数据管理技术产生和发展所经历的 3 次重要历史变迁。阐述了数据库所涉及的一些基本概念。分析了数据库系统的三级模式及两层映象功能的实现原理。给出了数据库技术所使用的概念模型、逻辑模型和物理模型。通过实例介绍了 SQL(Structured Query Language)结构化查询语言的使用方法，及如何在 SQL Server 2005 平台上操作数据库。

习　题

　　1.解释下列术语：数据库、外模式、逻辑模式和内模式。
　　2.指出数据库、数据库管理系统和数据库系统三者之间的区别与联系。
　　3.阐述数据库的两层映象功能是如何实现数据和应用程序的物理独立性与逻辑独立性的？
　　4.结合 DBMS 的功能，请给出应用程序存储数据库的具体步骤。
　　5.使用数据库的三级模式和两层映象功能设计高校数据库管理系统。
　　6.给出概念模型、逻辑模型和物理模型的定义。
　　7.什么是层次模型、网状模型和关系模型？
　　8.层次模型、网状模型和关系模型各有哪些优缺点？
　　9.什么是联系，实体之间有哪几种联系方式？
　　10.如何表示实体间的联系，实体类和属性有什么区别？举例说明。
　　11.试建立"班级期末学习成绩"关系，关系中包含 3 个以上属性，至少包括 5 个元组，并指出关键字。
　　12.建立计算机系学生管理和课程管理过程中的实体关系模型(E-R 模型)。

第10章 计算机信息安全技术

本章重点：信息安全的隐患，面临的威胁和数据加密技术，防火墙技术及病毒防治技术等防御措施。

本章难点：计算机病毒防治。

信息安全包括的范围很广，不仅涉及国家军事政治等机密安全，防范商业企业机密的泄露，还包括个人信息的保密等。由于信息安全问题目前已经涉及人们日常生活的各个方面，特别是随着计算机网络的迅速发展，人们对信息的存储、处理和传递过程中涉及的安全问题越来越关注。信息安全技术的内涵极其丰富，主要包括技术安全、管理安全和相应的政策法律。从技术角度来说，计算机信息安全是一个涉及计算机科学、网络技术、通信技术、密码技术、信息安全技术、应用数学、数论、信息论等多种学科的边缘性综合学科。

10.1　计算机信息安全概述

10.1.1　计算机信息安全概念

从信息安全的发展过程来看，在计算机出现以前，通信安全以保密为主，密码学是信息安全的核心和基础。随着计算机的出现，计算机系统安全保密成为现代信息安全的主要内容。网络的迅速发展改变了人们工作、学习和生活的方式。网络在给人们带来巨大便利的同时，也带来了很多严重的安全问题，使得网络环境下的信息安全体系成为保证信息安全的关键。国际标准化组织将计算机安全定义为："为数据处理系统建立和采取的技术和管理的安全保护，保护计算机硬件、软件数据不因偶然和恶意的原因而遭到破坏、更改和泄露。"这个定义偏重于静态信息保护。也有人将计算机安全定义为："计算机的硬件、软件和数据受到保护，不因偶然和恶意的原因而遭到破坏、更改和泄露，系统连续正常运行。"该定义着重于动态意义描述。以网上交易为例，需要考虑交易方是谁？信息在传输过程中是否会被篡改，信息在传送途中是否会被外人看到，个人信息是否会泄漏？网上支付款额后，对方是否会否认等等。这个例子涉及信息安全的一些基本属性。信息安全的基本属性主要表现为信息的完整性、保密性、可用性、不可否认性、可控性。

1.信息的保密性

保密性是指信息不泄露给非授权者，即信息的内容不会被未授权的第三方所知。防止信息失窃和泄露的保障技术称为保密技术。信息加密技术是为了确保信息保密性而经常采用的一种技术，即对要发送的信息进行加密，以密文而不是明文的形式传送，除了接收者可以解密，其他未被授权者得不到原始信息内容。

2.信息的完整性

完整性即信息在存储或传输过程中保持不被有意或无意的修改、破坏和丢失的特性。一般通过访问控制阻止篡改行为,通过消息摘要算法来检验信息是否不一致。许多计算机病毒的设计目的就是为了修改数据。因此,检测病毒的一个重要方法就是根据文件的大小来检查文件的完整性。信息完整性是信息系统的基础。文件受损并不总是由于外部的原因,有时传输媒介中的噪声也能使数据失去其完整性,因此增加校验位和冗余位可以确保信息的完整性。

3.信息的可用性

可用性是指保证合法用户对信息和资源的使用不会被不正当地拒绝。无论何时,只要用户需要,信息系统必须是可用的,也就是说信息系统不能拒绝服务。例如,网络环境下拒绝服务、破坏网络和有关系统的正常运行等都属于对可用性的攻击。可以使用访问控制机制,阻止非授权用户进入网络,从而保证网络系统的可用性。增强可用性还包括如何有效地避免因各种灾害造成的系统失效。

4.信息的不可否认性

信息的不可否认性是指保证行为方不能否认自己的行为,即保证对已经发出过和接收到的信息,收发方事后不能否认。一般应用数字签名和公证机制来保证不可否认性。

5.信息的可控性

信息的可控性是可以控制授权范围内的信息流向及行为方式,它对信息的传播及内容具有控制能力。为了保证信息的可控性,通常通过握手协议和认证对用户进行身份鉴别,通过访问控制列表等方式来控制用户的访问方式,通过日志记录用户的所有活动以便于查询和审计。

10.1.2　计算机信息安全的隐患

导致系统计算机系统信息不安全的因素有很多,如设备自然毁坏、自然灾害,以及操作系统和网络协议的脆弱性,都会给计算机信息安全带来诸多隐患。

1.硬件系统的隐患

在服务器、终端、路由器、交换机等网络信息设备中,一旦发生硬件安全问题,将给网络系统的可靠性、可控性、可用性、安全性等造成严重损害。造成计算机系统不安全的因素有很多,如设备的自然老化,电磁干扰,以及雷电、地震、火灾等自然灾害。因此,需要制定严格的温度、湿度、灰尘等的计算机设备保养标准,定期备份资料,制定防火、防水淹、防震、防雷击设计的标准,以及制定自然灾害防御计划和增强对自然灾害的应变能力。

物理设备都可能存在电磁泄漏,电磁泄漏不仅对环境产生污染,对其他的电子设备产生干扰,而且还会导致信息泄漏。计算机系统工作时许多设备、部件和线路都在辐射电磁波,在一定距离内使用一定的仪器设备就可以接收到计算机系统正在处理的信息,因此要做好电子设备的辐射防护工作。

2.软件系统的隐患

计算机操作系统是计算机系统配置的最重要的软件,是整个软件系统的核心。操作系统的安全性将直接影响到计算机系统的安全性。无论哪一种操作系统都不可避免会存在安全漏洞和缺陷,系统越大越复杂,其隐含的问题就越多。因此,系统的安全性也受到这些潜在因素的威胁。如果不了解这些安全漏洞,不采取相应的安全对策和防范措施,就会使系统完全暴露在黑客的入侵威胁之中,随时随地有可能遭到恶意攻击。为了解决来自漏洞的攻击,经常关心最新漏洞发布,一般通过打补丁的方式来增强系统安全。

TCP/IP 网络协议是 Internet 进行网际互联通信的基础。由于 TCP/IP 协议簇的开放性,它打破了异构网络之间的隔阂,把不同国家的各种网络连接起来,使 Internet 成为没有明确物理界限的网际互联。TCP/IP 协议框架在开发之初,只考虑如何提供高效便捷的服务,并没有考虑安全问题。当 Internet 逐步普及以后,网络的应用环境发生巨大转变,网络安全问题变得日益突出起来。例如,在 TCP/IP 协议规程中缺乏可靠的对通信双方身份进行认证的手段、无法确定信息包地址的真伪等;大多数底层协议采用广播方式,网上任何设备均可能导致信息泄漏。

3.信息管理的隐患

信息系统的管理目标是确保信息资源的安全性。信息安全管理是信息系统安全的重要组成部分。实际上,大多数安全事故的发生,与其说是技术上的问题,不如说是由于管理不善造成的。随着网络规模的不断扩大,互联网用户的不断增加,给安全保护带来了巨大压力,也给攻击者提供了可乘之机。对于计算机信息安全事故,有很多不是技术原因,而是由于误操作和内部泄密所造成的。据统计,计算机系统的安全问题大部分是由于管理不善造成的。有人说,信息系统的安全是三分靠技术、七分靠管理,可见管理的重要性。

10.1.3　信息安全面临的威胁

由于计算机系统在硬件设备、系统软件、网络协议以及管理方面存在着诸多的安全隐患,导致了信息系统面临着许多威胁。

1.黑客

"黑客"一词是英语单词"Hacker"的音译,原是指专门研究、发现计算机和网络漏洞的计算机爱好者。他们伴随着计算机和网络的发展而成长。黑客对计算机有着狂热的兴趣,他们热衷于钻研计算机和网络知识,发现计算机和网络中存在的漏洞,喜欢挑战高难度的网络系统并从中找到漏洞,然后向管理员提出解决和修补漏洞的方法。可以说,黑客曾一度为计算机的发展起到了一定的推动作用。但是,目前黑客一词已经被用于那些专门利用计算机在网络上进行破坏的人。他们会入侵网络中的计算机系统,盗用特权、非法获得信息、破坏重要数据、使系统功能得不到充分发挥直至瘫痪,甚至会出现非法转移银行资金、盗用他人银行账号等严重犯罪行为。如今,黑客们变得越来越老练和狡猾,他们会想出各种新的花招,利用技术漏洞和人性的弱点来攻击计算机系统。

2.拒绝服务攻击

拒绝服务攻击(DOS,Denial of Service)是利用 TCP/IP 协议的缺陷,将提供服务的网络资源耗尽,导致系统不能提供正常服务。这是一种对网络危害巨大的恶意攻击行为。有些拒绝服务攻击是消耗带宽,有些则是消耗网络设备的 CPU 和内存,导致系统崩溃。其原理是在短时间内发送大量伪造的连接请求报文到网络服务所在的端口,造成服务器的资源耗尽,系统停止响应甚至崩溃;或者是使用真实的 IP 地址,发起针对网络服务的大量的真实连接来抢占带宽,也可以造成 WEB 服务器的资源耗尽,导致服务中止;另外一些则是利用网络协议缺陷进行攻击。

分布式拒绝服务攻击(DDOS,Distributed Denial of Service)则是 DOS 的特例,黑客利用多台

计算机同时攻击来达到妨碍使用者获得正常使用和服务的目的。黑客预先入侵大量主机以后,在被害主机上安装 DDOS 攻击程序,远程控制被害主机对攻击目标展开攻击;有些 DDOS 甚至可以一次控制高达上千台电脑展开攻击,可以产生极大的网络流量,足以使攻击目标瘫痪。拒绝服务攻击是互联网上最为严重的威胁之一,作为互联网上的一种攻击手段,到目前为止,还没有十分有效的解决办法来遏制 DOS 问题。

3.特洛伊木马

计算机木马是一种后门程序,常被黑客用作控制远程计算机的工具。英文单词为"Trojan",直译为"特洛伊"。木马这个词来源于古希腊的故事,希腊人在攻打特洛伊城时,使用了一个计策,用木头制造了木马,木马的肚子里藏了很多勇士,佯装失败后,逃跑时就把那个木马遗弃。守城的士兵就把它当战利品带到城里去了。到了半夜,木马里的士兵,和外面早就准备好的士兵里应外合,攻下了特洛伊城。这就是木马的来历。

像历史上的"特洛伊木马"一样,被称作"木马"的程序也是一种经过伪装的欺骗性程序。它是一种基于远程控制的黑客工具,具有隐蔽性和非授权性等特点。它通过将自身伪装吸引用户下载执行,植入到用户的电脑里。一个完整的木马程序包含服务端程序和客户端程序两个部分。隐藏在被侵入电脑内的程序是它的服务端部分,当服务端程序在被感染的机器上成功运行以后,攻击者就可以使用客户端与服务端建立连接,并进一步控制被感染的机器,进而使中木马的电脑的文件遭到毁坏、窃取。木马要达到的正是隐蔽性的远程控制,因此如果没有很强的隐蔽性的话,那么木马就无法发挥破坏作用。木马的传播途径有很多,常见的有通过电子邮件的附件传播、通过下载文件传播、通过网页传播和通过聊天工具传播。

4.计算机病毒

计算机病毒是一段人为编制的计算机程序代码,它是能够在计算机程序中插入破坏计算机功能或者毁坏数据的一组计算机指令或者程序代码。计算机病毒一般具有传染性、潜伏性、隐蔽性、可触发性、破坏性、针对性等特性。通常计算机病毒可以分为引导区病毒、文件型病毒、宏病毒、脚本病毒等。计算机病毒会占用和破坏系统资源和用户数据。对于计算机病毒,需要树立以防范为主、清除为辅的观念,防患于未然。

5.蠕虫程序

蠕虫程序主要利用系统漏洞进行传播。它通过网络就像生物蠕虫一样从一台计算机传染到另一台计算机。

蠕虫程序是由一个主程序和一个引导程序两部分组成。主程序一旦传染了一台机器,就会收集与当前机器联网的其他机器的信息,并尝试在这些远程机器上建立其引导程序。蠕虫病毒程序常驻于一台或多台机器中,并有自动重新定位的能力。如果它检测到网络中的某台机器未被占用,它就把自身的一个拷贝发送给那台机器。每个程序段都能把自身的拷贝重新定位于另一台机器中,并且能识别它已占用的机器。蠕虫程序一般不采取文件传染的方式,而是通过复制自身在互联网环境下进行传播,蠕虫程序的传染目标是互联网内的所有计算机。局域网条件下的共享文件夹、电子邮件、网页、大量存在着漏洞的服务器等都成为蠕虫传播的可能途径。因为蠕虫程序可以使用多种方式进行传播,所以蠕虫程序的传播速度是非常快的,可以在几个小时内蔓延全球。蠕虫程序对信息安全的主要威胁体现在对信息的保密性的破坏和对网络服务可用性的破坏。近几年蠕虫程序造成的危害越来越大,一般蠕虫程序都会在传播过程中造成大量网络流量,导致网络拥塞,迫使正常网络通信中断。

10.2 密码学

密码技术是保障信息安全的核心技术。人们对密码学的研究实际上已经有数千年的历史,但以前仅限于外交和军事等重要领域。随着计算机和通信技术的迅速发展和普及,出现了电子政务、电子商务、电子金融等重要的应用信息系统,在这些系统中必须确保数据的安全,因此密码技术有了更广泛的应用空间。目前它是集数学、计算机科学、电子与通信等诸多学科于一身的交叉学科。

10.2.1 密码学的基本概念

密码学(Cryptography)包括密码编码学和密码分析学。密码体制设计是密码编码学的主要内容,密码体制的破译是密码分析学的主要内容,密码编码技术和密码分析技术是相互依存、相互支持、密不可分的两个方面。

密码体制设计的基本思想是信息隐藏,隐藏就是对数据施加一种可逆的数学变换。隐藏前的数据称为明文,隐藏后的数据称为密文。隐藏的过程称为加密,恢复明文的过程称为解密。加解密要在密钥的控制下进行。将数据以密文的形式存储在计算机的文件中或送入网络信道中传输,而且只给合法用户分配密钥。这样,即使密文被非法窃取,因窃取者没有密钥而不能得到明文,从而达到确保数据保密性的目的。同样,因窃取者没有密钥也无法伪造出合理的明密文,因而篡改数据必然会被发现,从而达到确保数据真实性的目的。与能够检测发现篡改数据的道理相同,如果密文数据在传输过程中发生了错误或毁坏也能够被检测发现,从而确保了信息的完整性。

密码的发展经历了由简单到复杂,由古典到近代的发展历程。在密码的不断发展过程中,科技的发展和战争的刺激都起到了巨大的推进作用。密码技术不仅能够保证对机密信息的加密,而且能够完成数字签名、身份验证等功能。所以,使用密码技术可以防止信息被篡改、伪造和假冒,从而保证信息的保密性和完整性。

密码分析学是研究密码破译的科学,它是指如何在不知道密钥的情况下恢复出密文中所隐藏的明文信息。成功的密码分析能恢复出明文或取得密钥,也能够发现密码体制的弱点。如果能够根据密文确定出明文或密钥,或者能够根据明文——密文对,确定出密钥,则称这个密码是可破译的。一个密码,无论密码分析者采用何种方法都不能破译,则称该密码是绝对不可破译的。绝对不可破译的密码在理论上是存在的,这个密码就是著名的“一次一密”密码。但是,由于密钥管理上的困难,一次一密的密码是不实用的。从理论上讲,如果利用足够多的资源,那么任何实际可使用的密码又都是可以破译的。如果一个密码不能被密码分析者根据可利用的资源所破译,则称该密码是计算上不可破译的。因为任何秘密都有其时效性,因此,更有意义的是在计算上不可破译的密码。

需要指出的是,计算机网络的发展和普及,具有把许多计算机资源联成一体的能力,这就形成强大的计算能力,从而得到了强大的密码破译能力,使得原来认为是十分安全的密码也可能会被破译。

10.2.2　密码分析

对密码进行分析的尝试称为攻击。通常可以假定攻击者知道用于加密的算法,一种可能的攻击方式是对所有可能的密钥进行尝试,如果密钥空间非常大,这种方法是不现实的。因此,攻击者必须依赖对密文的分析进行攻击。

1.常用密码分析方法

(1)穷举攻击。穷举攻击是指密码分析者采用依次试遍所有可能的密钥对所获密文进行解密,直至得到正确的明文,或者用一个确定的密钥对所有可能的明文进行加密,直至得到所获得的密文。显然,理论上对于任何实用密码只要有足够的资源,都可以用穷举攻击将其攻破。穷举攻击所花费的时间等于尝试次数乘以一次解密所需的时间。显然,可以通过增大密钥量或加大解密算法的复杂性来对抗穷举攻击。当密钥量增大时,尝试的次数必然增大。当解密算法的复杂性增大时,则完成一次解密所需的时间增加,从而使穷举攻击在实际中不能实现。穷举攻击是一种最基本的攻击方式。1997 年 6 月 18 日,在美国以 Rocke Verser 为首的一个工作小组宣布,通过互联网利用数万台微机、历时 4 个多月,通过穷举攻击破译了 DES。这是穷举攻击的一个很好的实例。

(2)分析攻击。分析攻击法包括统计分析攻击和确定性分析攻击。统计分析攻击就是指密码分析者通过分析密文和明文的统计规律来破译密码。统计分析攻击在历史上为破译密码做出过极大的贡献。许多古典密码都可以通过分析密文字母、字母组的频率和其他统计参数来破译。对抗统计分析攻击的方法是不把明文的统计特性带入密文。这样,密文不带有明文的痕迹,从而使统计分析攻击无法奏效。能够抵抗统计分析攻击已成为近代密码学的基本要求。

确定性分析攻击是利用一个或几个已知量,例如,已知密文或明文——密文对,用数学关系式表示出所求未知量,如密钥。确定性分析攻击需要攻击者具有坚实的数学基础。

2.利用数据资源的分析方法

根据密码分析者可利用的数据资源,可以将密码分析攻击分为以下 4 种。

(1)仅知密文攻击。仅知密文攻击是指密码分析者仅根据截获的密文来破译密码。

(2)已知明文攻击。已知明文攻击是指密码分析者根据已经知道的某些明文——密文对来破译密码。

(3)选择明文攻击。选择明文攻击是指密码分析者能够选择明文并获得相应的密文。

(4)选择密文攻击。所谓选择密文攻击是指密码分析者能够选择密文并获得相应的明文。

3.攻击效果

从密码分析者对密码体制攻击的效果看,攻击者可能达到以下结果。

(1)完全攻破。密码分析者找到了相应的密钥,可以恢复任意的密文。

(2)部分攻破。密码分析者没有找到相应的密钥,但对于给定的密文,攻击者能够获得明文的特定信息。

(3)密文识别。如果对于两个给定的不同明文以及其中一个明文的密文,密码分析者能够识别出该密文对应于哪个明文。如果一个密码体制使得攻击者不能在多项式时间内识别密文,这样的密码体制称为达到了语义安全。

10.2.3　对密码体系的评价

1. 无条件安全性

如果密码分析者具有无限的计算能力,密码体制也不能被攻破,那么这个密码体制就是无条件安全的。例如,只有单个的明文用给定的密钥加密,移位密码和代换密码都是无条件安全的。一次一密密码本对于仅知密文攻击是无条件安全的,因为分析者即使获得很多密文信息、并且具有无限的计算资源,仍然不能获得明文的任何信息。

2. 计算安全性

密码学更关心在计算上不可破译的密码系统。如果攻破一个密码体制的最好的算法用现在或将来可得到的资源都不能在足够长的时间内破译,这个密码体制被认为在计算上是安全的。目前还没有任何一个实际的密码体制被证明是计算上安全的。实际上,密码体制对某一种类型的攻击是计算上安全的,并不能说明它对其他类型的攻击也是计算上安全的。

3. 可证明安全性

另一种安全性度量的方法是把密码体制的安全性归结为某个的数学难题。例如,如果给定的密码体制是可以破解的,那么就存在一种有效的方法解决大数的因子分解问题,而因子分解问题目前不存在有效的解决方法,则称该密码体制是可证明安全的,因为可证明攻破该密码体制比解决大数因子分解问题更难。

10.2.4　古典密码体制

古典密码体制是指采用手工或机械操作就可以实现加解密过程,虽然这些密码大都比较简单而且容易破译,但研究这些密码的设计原理和分析方法对于理解、设计和分析现代密码是非常有帮助的。古典密码体制可分为代换密码和置换密码两类,代换和置换方法恰是增强密码安全性的两种基本手段。

置换密码的想法是保持明文字符未改变,但通过重排而改变它们的位置,所以有时也称为换位密码。代换密码就是明文中每一个字符被替换成密文中的另外一个字符,代替后的各字母保持原来的位置。代换密码又分为单字母代换密码和多字母代换密码。单字母代换密码又分为单表代换密码和多表代换密码。在单字母代换密码中单个字母被加密,后者中一组字母被加密。多表代换密码是用两个以上代换表依次对明文消息的字母进行代换的加密方法。如果每个明文字母都采用不同的代换表(或密钥)进行加密,则称作一次一密密码,这是一种理论上唯一不可破的密码。这种密码完全可以隐蔽明文的特点,但由于密钥量和明文消息长度相同而难于广泛使用。为了减少密钥量,在实际应用中多采用多表代换密码。多表代换密码的破译要比单表代换密码的破译难得多,因为在单表代换下,除了字母名称改变外,字母频度、重复字母的模式、字母结合方式等统计特性均未发生变化,依靠这些不变的统计特征就能破译单表代换的密码。而在多表代换的情况下,原来的这些特性通过多个表的平均作用被隐藏了起来。多字母代换密码的特点是每次对多个字母进行代换,其优点是容易将字母的自然频度隐藏或均匀化而有利于对抗统计分析。

10.2.5　现代密码体制

现代密码技术分为对称加密算法和非对称加密算法两大类。

1.对称密码体制

对称密码体制是从传统的简单置换发展而来的。它的主要特点是加解密双方在加解密过程中要使用完全相同的一个密钥。使用最广泛的是数据加密标准(Data Encryption Standard, DES)密码算法(图 10.1)。

从 1977 年美国颁布 DES 密码算法作为美国数据加密标准以来,对称密钥密码体制得到了广泛的应用。对称密钥密码体制从加密模式上又可分为序列密码和分组密码两类。序列密码的主要原理是通过有限状态机产生性能优良的伪随机序列,使用该序列加密信息流,得到密文序列。所以,序列密码算法的安全强度完全取决于它所产生的伪随机序列的好坏程度。

分组密码的工作原理是将明文分成固定长度的组,用同一密钥和算法对每一块加密,输出也是固定长度的密文。DES 算法就属于分组加密算法,它是由美国 IBM 公司在 20 世纪 70 年代提出,并被美国政府、美国国家标准局和美国国家标准协会采纳和承认的一种标准加密算法。DES 算法在明文加密和密文解密的过程中,信息都是按照固定长度分组并处理的,如 64bit 一组。混淆和扩散是它所采用的两个最重要的安全特性。混淆是指通过密码算法使明文和密文以及密钥的关系非常复杂,无法从数学上描述或者统计。而扩散是指明文和密钥中每一位信息的变动,都要影响到密文中许多位信息的变动,从而隐藏统计特性,增加密码的安全性。

图 10.1 对称密码体制示意图

DES 算法在商用应用程序中得到了广泛应用,已成为首选的加密标准。到 1997 年时,使用长度为 64 位的密钥已无法保证密码的可靠性。1998 年,有人在特别设计的机器上,用了 56 小时就破解了 DES 密钥。由于 DES 容易受到穷举式攻击,人们开始研究替代的加密算法,为了使已有的 DES 算法资源不被浪费,人们尝试用 DES 和多个密钥进行多次加密,其中三重 DES 已被广泛采用。美国国家标准技术研究所于 1997 年 9 月 12 日发出征集高级加密标准 AES 的通知。2000 年 10 月,美国国家标准技术研究所选择 Rijndael 作为 AES 算法。AES 被开发用于替代 DES,但美国国家标准技术研究所预测三重 DES 仍将在未来一段时间内作为一种实用的算法,而单 DES 则完成了它的使命。

2.非对称密码体制

对称密钥密码体制存在的最主要问题是,由于加/解密双方都要使用相同的密钥,因此在发送和接收数据之前,必须完成密钥的分发。所以,密钥分发便成了该加密体系中的最薄弱也是风险最大的环节,很难保障安全地完成密钥分发工作。这样,密钥更新的周期一加长,就给他人破译密钥提供了可乘之机。在历史上,破获他国情报不外乎有两种方式,一种是在敌方更换密码本的过程中截获对方密码本,另一种就是敌人密钥变动周期太长,被长期跟踪,找出规律从而被破译。在对称算法中,尽管由于密钥的强度增强了,被跟踪找出规律破解密钥的机会大大减小了,但密钥分发的问题还是无法解决。

非对称式密码方法就是加密和解密过程使用不同的密钥,通常有两个密钥,称为公钥和私钥,它们两个必需配对使用,否则不能打开加密文件。这里的公钥是指可以对外公布的,私钥则只能由持有者一个人知道。它的优点就在于此,因为对称式加密方法如果是在网络上传输,加密文件就很难把密钥告诉对方,不管用什么方法都有可能被别人窃听到。而非对称式的加密方法有两个密钥,且其中的公钥是不怕别人知道的,收件人在解密时只要用自己的私钥即可,这样就很好地避免了密钥的安全性(图 10.2)。

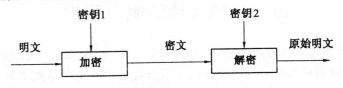

图 10.2　非对称密码体制示意图

　　1978 年,美国麻省理工学院的研究小组提出了一种基于公开密钥密码体制的优秀加密算法——RSA 算法。该算法以其较高的保密强度逐渐成为一种广受欢迎的公钥密码体制算法。RSA 算法研制的初衷是解决 DES 算法的密钥分发困难的难题,而实际结果是不但很好地解决了这个难题,还可以实现对消息的数字签名。

　　RSA 算法的保密强度随着密钥的长度增加而增强。但是,密钥越长,其加解密所耗费的时间也越长。因此,要综合考虑所保护信息的敏感程度、攻击者破解所花费的代价和系统所要求的反应时间来决定。尤其对商业信息更是如此。

10.2.6　数字签名

　　对文件进行加密只解决了传送信息的保密问题,而防止他人对传输的文件进行破坏,以及如何确定发信人的身份还需要采取其他的手段,这就是数字签名。数字签名就是只有信息的发送者才能产生的,别人无法伪造的一串数字,它同时也是对发送者发送的信息真实性的一个证明。在电子商务安全保密系统中,数字签名技术尤为重要。在源鉴别、完整性服务、不可否认服务中,都要用到数字签名技术。

　　目前的数字签名是建立在公共密钥体制基础上,它是公用密钥加密技术的另一应用。数字签名的主要方法是,报文的发送方从报文文本中生成一个散列值(或报文摘要),发送方用自己的私人密钥对这个散列值进行加密来形成发送方的数字签名。然后,这个数字签名将作为报文的附件和报文一起发送给报文的接收方。报文的接收方首先从接收到的原始报文中计算出散列值,接着再用发送方的公用密钥来对报文附加的数字签名进行解密。如果两个散列值相同,那么接收方就能确认该数字签名是发送方的。通过数字签名能够实现对原始报文的鉴别。

　　数字签名与书面文件的签名有相同之处。采用数字签名也能够确认以下两点,一是信息是由签名者发送的,二是信息自签发后到收到为止未曾作过任何修改。这样,数字签名就可以用来防止电子信息被他人恶意修改,或冒用别人名义发送信息,或发出(收到)信件后又加以否认等情况的发生。

　　数字签名的加解密过程和私有密钥的加解密过程虽然都使用公开密钥体系,但实现的过程正好相反,使用的密钥对也不同。数字签名使用的是发送方的密钥对,发送方用自己的私有密钥进行加密,接收方用发送方的公开密钥进行解密。这是一个一对多的关系,任何拥有发送方公开密钥的人都可以验证数字签名的正确性,而私有密钥的加解密则使用的是接收方的密钥对,这则是多对一的关系,任何知道接收方公开密钥的人都可以向接收方发送加密信息,只有唯一拥有接收方私有密钥的人才能对信息解密。在实用过程中,通常一个用户拥有两个密钥对,一个密钥对用来对数字签名进行加解密,另一个密钥对用来对私有密钥进行加解密。这种方式提供了更高的密钥安全性。

10.3 防火墙的概念及作用

随着计算机网络技术的发展与普及,互联网上病毒、木马、黑客攻击、资源被盗用等现象屡见不鲜,网络安全问题日益严重。防火墙技术就是在现代通信网络技术和信息安全技术基础上发展起来的一项网络安全防范措施。

10.3.1 防火墙的概念

防火墙的原意是指古代人们房屋之间修建的一道墙,这道墙可以防止火灾发生的时候蔓延到别的房屋。而互联网上的防火墙是指在本地网络与外界网络之间进行隔离的一道防御系统,是这一类防范措施的总称。应该说,防火墙是互联网上一种非常有效的网络安全模型。具体地说,防火墙是加强互联网之间安全防御的一个或一组系统,它由一组硬件设备(包括路由器、服务器)及相应软件组成。防火墙可以隔离风险区域,监控进出网络的通信量,仅让安全被核准的信息进入,同时抵制了对企业和组织构成的数据威胁。

一般的防火墙都能够达到以下目标:限制他人进入内部网络,过滤掉不安全服务和非法用户;防止入侵者接近防御设施;限定用户访问特殊站点;为监视互联网安全提供方便条件。因此,防火墙成为控制对网络系统访问的非常流行的方法。事实上,在互联网上超过1/3的Web网站都是由某种形式的防火墙加以保护的,这是对黑客防范最严,安全性较强的一种方法。任何关键性的服务器,都被建议放在防火墙之后。

10.3.2 防火墙的功能

防火墙是网络安全策略的有机组成部分,它通过控制和监测网络之间的信息交换和访问行为来实现对网络安全的有效管理。从总体上看,防火墙应该具有以下基本功能。

1.网络安全的屏障

一个防火墙能极大地提高一个内部网络的安全性,并通过过滤不安全的服务而降低网络风险。由于只有经过精心选择的应用协议才能通过防火墙,所以防火墙使网络环境变得更加安全。例如,防火墙可以禁止不安全的协议进出受保护的网络,这样外部的攻击者就不可能利用这些脆弱的协议来攻击内部网络。防火墙同时可以保护网络免于基于路由的攻击,并通知防火墙管理员。

2.过滤不安全服务

基于过滤不安全服务的准则,防火墙应封锁所有信息流,然后对希望提供的安全服务逐项开放,对不安全的服务或可能有安全隐患的服务一律禁止。这是一种非常有效实用的方法,因为只有经过仔细挑选的服务才能允许用户使用,因此可以创造一种十分安全的网络环境。

3.阻断特定的网络攻击

将入侵检测系统与防火墙配合使用,可以极大地提高网络的安全防御能力。入侵检测系统能接收到防火墙外网口的所有信息,管理员可以清楚地看到所有来自互联网的攻击,当入侵检测系统与防火墙联手行动时,防火墙可以动态阻断发生攻击的连接。

4.实现网络地址转换

当受保护的网络连接到互联网上时,受保护网用户如要访问互联网,必须使用一个合法的IP 地址。但由于合法 IP 地址有限,而且受保护网络往往有自己的一套 IP 地址。网络地址转换器就是在防火墙上安装一个合法的 IP 地址集合。当内部某一用户要访问互联网时,防火墙动态地从地址集中选取一个未被分配的地址分给该用户使用,该用户即可以这个合法地址进行通信。同时,对于内部的某些服务器如 Web 服务器,网络地址转换器允许为其分配一个固定的合法地址。外部网络的用户就可通过防火墙来访问内部的服务器。这种技术既缓解了少量的 IP 地址和大量的主机之间的矛盾,又对外隐藏了内部主机的 IP 地址,提高了系统的安全性能。目前网络地址转换(Network Address Translation,NAT)已经成为防火墙的一个主要功能。

5.监视局域网安全和预警

如果所有的访问都经过防火墙,防火墙就能记录下来这些访问并做日志记录,并能提供网络使用情况的统计数据。当发生可疑动作时,防火墙能进行适当的报警,并提供网络是否受到监测和攻击的详细信息。此外,收集一个网络的使用和误用情况也是非常重要的,可以清楚地知道防火墙是否能够抵挡攻击者的试探和攻击,并且掌握防火墙的控制力是否充足。而网络使用的统计信息对网络需求分析和威胁分析等也是非常重要的。

10.3.3　防火墙的分类

就防火墙的组成结构而言,防火墙可分为以下 3 种。

1.软件防火墙

软件防火墙就像其他的软件产品一样,是在操作系统上运行,需要先在计算机上安装并做好配置才可以使用。软件防火墙可以为个人计算机提供简单的防火墙功能。个人防火墙关心的不是一个网络到另外一个网络的安全,而是单个主机和与之相连接的主机或网络之间的安全。

2.硬件防火墙

硬件防火墙与采用专用芯片的纯硬件防火墙和软件防火墙都有很大不同。一般由小型的防火墙厂商开发,或者是大型厂商开发的中低端产品,应用于中小型企业,功能比较齐全,但性能一般。硬件防火墙一般都采用 PC 架构,其操作系统一般都采用经过精简和修改过内核的Linux 或 Unix,安全性比使用通用操作系统的纯软件防火墙要好很多,并且不会在上面运行不必要的服务,这样的操作系统基本上没有什么漏洞。但是,这种防火墙使用的操作系统内核一般是固定的,不可以升级,因此新发现的漏洞对防火墙来说可能是无法弥补的。

3.芯片级防火墙

采用专用芯片作为核心策略的一种硬件防火墙,也称为纯硬件级防火墙。芯片级硬件防火墙采用专门设计的硬件平台,在上面搭建的软件也是专门开发的,并非流行的操作系统。专有的芯片使它们比其他种类的防火墙速度更快,处理能力更强,性能更高,因而达到更好的安全性能。这类防火墙由于采用了专用操作系统,因此防火墙本身的漏洞比较少,不过价格相对比较高昂,常用做一些大型企业的防火墙。

10.3.4　防火墙的体系结构

防火墙可以被设置成许多不同的结构,并提供不同级别的安全服务。防火墙系统实现所采用的体系结构决定着防火墙的功能、性能以及作用范围。

1.双宿主机防火墙

　　双宿主机防火墙是用一台装有两块网卡的堡垒主机做防火墙。两块网卡分别与受保护网和外部网相连,其结构如图10.3所示。堡垒主机上运行着防火墙软件,可以提供转发应用程序等服务。与屏蔽路由器相比,双宿主主机网关的堡垒主机的系统软件可用于维护系统日志、硬件拷贝日志或远程日志等。但它的弱点也比较突出,一旦黑客侵入堡垒主机,并使其只具有路由功能,那么任何网上用户均可以随便访问内部网。

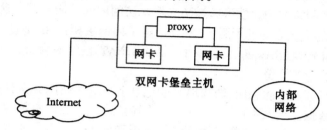

图 10.3　双宿主机模式防火墙

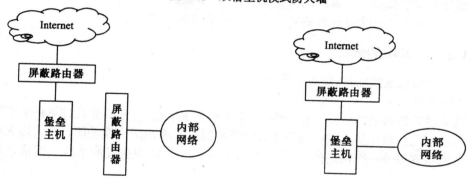

图 10.4　屏蔽主机模式防火墙　　　　　图 10.5　屏蔽子网模式防火墙

2.屏蔽主机防火墙

　　屏蔽主机防火墙易于实现并且最为安全。屏蔽主机网关的一个堡垒主机安装在内部网络上,通常在路由器上设立过滤规则,并使这个堡垒主机成为从外部网络唯一可直接到达的主机,这就确保了内部网络不受未被授权的外部用户的攻击,其结构如图10.4所示。屏蔽主机网关比双宿主主机网关更为灵活,它可以选择性地允许那些可信任的应用程序通过路由器。双宿主主机网关只需注意堡垒主机的安全性即可,屏蔽主机网关则必须综合考虑堡垒主机和路由器两方面的安全性。因此,在多数情况下,被屏蔽的主机体系结构提供了比双宿主主机网关更好的安全性和可用性。

3.屏蔽子网防火墙

　　被屏蔽子网就是在内部网络和外部网络之间,用两台分组过滤路由器将这一子网分别与内部网络和外部网络分开,建立一个被隔离的子网。内部网和外部网都能访问这个子网,但它们却不能通过该子网直接通信,这样就形成了屏蔽子网网关,其结构如图10.5所示。屏蔽子网防火墙的安全性较高,它使用了两个包过滤路由控制其外部网络主机与内部子网主机的连接,因而黑客的非法入侵必须突破两道防线才有可能进入内部网络。同时,该网关对正常的服务和连接也有日志记录,使得网络安全更有保障。

10.3.5　防火墙技术

传统意义上的防火墙技术分为三大类,分别为包过滤(Packet Filtering)、应用代理(Application Proxy)和状态监视(State Inspection)。一个复杂的防火墙基本上都是在这三种技术的基础上进行扩充设计实现的。

1.包过滤技术

包过滤是最早使用的一种防火墙技术,使用包过滤技术的防火墙通常工作在 OSI 模型中的网络层上,后来发展起来的动态包过滤技术扩展到传输层。简单地说,包过滤技术工作的地方就是各种基于 TCP/IP 协议的数据报文进出的通道,并把这两个层作为数据监控的对象。它对每个数据包的头部、协议、地址、端口、类型等信息进行分析,并用预先设定好的防火墙过滤规则进行核对,一旦发现某个包的某个或多个部分与过滤规则相匹配并且条件为阻止的时候,这个包就会被丢弃。

基于包过滤技术的防火墙的优点是方式简洁、易于实现。由于它基本是在网络协议的下三层实现的,可以就包的类型进行拦截,比其他类型防火墙更容易实现,成本较低。它的缺点是配置困难。因为包过滤防火墙很复杂,人们经常会忽略建立一些必要的规则,或者错误配置了已有的规则,在防火墙上出现漏洞;另外它只能工作于网络层和传输层,并不能判断高级协议里的数据是否有害。

2.应用代理技术

由于包过滤技术无法提供完善的数据保护措施,一些特殊的报文攻击仅仅使用过滤的方法并不能消除危害,因此需要更全面的防火墙保护技术。在这样的需求背景下,采用应用代理技术的防火墙应运而生。代理服务器的逻辑位置处在 OSI 模型的应用层,技术上采用应用协议代理服务来实施安全策略,在应用层上提供访问控制。网络中的所有包必须经过代理服务器来建立一个特别的连接,因而代理服务器提供了客户和服务器之间的通路。这样,便成功地实现了防火墙内外计算机系统的隔离。代理服务是设置在防火墙网关上的应用,便于实施较强的数据流监控、过滤、记录和报告等功能。由于工作在 OSI 模型的最高层,因而它可以实现更高级的数据检测过程。代理防火墙是以牺牲速度为代价换取了比包过滤防火墙更高的安全性能,在网络吞吐量不是很大的情况下,也许用户不会察觉到什么,然而到了数据交换频繁的时刻,代理防火墙就成了整个网络的瓶颈。

3.状态监视技术

状态监视技术是继包过滤技术和应用代理技术后发展起来的防火墙技术。它是基于动态包过滤技术发展而来的,与之类似的还有深度包检测技术。这种防火墙技术通过一种被称为状态监视的模块,在不影响网络安全正常工作的前提下,采用抽取相关数据的方法对网络通信的各个层次实行监测,并根据各种过滤规则做出安全决策。

状态监视技术在保留了对每个数据包的头部、协议、地址、端口、类型等信息进行分析的基础上,进一步发展了会话过滤功能,从而摆脱了传统防火墙仅局限于几个包头部信息的检测的弱点。而且这种防火墙不必开放过多端口,进一步避免了可能因为开放端口过多而带来的安全隐患。由于状态监视技术相当于结合了包过滤技术和应用代理技术,因此是最先进的,但是由于实现技术复杂,在实际应用中还不能真正做到的完全安全有效的数据检测。

10.3.6 防火墙的局限性

防火墙是阻止黑客攻击的一种有效手段,但随着攻击技术的发展,这种单一的防护手段已不能确保网络的安全,它存在以下的弱点和不足。

1.无法阻止内部人员的攻击

防火墙保护的是网络边界安全,对在网络内部所发生的攻击行为无能为力,而据调查,网络攻击事件有相当部分是由内部人员所为。

2.对信息流的控制缺乏灵活性

防火墙是依据管理员定义的过滤规则对进出网络的信息流进行过滤和控制的。如果规则定义过于严格,则限制了网络的互联互通;如果规则定义过于宽松,则又带来了安全隐患。防火墙自身无法根据情况的变化进行自我调节。

3.难以保存调查取证的信息

在攻击发生以后,能够进行调查和取证,将罪犯分子绳之以法,是惩罚网络罪犯、确保网络秩序的重要手段。防火墙由于自身的功能所限,难以识别复杂的网络攻击并保存相关的信息。

为了确保计算机网络安全,必须建立一整套的安全防护体系,进行多层次、多手段的检测和防护。入侵检测系统就是安全防护体系中重要的一环,它能够及时识别网络中发生的入侵行为并实时报警。需要说明的是,虽然目前很多防火墙都集成有入侵检测模块,但由于技术和性能上的限制,它们通常只能检测少数几种简单的攻击,无法与专业的入侵检测系统相比。入侵检测系统所具有的实时性、动态检测和主动防御等特点,弥补了防火墙等静态防御工具的不足。

10.4 计算机病毒与防治

10.4.1 计算机病毒的定义及特点

计算机病毒是一段人为编制的计算机程序代码,它是能够在计算机程序中插入的破坏计算机功能或者毁坏数据的一组计算机指令或者程序代码。与生物病毒相类似,由于这类恶意程序代码具有传染性、隐蔽性以及危害性,所以被人们称为计算机病毒。在《中华人民共和国计算机信息系统安全保护条例》中,计算机病毒被明确定义为"编制或者在计算机程序中插入的破坏数据,影响计算机使用并且能够自我复制的一组计算机指令或者程序代码"。计算机病毒主要具有以下特点。

1.传染性

计算机病毒的传染性是指病毒具有把自身复制到其他程序的能力。计算机病毒是一段人为编制的计算机程序代码,这段程序代码一旦进入计算机并得以执行,它会搜寻其他符合其传染条件的文件或存储介质,确定目标后再将自身代码插入其中,达到自我繁殖的目的。而被感染的文件又成了新的传染源,再与其他计算机进行数据交换或通过网络的传播,病毒会继续进行传染。是否具有传染性是判别一个程序是否为计算机病毒的最重要条件之一。

2.非授权性

一般正常的程序是由用户调用,再由系统分配资源,完成用户交给的任务,任务结束后将所占用的资源释放给系统。而计算机病毒隐藏在正常程序中,它具有正常程序的一切特性。当用户调用已被感染的程序时,病毒代码会先于正常程序执行,窃取到系统的控制权,然后再转向正常程序的执行。病毒的动作、目的对用户是未知的,是未经用户允许的,因此病毒的执行对系统而言是未授权的。

3. 潜伏性

计算机病毒通常依附在正常程序中或磁盘中较隐蔽的地方。病毒传染给程序和系统后,并不立即发作,而是悄悄隐藏起来,然后在用户不察觉的情况下进行传染。受到传染后,计算机系统通常仍能正常运行,使用户不会感到任何异常。这样,病毒的潜伏性越好,它在系统中存在的时间也就越长,病毒传染的范围也越广,其危害性也越大。

4. 破坏性

计算机病毒一般都有一个或者几个触发条件。当满足触发条件时,激活病毒的表现部分或破坏部分。触发的实质是一种条件的控制,病毒程序可以依据设计者的要求,在一定条件下实施攻击。这个条件可以是特定字符、特定文件、某个特定日期或特定时刻,病毒内置的计数器达到一定次数,等等。无论何种病毒程序一旦侵入系统都会对操作系统的运行造成不同程度的影响。轻者会降低计算机工作效率,重者可导致系统崩溃。

10.4.2　计算机病毒的分类

1. 引导型病毒

引导型病毒是指寄生在磁盘引导区或主引导区的计算机病毒。它是用病毒的全部或部分逻辑取代正常的引导记录,而将正常的引导记录隐藏在磁盘的其他扇区。在正常情况下,当机器启动时,会将磁盘固定的引导区内容读入内存,并执行该段代码引导系统的启动。感染引导型病毒后,则执行的是引导区病毒代码,此时病毒获得系统的控制权,然后再读出真正的引导区内容并执行引导程序,使得这个带病毒的系统看似正常运转,而病毒已隐藏在系统中,伺机传染、发作。由于引导型病毒占据磁盘的固定位置,所以杀毒软件基本能够查出所有引导型病毒,而且主板也能对引导区进行写保护,因此现在纯引导型病毒已很少见了。

2. 文件型病毒

所有通过操作系统的文件系统进行感染的病毒都称作文件病毒。它寄生在宿主程序中,并且不破坏宿主程序的正常功能。宿主程序基本上是可执行文件,还有一些病毒可以感染高级语言程序的源代码,开发库和编译过程所生成的中间文件。

文件型病毒一般嵌入在源程序的首部或尾部,但都要修改源程序的长度和一些控制信息,以保证病毒成为源程序的一部分,并在执行时首先执行它。当被感染程序执行之后,病毒会就会获得控制权,获得控制权后,对于内存驻留的病毒,首先检查系统可用内存,查看内存中是否已经有病毒代码存在,如果没有将病毒代码装入内存中。非内存驻留病毒会在这个时候进行感染,查找当前目录、根目录或者环境变量中包含的目录,发现可以被感染的可执行文件就进行感染,并判断是否满足激活条件,然后执行被感染的程序。

3. 宏病毒

宏病毒是使用宏语言编写的程序,可以在一些数据处理系统中运行,存在于字处理文档、数据表格、数据库、演示文档等数据文件中。它们大多以宏程序语言编写,比较容易制作。利用宏语言的功能将自己复制并且繁殖到其他数据文档里,感染 Microsoft Word 文档文件和模板文件,与操作系统没有特别的关联。它能通过软盘文档的复制、电子邮件下载 Word 文档附件等途径蔓延。当对感染宏病毒的 Word 文档进行操作时,它就进行传染及破坏。Word 宏病毒的主要破坏作用表现在,不能正常打印,封闭或改变文件名称或存储路径,删除或随意复制文件,封闭有关菜单,最终导致无法正常编辑文件。

4.脚本病毒

脚本病毒类似于前面所介绍的宏病毒,但是它的执行环境不再局限于 Word、Excel 等微软 Office 应用程序,而是随着微软公司将脚本语言和视窗操作系统的紧密结合,扩展到网页、基于 HTML 的应用程序,甚至文本文件中。脚本病毒编写简单,一个以前对病毒一无所知的病毒爱好者可以在很短的时间里编出一个新型病毒来。由于脚本是直接解释执行,因此这类病毒可以直接通过自我复制的方式感染其他同类文件。脚本病毒的源代码可读性非常强;即使病毒源码经过加密处理后,其源代码的获取还是比较简单。因此,这类病毒变种比较多。正因为以上几个特点,脚本病毒发展异常迅猛,特别是病毒生产机的出现,使得生成新型脚本病毒变得非常容易。它的破坏力不仅表现在对用户系统文件及性能的破坏,还可以使邮件服务器崩溃,网络发生严重阻塞。

5.多态型病毒

多态型病毒是指采用特殊加密、反跟踪技术编写的病毒。这种病毒在每感染一个对象时,采用随机方式对病毒主体进行加密,放入宿主程序的代码互不相同,不断变化。多态型病毒中既有引导型病毒,也有文件型病毒和宏病毒。多态型病毒主要是针对分析杀毒软件而设计的,因此在病毒生成的解密代码中,使用的指令千奇百怪,甚至包括了很多完全没有实际作用,只是迷惑分析者的指令序列。所以随着这类病毒的增多,使得杀毒软件的编写变得更困难,给病毒的检测造成许多不便和误报。多态型病毒每次感染都变化其病毒密码,对付这种病毒,特征代码法失效。虽然行为检测法可以检测多态型病毒,但是在检测出病毒后,因为不知病毒的种类,难于做消毒处理。

10.4.3 计算机病毒的危害

在计算机病毒出现的初期,说到计算机病毒的危害,往往注重于病毒对信息系统的直接破坏作用,比如格式化硬盘、删除文件数据等,并以此来区分恶性病毒和良性病毒。其实这些只是病毒破坏的一部分,计算机病毒的危害主要有以下几点。

1.对数据信息的破坏

大部分病毒在激发的时候直接破坏计算机的重要数据信息,所利用的手段有格式化磁盘、改写文件分配表和目录区、删除重要文件,或者用无意义的垃圾数据改写文件、破坏 CMOS 和 BIOS 等。比如,CIH 病毒利用目前许多 BIOS 芯片开放的可重写的特性,在病毒发作时直接向计算机主板的 BIOS 端口写入乱码,破坏力非常大,可造成主机无法启动,硬盘数据全部被清洗,开创了病毒直接进攻计算机主板芯片的先例。

2.抢占系统资源

除少数病毒外,其他大多数病毒在动态下都是常驻内存的,这就必然抢占一部分系统资源。病毒所占用的基本内存长度大致与病毒本身长度相当。病毒抢占内存,导致内存减少,一部分软件不能运行。除占用内存外,病毒还修改中断程序,干扰系统运行。计算机操作系统的很多功能是通过中断调用技术来实现的,从而干扰了系统的正常运行。另外,病毒代码总要非法占用一部分磁盘空间。

3.影响计算机运行速度

病毒进驻内存后不但干扰系统运行,还影响计算机速度,主要由于正常程序的运行都要执行额外的病毒代码,而且有些病毒为了保护自己,采用加密方法对自己进行保护,因此病毒在执行过程中,还需要解密自身代码,这都导致 CPU 执行额外的大量指令代码。

4.干扰计算机的正常运行

有些病毒在发作时会干扰系统的正常运行,例如干扰计算机指令的执行、迫使计算机空转,计算机速度明显下降、虚假报警、文件无法打开、内存栈溢出、时钟倒转、重启动、死机、强制游戏、扰乱串行口、并行口等;扰乱屏幕显示病毒扰乱屏幕显示的方式非常多,如字符跌落、滚屏、抖动、乱写等;扰乱键盘操作,如封锁键盘、换字、抹掉缓存区字符、重复、输入紊乱等;有些病毒发作时通过喇叭发出各种声音,干扰打印机的典型现象为间断性打印、更换字符等。

5.其他不可预见的危害

病毒的编制者一般不会在各种计算机环境下对病毒进行测试,因此病毒的兼容性较差,常常导致死机。在受到交叉感染时,某种病毒与其他病毒,在同一台计算机内争夺系统控制权时往往会造成系统崩溃,导致计算机瘫痪。计算机病毒与其他计算机软件的一大差别就是病毒的无责任性。编制一个完善的计算机软件需要耗费大量的人力、物力,经过长时间调试完善,软件才能推出。但病毒编制者则没有必要这样做,绝大部分病毒都存在不同程度的错误。计算机病毒代码中的隐含错误所产生的后果往往是不可预见的。

10.4.4 计算机病毒的防治

计算机病毒的防治要从防毒、查毒、杀毒三个方面来着手进行,系统对于计算机病毒的实际防治能力和效果也要从病毒的预防、病毒的检测和清除病毒三个方面的能力来评判。病毒的预防是指根据系统特性,采取相应的系统安全措施预防病毒侵入计算机。病毒的检测是指对于确定的环境,能够准确地报出病毒名称。病毒的清除是指根据不同类型病毒对感染对象的修改,并按照病毒的感染特性进行恢复。该恢复过程不能破坏未被病毒修改的内容。

1.计算机病毒的预防

感染病毒以后用杀毒软件检测和消除病毒是被动的处理措施。而且已经发现相当多的病毒在感染之后会永久性地破坏被感染程序,程序如果没有备份将无法恢复。对计算机病毒应该采取预防为主的方针。计算机病毒主要通过移动存储设备和计算机网络两大途径进行传播。因此,预防计算机病毒应从切断这两个传播途径入手。

(1)对那些保存有重要数据文件且不需要经常写入的磁盘,应使其处于写保护状态,以防止病毒的侵入。凡是从移动存储设备往机器中拷贝数据,都应该先对其进行查毒,这样可以保证计算机不被新的病毒传染。

(2)慎用网上下载的软件。对网上下载的软件最好检测后再用,也不要随便阅读从不相识人员处发来的电子邮件。

(3)定期对各类数据、文档和程序应分类备份保存,以免遭受病毒危害后无法恢复。

(4)在计算机上安装防病毒卡或个人防火墙预警软件,可以实时地监测各种存储设备及网络下载。

计算机病毒的防治宏观上是一项系统工程,除了技术手段外还涉及许多其他因素,如法律、教育、管理制度等。教育是防止计算机病毒的重要手段。通过教育,使广大用户认识到病毒的严重危害,了解病毒的防治常识,提高尊重知识产权的意识,增强法律意识,不随便复制他人的软件,最大限度地减少病毒的产生与传播。

2.病毒检测方法

在与病毒的对抗中,及早发现病毒很重要。早发现,早处置,可以最大限度地减少损失。目前,病毒检测方法主要有特征代码法、校验和法、行为监测法和软件模拟法等。这些方法的原理、实现时所需的开销和检测范围各不相同,各有其长处。

(1)特征码扫描法。特征代码法是采集已知病毒样本,在文件中搜索,检查文件中是否含有病毒数据库中的病毒特征代码。利用病毒留在受感染文件中的特征值进行检测。发现新病毒后,对其进行分析,将其特征加入到数据库中。在今后执行查毒程序时,通过对比文件与病毒数据库中的病毒特征代码,检查文件是否含有该病毒。

特征代码法的优点是,扫描速度快,误报率低,是检测已知病毒的最简单、开销最小的方法。目前大多数的杀毒产品都配备了这种扫描引擎。但是,面对不断出现的新病毒,必须不断更新版本。而且,随着病毒种类的不断增多,特别是多态型病毒和隐蔽性病毒的发展,致使检测工具不能及时准确报警,给病毒的防治提出了新的课题。

(2)校验和法。计算正常文件的校验和,将该校验和写入文件中或写入别的文件中保存。在文件使用过程中,定期地或在每次使用文件前,检查文件现在内容算出的校验和与原来保存的校验和是否一致,因而可以发现文件是否被感染,这就是校验和方法。这种方法既能发现已知病毒,也能发现未知病毒,但是,它不能指出病毒名称。由于文件内容的改变有时有可能是正常程序引起的,所以校验和法常常出现误报。而且,该方法也会影响文件的运行速度。

(3)行为监测法。利用病毒的特有行为特征来监测病毒的方法,称为行为监测法。通过对病毒多年的观察、研究,有一些行为是病毒的共同行为。在正常程序中,这些行为比较罕见。当程序运行时,监视其行为,如果发现了病毒行为,立即报警。凡涉及修改注册表、删除文件等恶意操作的行为,必须随时报警并予以制止,所有这些都使得病毒行为监测技术显得格外重要。

(4)软件模拟法。软件模拟法也称虚拟机技术,它具有人工分析、高智能化、查毒准确性高等特点。该技术的原理是,用程序代码虚拟 CPU 寄存器,甚至硬件端口,用调试程序调入可疑带毒样本,将每个语句放到虚拟环境中执行,这样就可以通过内存、寄存器以及端口的变化来了解程序的执行,改变了过去拿到样本后不敢直接运行而必须跟踪它的执行来查看它是否带有破坏、传染模块的情况。虚拟环境既然可以反映程序的任何动态特性,那么病毒放入虚拟机中执行后也必然可以反映出其传染动作。利用软件模拟法可以较好地检测多态型和压缩型病毒,因此这一技术有着极为广阔的应用前景。

3.计算机病毒的清除

一旦发现计算机染上病毒后,一定要及时清除,以免造成损失。清除病毒的方法有两类,一是手工清除,二是借助杀毒软件清除。

用手工方法清除病毒不仅繁琐,而且对技术人员素质要求高,只有具备较深的专业知识的人员才能采用。

用杀毒软件消除病毒安全、方便,一般不会破坏系统中的正常数据。特别是优秀的杀毒软件都有较好的界面和提示,使用相当方便。遗憾的是,杀毒软件只能检测出已知病毒病并清除它们,不能检测出新的未知病毒或病毒的变种。所以,各种杀毒软件的开发都不是一劳永逸的,而要随着新病毒的出现而不断升级。一般的杀毒软件都会驻留在内存中,具有实时检测功能,随时检测是否有病毒入侵。目前市场上常用的计算机病毒清除工具有瑞星、KV3000、金山毒霸、Kaspersky、Norton AntiVirus 等。

小　结

随着计算机网络技术的广泛应用和飞速发展,计算机安全问题也随之日益突出,计算机病毒扩散、网络黑客攻击、计算机网络犯罪等违法事件的数量迅速增长,安全问题已成为人们普遍关注的问题。通过对本章内容的学习,在了解威胁信息安全的因素的同时,能够较全面地了解有关信息安全的基本理论和实用技术,掌握信息系统安全防护的基本方法,培养信息安全防护意识,增强信息系统安全保障能力。

习　题

1. 什么是计算机信息安全? 信息安全具有哪些特性?
2. 信息安全面临的威胁有哪些?
3. 与对称加密体制比较,非对称加密体制有哪些优势?
4. 数字签名是如何实现的?
5. 什么是网络防火墙,网络防火墙具有什么功能?
6. 网络防火墙能够设置成哪几种结构?
7. 网络防火墙一般都采用什么样的技术?
8. 网络防火墙都有哪些局限性?
9. 什么是计算机病毒? 计算机病毒具有什么特征?
10. 计算机病毒有哪些种类?
11. 计算机病毒对计算机系统有什么危害? 如何防治计算机病毒? 你知道的防病毒软件有哪些?

第11章

人工智能

本章重点：人工智能概念以及和人类智能之间的联系，人工智能的研究和应用领域。

人工智能(AI,Artificial Intelligence)是计算机科学的一个分支,是一门研究机器智能的学科,即用人工的方法和技术,研制智能机器或智能系统来模仿、延伸和扩展人的智能。就像在工业社会里,人类需要用机器来扩展自己的体能一样,在信息社会,人类又需要用机器来放大和延伸自己的智能,实现脑力劳动的自动化。计算机这个用电子方式处理数据的发明,为人工智能的实现提供了一种物质基础。当计算机出现后,人类开始真正有了一个可以模拟人类思维的工具。人工智能理论发展至今,已经形成了一整套的理论和方法,这些理论和方法已经在专家系统、自然语言处理、模式识别、人机交互、智能信息处理、信息检索、图像处理、数据挖掘和机器人技术等各个人工智能的应用领域发挥着巨大的作用。

11.1 什么是人工智能

11.1.1 人工智能定义

当计算机出现后,人类开始有了一个可以模拟人类思维的工具。人工智能一词最初是在1956年Dartmouth学会上提出的, 50多年来,随着人工智能研究和应用的不断深入,人们对人工智能的理解和认识有了深刻的变化。人工智能的含义较广,而且人工智能的研究常常是结合在各个应用领域中,要对人工智能准确的定义或给出一般性的定义是有困难的。广义地讲,人工智能就是研究和制造像人类一样的具有理智思维和行为方式的机器。

人工智能的一个长期目标是研究出可以像人类一样或能更好地完成智能思维与行为的机器,这是工程学的研究方向;另一个目标是理解这种智能的思维与行为是否存在于机器、人类或其他动物中,是科学的研究方向。因此,人工智能包含了科学和工程的双重目标。人工智能虽然已经成为一个学术领域,但是到目前为止尚不存在一个明确的定义。

究其原因,首先人工智能这门科学的具体目标很自然地随着时代的变化而发展。它一方面不断获得新的进展,一方面又转向更有意义、更加困难的目标。例如,计算能力在早期被认为是人工智能的要素之一。在计算机出现的初期,有人曾因此把计算机称为人工大脑。但是,一旦人类获得了这种计算能力,并且了解了计算机的工作原理后,就认识到进行数值计算的计算机只不过是一台电子机械。现在,大概没有人把计算能力也看作人工智能的一部分了。

其次,对于什么是智能这个问题,目前还没有一个统一明确的定义,不同科学或学科背景的学者对智能有不同的理解,并且对智能如何在机器上实现提出不同的观点,人们把这些观点分为符号主义(Symbolism)、连接主义(Connectionism)和行为主义(Actionism)。符号主义认为智能的本质是思维,人的一切智能都来自大脑的思维活动,人类的一切知识都是人类思维的产物,希望通过思维规律方法的研究揭示智能的本质。连接主义是从人脑的生理结构出发,认为人思维的基本单位是神经元,把智能理解为相互联结的神经元竞争与协作的结果,以人工神经网络为代表,着重结构模拟。行为主义则从控制论角度着手,认为反馈是控制论的基石,没有反馈就没有智能,根据目标与实际行为之间的误差来消除此误差是控制的基本策略,强调智能系统与环境的交互,从运行的环境中获取信息,通过自己的动作对环境施加影响。行为主义认为智能不需要知识、不需要表示、不需要推理,人工智能可以像人类智能一样逐步进化,所以行为主义也被称为进化主义。

　　50 多年来,随着人工智能研究和应用的不断深入,人们对人工智能的理解和认识有了深刻的变化,人工智能的概念也随之扩展。自从 Dartmouth 会议以来,人们对人工智能有过许多定义,如果对这些定义按照所强调重点的不同进行分类的话,大致可以分为四类:类人的思考、类人的行为、理性的思考和理性的行为。

　　类人的思考一个典型定义是 Bellman 在 1978 年给出的:"人工智能是那些与人的思维、决策、问题求解和学习等有关活动的自动化。"

　　"人工智能研究如何使计算机能够做到目前人类比计算机做得更好的那些事情(Rick 和 Knight,1991)",则是类人的行为这一类的定义。

　　Winston 在 1992 的定义:"人工智能是研究那些使理解、推理和行为成为可能的计算。"则应归属为理性的思考。

　　而 Nilsson 在 1998 的定义"广义地讲,人工智能是关于人造物体的智能行为,而智能行为包括知觉、推理、学习、交流和在复杂环境中的行为",可以看作是理性的行为类定义的代表。

11.1.2　图灵测试

　　对于如何衡量计算机是否具有智能,早在计算机正式出现之前,英国数学家图灵(A. M. Turing)就在他发表的一篇文章《计算机器与智能》(Computing Machinery and intelligence)中提出了"机器能思维"的观点,并设计了一个很著名的测试机器智能的实验,称为图灵测试。图灵测试没有要求接受测试的思维机器在内部构造上与人脑相同,而只是从功能的角度来判定机器是否具有思维,或者说从行为角度对机器思维进行定义。

　　图灵测试的参加者由一位测试人员和两个被测试者组成,要求两个被测试者中的一个是人,另一个是机器。该测试规定让测试人员和每个被测试者分别位于彼此不能看见的房间中,测试人于被测者之间只能通过打字机进行会话。测试开始后,由测试人向被测试者提出各种具有智能性的问题。被测试者在回答问题时,都应尽量使测试人相信自己是人,而不是机器。在这种规则下,要求测试人区分这两个被测试者中的哪个是人,哪个是机器。如果测试者不能正确分辨出人和机器,则认为该机器具有了智能。

　　要想使计算机程序能够通过图灵测试,还需要使计算机具有自然语言处理、知识表示、自动推理和机器学习等能力。其中自然语言处理是指使计算机能够用人类语言交流。知识表示用来存储机器获得的各种信息。自动推理则是运用知识来回答问题和提取新结论。机器学习是从新环境获得的新的信息,通过学习来检测和推断新模式。

图灵测试有意避免询问者与计算机之间的直接接触,这是因为人工智能没有必要模拟人类的生理特征。但要通过完全的图灵测试,测试人员还可以通过视觉信息检测来判断测试者的感知能力,甚至还需要在测试人员与被测者之间进行问题与答案的传递。因此要通过完全的图灵测试,还需要机器视觉让计算机来感知物体,通过机器人技术来操纵和移动物体。自然语言处理、知识表示、自动推理、机器学习、机器视觉以及机器人技术这六个领域构成了人工智能的大部分内容。

人工智能研究者并未花费很多精力来尝试通过图灵测试,因为人们追求的是人工智能的功能,而不必追求其机理是否与人类一致。这就像飞机虽然是模仿鸟类的飞行,但人类的目的是制造搭载人类和货物的飞行器,所以人们制造的飞机并不一定像鸟那样依靠翅膀的煽动而飞行。如果人类模拟靠扇动翅膀飞行的飞机,也许现在的飞机也不能成为一种常用的交通工具。

11.1.3　中文屋问题

由于智能本身并没有明确的定义,导致人们对人工智能也会有不同的理解。1980 年,美国哲学家约翰·塞尔(John Searle)提出了强人工智能和弱人工智能观点的分类。强人工智能观点认为:有可能制造出真正能推理和解决问题的智能机器,并且,这样的机器智能将被认为是有知觉的,有自我意识的。强人工智能可以有两类,一是类人的人工智能,即机器的思考和推理就像人的思维一样,二是非类人的人工智能,即机器产生了和人完全不一样的知觉和意识,使用和人完全不一样的推理方式。弱人工智能观点认为:不可能制造出能真正推理和解决问题的智能机器,这些机器只不过看起来像是智能的,但是并不真正拥有智能,也不会有自主意识。弱人工智能主张可能制造计算机器模拟人类智能思维,但不认为它们是实际理解正在进行什么推理。

目前的主流科研集中在弱人工智能上,并且:认为这一研究领域已经取得了可观的成就。而强人工智能的观点一直饱受争议,很多批评家认为:不能通过编制程序使计算机具备有意识的思维。其中最有名的攻击就是的中文屋的思维试验。在塞尔的实验中,塞尔不同意强人工智能观点,为了反驳,他提出一个中文屋模型。

塞尔的中文屋模型是这样设计的:首先假设我们已经编制了一个能够通过图灵测试的程序,这个程序在接受了中文输入的信息后,能够以相应的中文信息作为输出,它能使一个讲中文的人相信这台计算机也是一个讲中文的人。现在通过一个房间来模拟这台计算机,设想一个只懂英文的人坐在这间屋子里,这个人就相当于 CPU,他有一个用英文书写的规则手册,这个手册可指导该人处理中文字符回答提问,该手册就相当于在被模拟机器上运行的程序。对这个房间能够作三件事:从一个小孔递进一些中文字符书写的纸片;屋内的人根据操作规程手册把传递的进来那些中文字符转换为另一些中文字符;然后将这些新的字符从另一个小孔送出去。例如,屋里的人收到"你好吗?",通过查阅手册,他发现应该用"我很好"这样的符号来回答,然后抄下答案传出去。从头到尾他都不知道这些纸条在说些什么,甚至不知道那是中文字,但是,房间外用中文和他沟通的人却以为屋内的人懂中文,就像屋里的人通过了中文图灵测试一样。

由于这个中文房间模拟了一段理解中文的计算机程序,而该程序则模拟了通晓汉语的人.所以它能够保证房间里不懂中文的人看起来像懂中文的人。塞尔精心设计的这个试验能让我们自己参与操作机器和程序,并让我们自己判断机器是否具有智能,所以说,中文屋是一个典型的思想试验模型。这个实验被用来证明,即使计算机是通过了图灵测试,也不一定能够说明机器就真的像人一样有思维和意识。

从以上的介绍我们可以看出,人工智能虽然是计算机科学的一个分支,但它的研究却不但涉及计算机科学,而且还涉及脑科学、神经生理学、心理学、语言学、逻辑学、认知科学、行为科学和数学,以及信息论、控制论和系统论等许多学科领域。因此,人工智能实际上是一门综合性的交叉学科和边缘学科。

11.2　人工智能的研究途径

来自不同学科的科学家对智能的理解不同,导致了研究人工智能的途径不尽相同。主要途径有三条:一是希望从效果上达到与人的智能行为相类似的目标,以计算机软件为基础研究制造人工智能的机器或系统;二是从大脑的神经元模型着手,研究大脑处理信息的过程和机制,从而解决人工智能的任务;三是向生物学学习,试图从复制动物的智能开始,达到最终复制人类智能的目的。

11.2.1　功能模拟

人们对人脑的生理结构工作机理至今还没有完全弄清楚。在这种情况下,人们首先想到的就是在计算机上对人脑的功能进行模拟,借此实现人工智能。这种人工智能研究思路是自上而下式的,它的目标是让机器模仿人脑,认为人脑的思维活动可以通过一些公式和规则来定义。将问题或知识表示成某种逻辑网络,采用符号推演的方法,实现搜索、推理、学习等功能,从宏观上来模拟人脑的思维,这种途径称为功能模拟法。功能模拟法希望通过把人类的思维方式翻译成程序语言输入机器,使机器最终产生像人类一样的思维能力。由于这种研究事先要把相关知识存贮起来,然后利用计算机的大容量存储能力和快速计算能力处理相关知识。所以,这种研究模式又称为以知识为基础的研究。

基于功能模拟的符号推演是人工智能研究中最早使用的,直至目前还是人工智能主要使用的方法之一。人工智能的很多重要成果都是用该方法取得的,如自动推理、自动定理证明、专家系统、机器博弈,等等。这种方法一般是利用显式的知识和推理来解决问题的。因此它擅长模拟人脑的逻辑思维,易于实现人脑的高级认知功能,如推理、决策等。

功能模拟法表示知识的方式是显式的,容易描述人类的心理模型,而且计算机也能够方便地实现快速符号处理。但这种方法有两个主要问题,首先把非形式化的知识用形式化的逻辑符号表示是不容易做到的,特别是当这些知识是模糊的情况。其次,在原则上可以解决一个问题与在实际中解决该问题之间有很大的不同,甚至对于仅有几十条事实的问题进行求解,如果没有一定的指导来选择合适的推理步骤,都可能耗尽任何计算机的资源。

11.2.2　结构模拟

有的研究者认为,要实现人工智能,离不开对人脑的借鉴。所谓结构模拟,就是根据人脑的生理结构和工作机理,实现机器的智能,即人工智能。我们知道,人脑的生理结构是由大量神经细胞组成的神经网络。采用结构模拟法,就是用人工神经元(神经细胞)组成的人工神经网络作为信息和知识的载体,用所谓神经计算的方法实现学习、联想、识别和记忆等功能,这种方法一般是通过神经网络的自学习获得知识,再利用所获得的知识解决问题,从而来模拟人脑的智能行为。所以,结构模拟法也就是基于人脑的生理模型、采用数值计算的方法,它从微观上来模拟人脑,实现机器智能。

人工神经网络是一个并行的分布式系统,它克服了传统的基于逻辑符号的人工智能在处理直觉、非结构化信息方面的缺陷,具有自适应、自组织和实时学习等特点。因此,它擅长模拟人脑的形象思维,易于实现人脑的低级感知功能,如对图像、声音的识别和处理。这种方法早在 20 世纪 40 年代就已经出现,但由于种种原因发展缓慢,甚至一度出现低潮,直到 20 世纪 80 年代中期才重新崛起,目前已成为人工智能一个非常热门的研究方向。

人工神经网络具有高度的并行性、鲁棒性和容错性。但由于这个网络太过庞大和复杂,研究表明,人脑是由大约 1011 个神经细胞织成的一个动态的、开放的、高度复杂的巨系统,以至于人们至今对它的生理结构和工作机理还没有完全弄清楚。因此,对人脑真正和完全的模拟现在还很难办到。所以,目前的结构模拟法只是对人脑的局部近似模拟。

11.2.3　行为模拟

传统的人工智能研究采取的是自上而下的研究方式,即研究者先确定一个复杂的高层认知任务,接着把这个任务分解为一系列子任务,然后构造实现这些任务的完整系统。随着计算机速度等硬件能力的快速增长,传统的人工智能在一些专门领域中取得了一些成功,比如在下棋方面,"深蓝"已经能够战胜国际象棋大师,但是 IBM 公司声称在"深蓝"中并未采用人工智能技术。这是由于人类下棋时很多时候靠直觉移动棋子,而"深蓝"则依靠的是它的快速计算能力,依靠蛮力从成千上万的可能走法中搜索并挑选出其中一种。因此,以知识为基础的人工智能系统的智能与动物、人类的智能的意义并不相同。

人类(甚至动物)的智能在对外界环境的反应过程中表现出来的智能要比机器所表现的智能要灵活和自然得多。所以,一些学者开始考虑应当向大自然中的生物学习,看自然界中的生物是如何出色地完成机器无所适从的工作。从生物进化的观点来看,人的智能并不是突然出现的,而是经历了一系列漫长的中间发展阶段。这种发展可以从很多动物身上得到印证。所以,一些机器人专家认为,对这些较低层的生物智能的认识有可能会帮助我们认识人类较高层次的思维是怎么组织的。因此,与传统的人工智能研究相反,行为模拟的方法采取的是自下而上的研究策略,把注意力集中在现实世界中可以自主地执行各种任务的物理系统。

有的学者认为,智能与生物体对生存的需要紧密相关。正是生存的原始动力产生了生物物种的多样性。所以,只有从复制动物的智能开始,才能最终复制人的智能。这一类关于智能的理论称为基于行为的智能。因为貌似"智能"的刺激——反应功能似乎只是一些行为的结果,正是这些行为使某些个体在其他个体遭难时得以幸免且继续繁殖。因此,基于行为的智能有希望成为人工智能研究中的一个重要影响因素。

11.3　人工智能的发展历史

人类对人工智能的探索从很早就开始了,但对人工智能的真正实现要从计算机的诞生开始算起,这时人类才有可能以机器作为载体实现人类的智能。人工智能的进展并不像我们期待的那样迅速,因为人工智能的基本理论还不完善。人工智能作为一门学科,自问世以来经历了曲折的发展历程,在理论与实践的矛盾中逐渐探索着自身发展的有效途径。人工智能的发展历史主要可以分为三个阶段,即萌芽期、形成期和发展期。

11.3.1　萌芽期

人类一直在试图利用机器来代替人的部分脑力劳动。早在公元前,古希腊哲学家亚里士多德就提出了三段论的演绎推理方法,使人类开始迈出了人工智能发展的步伐。英国哲学家培根曾系统地提出了归纳法,这对于研究人类的思维过程,以及使人工智能转向以知识为中心的研究都产生了重要影响。德国数学家莱布尼兹认为可以建立一种通用的符号语言以及在此符号语言上进行推理的演算。这一思想不仅为数理逻辑的产生和发展奠定了坚实基础,而且是现代机器思维设计思想的萌芽。

在 20 世纪 30 ~ 40 年代,人工智能出现了两件开创性的工作:数字计算机模型的提出和世界上第一台数字计算机的研制成功。

1936 年,英国数学家图灵提出了著名的图灵机模型,这为后来电子计算机的问世提供了理论基础。1946 年 2 月,美国科学家在宾夕法尼亚大学研制成功了世界上第一台通用电子数字计算机“埃尼阿克”(ENIAC),这项具有划时代意义的研究成果为人工智能的研究奠定了物质基础。1945 年,冯·诺依曼第一次提出了存储程序的概念,建立了迄今为止被普遍采纳的冯·诺依曼计算机体系结构。

11.3.2　形成期

1956 年夏,由当时美国麻省理工学院的数学助教、现任斯坦福大学教授的麦卡锡,哈佛大学数学家和神经学家明斯基,IBM 公司信息研究中心负责人罗切斯特、贝尔实验室信息部数学研究员香农四人共同发起,并邀请十名从事数学、精神病学、心理学、信息科学和计算机科学的学者,在美国 Dartmouth 大学召开了一次为期两个月的学术会议,讨论关于机器智能的问题。会上由麦卡锡提议,首次正式采用“人工智能”这一术语,麦卡锡也因此被誉为人工智能之父。这次在 Dartmouth 召开的第一次人工智能研讨会,标志着人工智能学科的诞生。此后,在美国相继出现了多个人工智能研究组织。

在这次会议后的十多年时间里,人工智能在许多方面都取得了令人瞩目的成就,出现了一批显著的成果,如机器定理证明、下棋程序、通用问题求解程序、LISP 表处理语言等。

1968 年,专家系统和知识工程之父费根鲍姆研制出第一个专家系统 DENDRAL,用于质谱仪分析有机化合物的分子结构。DENDRAL 系统是将一般问题求解策略与专家的专业知识和经验有效结合起来解决现实问题的有益尝试。DENDRAL 专家系统的问世,标志着人工智能开始向实用化阶段迈进,同时标志着一个新的研究领域——专家系统的正式诞生。

1969 年,第一届国际人工智能联合会议(IJCAI,International Joint Conference on Artificial Intelligence)召开,这是人工智能发展史上的一个重要里程碑,标志着人工智能这门新兴学科已经得到了世界的肯定和认同。

1970 年,《人工智能》国际杂志(International Journal of AI)的创刊对推动人工智能的发展、研究者们的学术交流起到了重要的促进作用。ACM 和 IEEE 等组织的著名杂志都把人工智能列为重要内容。这些国际性杂志对促进协作、制定今后的研究方向都起了非常积极的推动作用。

11.3.3　发展期

进入 20 世纪 70 年代以后,许多国家都开展了人工智能的研究,涌现出了大量的研究成果。例如,1972 年法国马赛大学的科麦瑞尔提出并实现了逻辑程序设计的 Prolog 语言。1977 年,费根鲍姆进一步提出知识工程(Knowledge Engineering)的概念。知识表示、知识利用和知识获取则成为人工智能系统的三个基本问题。此后,专家系统在医学、地质、生物化学、故障诊断、工程、数字问题求解、教育、军事等领域均取得了很大的成果。

20 世纪 80 年代以后,人工智能进入了发展的黄金时代,研究成果层出不穷并逐步走向商品化。1982 年,日本开始了第五代计算机的研制计划,即知识信息处理计算机系统,其目的是使逻辑推理达到数值运算的速度。虽然此项计划最终失败,但它的开展无疑形成了一股研究人工智能的热潮。

进入 20 世纪 90 年代以后,由于计算机网络技术特别是国际互联网技术的发展,人工智能开始由单个智能主体的研究转向基于网络环境下的分布式人工智能的研究。不仅研究基于同一目标的分布式问题求解,而且研究多个智能主体的多目标问题求解,将人工智能更加面向实用化。例如,以多智能体(Agent)系统应用为主要研究内容的信息高速公路计划,以及美国建立了国际上最庞大的虚拟现实实验室,拟通过数据头盔和数据手套实现更友好的人机交互,建立更好的智能用户接口。

人工智能在博弈程序上的成功应用也非常令人瞩目。1985 年,美国卡内基－梅隆大学的博士生 Feng-hsiung Hsu 着手研制一个国际象棋的计算机程序 Chiptest。1989 年 Hsu 与 Murray Campbell 加入了 IBM 的"深蓝"研究项目,该项目的最初研究目的是为了检验计算机的并行处理能力。1997 年,深蓝的硬件系统采用了大规模并行结构,形成了一个由 256 个处理器组成的高速并行计算机系统。1997 年 5 月 11 日,深蓝计算机系统与国际象棋世界冠军卡斯帕罗夫对弈,深蓝最终以 3.5 比 2.5 的总比分战胜了卡斯帕罗夫。

20 世纪 70 年代末,人工智能研究开始在我国几个主要大学和研究所开展起来。自此以后,人工智能的研究在我国得到了非常迅速的发展,在定理证明、专家系统、汉语理解和模式识别等领域取得了显著的成果。1986 年,我国政府把人工智能、模式识别和智能机器人等列入重大科技攻关项目,后来又列入高科技发展规划之中。

11.4　人工智能的研究和应用领域

在过去的 50 年间,人工智能的研究基本上都是与特定的问题相关联的。目前,人工智能还没有形成一个统一的理论,在它的每个分支领域都有其特有的研究课题、研究技术和方法。其中,人工智能最主要的研究和应用领域有专家系统、机器学习、模式识别、自然语言理解、机器人学、计算机视觉、人工神经网络、分布式人工智能等,它们又是互相交叉、彼此渗透的。在此按照智能推理、智能学习、智能感知和智能行为方法四个大的方面对人工智能的一些主要研究和应用领域进行分类介绍。

11.4.1　智能推理

1.问题求解

问题求解是人工智能中研究得较早而且比较成熟的一个领域。人工智能最早的尝试就是求解智力难题和编制下棋程序。下棋程序中应用的某些技术把复杂的问题分解成一些较容易的子问题,发展成为今天人工智能中搜索和问题归约的基本技术。问题求解中,尚未解决的问题包括实现人类棋手具有的但尚不能明确表达的能力,如国际象棋大师们对棋局的洞察能力。

问题求解中的自动推理是知识的运用过程,由于知识具有多种表示方法,相应的也存在多种推理方法。推理过程一般可分为演绎推理和非演绎推理。谓词逻辑是演绎推理的基础。结构化表示下的继承性能推理属于非演绎推理。由于知识处理的需要,近几年来还提出了多种非演绎推理方法,如连接机制推理、类比推理、基于示例的推理和受限推理等。

规划是一种重要的问题求解技术,它从某个特定的问题状态出发,寻求一系列行为动作,并建立一个操作序列,直到求得目标状态为止。规划的作用是用来监控问题求解的过程,并能够在造成较大的危害之前发现错误。规划的好处则是简化搜索、解决目标矛盾和为差错补偿提供基础。

问题求解为搜索策略、机器学习等问题的研究提供了良好的实际背景,所发展起来的一些方法对人工智能其他问题的研究也十分有帮助。

2.逻辑推理和定理证明

逻辑推理一直是人工智能领域的研究内容。要想使机器具有智能,就必须使它具有推理的能力。推理是指由一个或几个判断推导出另一个判断的一种思维模式,它是一个从已有的事实推出新的事实的过程。人工智能是以符号逻辑为基础的,逻辑思维和推理是其重要组成部分。传统的形式化推理技术,是以经典谓词逻辑(演绎推理)作为基础,并广泛应用于早期的定理证明。但随着人们对人工智能研究的不断深入,很多复杂的智能问题不能用严格的演绎推理来解决,因此对非单调逻辑推理等方法的研究正迅速发展起来,并已成为人工智能的一个重要研究领域。

定理证明从模拟人类证明数学定理的思维规律出发,用已知的定理、公理或解题规则进行试探性推理,直到所有的子问题最终全部成为已知的定理或公理,以此来解决整个问题。对数学中假想的定理找到一个证明或反证,不仅需要有根据假设进行演绎的能力,而且需要一些直觉或灵感。而且,自动定理证明的理论价值和应用范围并不仅仅局限于数学领域,很多问题可以转化为定理证明及其相关问题。在定理证明的研究中一个很著名的例子是利用机器证明了困扰数学家们长达 100 多年的"四色定理"。

3.知识处理系统

知识处理系统主要由知识库和推理机组成。知识库用来存储知识处理系统所需要的知识,当知识量较大而又有多种表示方法时,知识的合理组织与管理就显得很重要。推理机在问题求解时,需要规定如何使用知识的基本方法和策略。在推理过程中需要采用数据库或黑板机制来记录结果或进行通信。如果在知识库中存储的是某一领域的专家知识,则这样的知识处理系统称为专家系统。

一般来讲,专家系统是根据某领域一个或多个人类专家提供的知识和经验进行推理和判断,模拟人类专家求解问题的思维过程,来解决领域内的各种问题。人类专家之所以能够具有优异的解决问题的能力,是因为具有丰富的领域知识。一个成功的专家系统的关键是如何表达和运用专家知识,包括来自人类专家的并已被证实对解决有关领域内的典型问题是有用的事实和过程。

专家系统和传统的计算机程序最本质的不同在于专家系统所要解决的问题一般没有算法解,并且经常要在信息不完全、不精确或不确定的情况下做出结论。为了适应复杂问题的求解需求,单一的专家系统已经向多主体的分布式人工智能系统发展,这时知识共享、主体间的协作、矛盾的出现和处理将是研究的关键问题。

知识处理系统已经广泛应用于医疗诊断、地质勘探、石油化工、化学分析、金融、教育、军事等生产生活的各个方面,产生了巨大的经济效益和社会效益。在新一代的知识处理系统中,不但采用基于规则的方法,而且采用了基于模型的原理。

11.4.2 智能学习

1.机器学习

学习是人类智能的主要标志和获得知识的基本手段。学习能力无疑是人工智能研究上最突出和最重要的组成部分。而机器学习正是研究如何使用机器来模拟或实现人类学习行为的一门学科。机器学习主要研究能够自动获取新的事实及新的推理的算法,它是使计算机具有智能的根本途径。

人的智慧中一个很重要的方面是从实例学习的能力,通过对已知事实的分析总结出规律,预测不能直接观测的事实。在这种学习中,重要的是能够举一反三,即利用学习得到的规律,不但可以较好地解释已知的实例,而且能够对未来的现象或无法观测的现象做出正确的预测和判断。目前的一些学习方法包括归纳学习、类比学习、分析学习、连接学习和解释学习以及统计学习等。

归纳学习是从教师或环境提供的一些实例或反例出发,让学生通过归纳推理得出某些概念的一般性描述。归纳学习是最基本的、发展也较为成熟的机器学习方法,在人工智能领域中已经得到广泛的研究和应用。

类比学习以类比推理为基础,通过识别两种情况的相似性,使用一种情况中的知识去分析或理解另一种情况。类比学习一般要求先从知识源中检索出可用的知识,再将其转换成新的形式,用到新的状况中去。类比学习系统可以使一个已有的计算机应用系统转变为适应于新的领域,来完成原先没有设计的相类似的功能。

分析学习是利用背景或领域知识,分析很少的典型实例,然后通过演绎推导,形成新的知识,使得对领域知识的应用更加有效。分析学习方法的目的在于改善系统的效率与性能,而同时并不牺牲其准确性和通用性。

连接学习是在神经网络中,通过样本训练,修改神经元间的连接强度,甚至是神经网络本身结构的一种机器学习方法。连接学习主要是基于样本数据进行学习。

解释学习是根据导师(或专家)提供的目标概念、该概念的一个例子、领域知识及规则,首先构造一个解释来说明该例子满足目标的概念,然后将解释推广为目标概念的一个满足可操作规则的充分条件。解释学习已被广泛应用于知识库求精和系统性能改善。

2.人工神经网络

由于冯·诺依曼体系结构的局限性,数字计算机存在一些尚无法解决的问题。人们一直在寻找新的信息处理机制,神经网络计算就是其中之一。人工神经网络是指一类计算模型,其工作原理模仿了人脑的某些运行机制。研究结果已经证明,用神经网络处理直觉和形象思维信息具有比传统处理方式好得多的效果。

传统的计算模型是利用一个或多个计算单元负担所有的计算任务,整个计算过程是按时间序列一步一步地在该计算单元中完成的,本质上是串行计算。而神经计算则是利用大量的简单计算单元,组成一个网络,通过大规模并行计算来完成。这种模型具有鲁棒性、适应性和并行性。

人工神经网络的发展有着非常广阔的科学背景,是神经生理学、心理学、计算机科学等领域的综合研究成果。20 世纪 60 ~ 70 年代,由于人工神经网络研究自身的局限性,又使其研究陷入了低潮时期。自上世纪 80 年代以来,对人工神经网络的研究再次出现高潮。Hopfield 提出用硬件实现神经网络,Rumelhart 等提出多层网络中的反向传播算法就是两个重要标志,有力地推动了神经网络研究的发展。

现在,人工神经网络已经成为人工智能中一个极其重要的研究领域。对神经网络模型、算法、理论分析和硬件实现的大量研究,为神经网络走向应用提供了物质基础。人工神经网络已在模式识别、图像处理、组合优化、自动控制、信息处理、机器人学等领域获得日益广泛的应用。

3.遗传算法

达尔文把在生存斗争中适者生存,不适者淘汰的过程叫做自然选择。对环境的适应较强的个体在生存斗争中获胜的几率较大。遗传和变异是决定生物进化的内在诱因。自然界中的多种生物之所以能够适应环境而得以生存进化,这是和遗传和变异的生命现象分不开的。

遗传算法就是模拟自然界"优胜劣汰"法则进行进化过程而设计的算法。它是一种有效的解决最优化问题的方法。首先对可行域中的点进行编码,然后随机挑选一些编码作为进化起点的第一代编码组,并计算每个解的目标函数值,也就是编码的适应度。接着,利用选择机制从编码组中随机挑选作为繁殖过程前的编码样本。选择机制应保证适应度较高的解能够保留较多的样本;而适应度较低的解则保留较少的样本,甚至被淘汰。在繁殖过程中,遗传算法提供交叉和变异两种算子对挑选后的样本进行交换。这样,通过选择和繁殖就产生了下一代编码组。重复上述选择和繁殖过程,直到结束条件得到满足为止。

遗传算法的主要特点是直接对结构对象进行操作,不存在求导和函数连续性的限定;具有内在的隐并行性和更好的全局寻优能力;采用概率化的寻优方法,能自动获取和指导优化的搜索空间,自适应地调整搜索方向,不需要确定的规则。遗传算法的这些性质,已被人们广泛地应用于组合优化、机器学习、信号处理、自适应控制和人工生命等领域。它是现代有关智能计算中的关键技术之一。

将遗传算法用于解决各种实际问题后,人们发现遗传算法也会由于各种原因过早向目标函数的局部最优解收敛,从而很难找到全局最优解。其中有些是由于目标函数的特性造成的,另外一些则是由于算法设计不理想。为此,不断有人对遗传算法提出各种各样的改进方法。提出了退化遗传算法、自适应遗传算法等。此外,分布式遗传算法、并行遗传算法等也相继被提出。

11.4.3　智能感知

1. 自然语言处理

自然语言是人类智慧的结晶,用自然语言与计算机进行交流,这是人们长期以来所追求的目标,具有明显的理论和实际意义。在人机间实现自然语言通信意味着要使计算机能理解自然语言文本的含义,也能以自然语言文本来表达给定的意图、思想等。前者称为自然语言理解,后者称为自然语言生成。

自然语言处理系统包括自然语言人机接口、机器翻译、文献检索、自动文摘、自动校对、语音识别与合成等。自然语言处理中最具应用价值的就是机器翻译。20世纪60年代,国外对机器翻译曾有大规模的研究工作,耗费巨大。但由于语言处理的理论和技术均尚未成熟,所以进展不大。造成自然语言处理困难的根本原因是自然语言的复杂性,存在着各种各样的语义歧义性。现在的机器翻译系统包含一个特别的组成部分,即语言知识库,包括词典、语法规则库、动态的上下文相关信息等。语言知识库的质量已成为自然语言处理系统成败的关键。

无论实现自然语言理解,还是自然语言生成,都远不如人们原来所预期的那么简单。从目前的理论和技术的发展现状看,通用的、高质量的自然语言处理系统,仍然需要长期的努力。但是针对某些具体的应用,具有一定自然语言处理能力的实用系统已经出现,有些已商品化、甚至产业化。典型的例子主要有专家系统的自然语言接口、各种机器翻译系统、全文信息检索系统、自动文摘系统等。

2. 机器视觉

机器视觉是研究如何用计算机来模拟人类的视觉。机器视觉是一个相当新且发展十分迅速的研究领域。人们从20世纪40年代开始研究二维图像处理,60年代开始进行三维机器视觉的研究。80年代,开始了全球性的机器视觉研究热潮,新概念和新理论不断出现。现在,机器视觉仍然是一个非常活跃的研究领域,与之相关的学科涉及神经生物学、心理学、图像处理、计算机图形学、模式识别等。

机器视觉可分为低层视觉和高层视觉两个层次。低层视觉主要是图像预处理,如边缘检测、纹理分析、形状获取、立体造型等。高层视觉主要是理解和识别预处理后的结果。三维机器视觉由输入的二维图、要素图、2.5维图等得出图像中感兴趣物体的三维表示。其中一个研究热点是如何提取隐含的三维信息。

机器视觉的前沿研究领域包括实时并行处理、主动式视觉、动态和时变视觉、三维景物的建模与识别、实时图像压缩传输和恢复、多光谱和彩色图像的处理与解释等。机器视觉已在机器人装配、卫星图像处理、工业过程监控、飞行器跟踪和制导以及电视实况转播等领域获得极为广泛的应用。

3. 模式识别

模式是指在规定的特性上,对事物或现象根据相似之处的不同分类。模式识别就是指利用计算机对某些物理对象进行分类,在错误概率最小的条件下,使识别的结果尽量与客观事物相符合。模式识别实现了部分脑力劳动的自动化。模式识别与实际生产生活的各个方面息息相关,涉及的问题非常广泛,例如,声音和语言识别、文字识别、指纹识别、声呐信号和地震信号分析、照片图片分析、化学模式识别等等。

传统的模式识别方法包括统计模式识别和句法模式识别。统计模式识别是对模式的统计分类方法,它把模式的类别看成是用某个随机向量实现的集合。属于同一类别的各个模式之间的差异,部分是由于观测过程中引入的噪声,部分是由于模式本身所具有的随机性。具体地说,统计模式识别方法是用给定的有限数量样本集,在已知研究对象统计模型或已知判别函数类条件下,根据一定的原则通过学习算法把模式空间划分为若干个区域,每一个区域与每一个类别相对应。模式识别系统在进行分类工作时,只要判断待识模式对象落入哪一区域,就能确定它所属的类别。

句法模式识别又称结构模式识别,其基本思想是把一个模式描述为较简单的子模式的组合,子模式又可描述为更简单的子模式的组合,最终得到一个树形的结构描述,在底层的最简单的子模式称为模式基元。通常要求所选的基元能对模式提供一个紧凑的反映其结构关系的描述,又要易于用非句法方法加以抽取。如果被识别的对象极为复杂,而且包含丰富的结构信息,则适合采取句法模式识别方法。

11.4.4 智能行为

1. 智能控制

智能控制是人工智能与控制论以及工程控制论相结合的产物。人工智能的发展促进自动控制向智能控制发展。智能控制是一类无需(或需要尽可能少的)人的干预,就能够独立地驱动智能机器实现其目标的自动控制。

智能控制系统通常指配备有智能化软、硬件的计算机控制系统,它具有问题求解和高层决策的功能。智能控制的核心在高层控制,即组织级的控制,其任务在于对实际环境或过程进行组织、决策和规划,以实现广义问题求解。已经提出的用以构造智能控制系统的理论和技术有:分级递阶控制理论、分级控制器设计的熵方法、智能逐级增高而精度逐级降低原理、专家控制系统、学习控制系统和基于神经网络的控制系统等。

智能控制有很多研究领域,它们的研究课题既具有独立性,又相互关联。目前研究较多的领域是智能机器人规划与控制、智能过程规划、智能过程控制、专家控制系统、语音控制以及智能仪器等。较典型的智能控制系统有商厦监管系统、智能高速公路系统、银行监控系统等。

2. 机器人学

机器人在许多环境中,特别是危险环境,帮助人类完成难以胜任的工作。随着工业自动化和计算机技术的发展,20世纪60年代机器人开始进入大量生产和实际应用阶段。

机器人学领域所研究的问题,包括从机器人手臂的最佳移动到实现机器人目标的动作序列的动态规划方法及到对操作机器人装置程序的设计,包含的范围很广泛。机器人学的研究促进了许多人工智能思想的发展。它对于怎样产生动作序列的规划以及怎样监督这些规划的执行有较好的理解。复杂的机器人控制问题迫使我们发展一些方法,先在抽象和忽略细节的高层进行规划,然后再逐步在细节越来越重要的低层进行规划。机器人学综合了计算机、控制论、精密机械、信息和传感技术、智能控制、生物工程学等多个学科,是一个综合性的研究课题,它有助于促进各学科的相互结合,并大大推动人工智能的发展。目前,由于工业、农业、商业、旅游业以及国防等领域的实际需求,对机器的智能水平提出了越来越高的要求。

3. 数据挖掘和知识发现

数据挖掘(Data Mining)和数据库知识发现(Knowledge Discovery in Database,KDD)是近年来随着数据库和人工智能的发展而出现的一种全新信息技术,同时也是计算机科学,尤其是计算机网络的普及所急需解决的重要课题。

数据挖掘就是从大量的、不完全的、有噪声的、模糊的、随机的实际应用数据中提取隐含的、人们事先不知道的、但又是潜在有用的信息和知识的过程。数据挖掘可以描述为从数据中提取模式的过程。知识发现可以描述为从数据中获取正确、新颖、有潜在应用价值和最终可理解的模式的过程。数据挖掘和知识发现的研究目前有三大技术支柱：数据库、人工智能和数理统计。其主要研究内容包括：基础理论、发现算法、数据仓库、可视化技术、定性定量互换模型、知识表示方法、发现知识的维护和再利用、半结构化和非结构化数据中的知识发现以及网上数据挖掘等。

目前，数据挖掘和知识发现面临着许多问题的挑战，例如，超大规模数据库和高维数据问题、数据丢失问题、模式的易懂性问题、非标准格式的数据问题、面向对象和多媒体数据的处理问题，以及网络与分布式环境下的 KDD 问题等。

4. 分布式人工智能与智能体(Agent)

制造出能适应真实复杂物理环境、能与人充分沟通的实用机器人目前还有很大困难。网络的发展正好提供了一个机遇，它为人工智能提供了一个真实的、动态的信息环境，同时避开了与物理世界打交道的更困难的问题，使得人工智能在现有技术的基础上，有可能集成在一些独立自主、各具专长、协同工作的智能体 Agent 上。所以说，Agent 技术的诞生是人工智能和网络技术发展的必然结果。Agent 技术，特别是多 Agent 技术的出现，为分布式开发系统的分析、设计和实现提供了一种崭新的方法。

Agent 是一种处于一定环境下的具有自适应性和智能性的计算机系统，它能在所处环境下灵活地、自主地活动，达到预定的设计目的。Agent 能持续自主地运行，具有自学习、自增长的能力，同时又可以和别的主体进行协商与协作，以便完成任务。Agent 至少应具备以下几个关键属性：自主性、交互性、反应性、主动性，以及推理和规划能力。Agent 的研究内容包括 Agent 的抽象结构、Agent 语言等。

分布式人工智能(Distributed AI, DAI)是分布式计算与人工智能结合的结果。分布式人工智能中的智能并非独立存在的概念，它在团体协作中实现，因而其主要研究问题是各 Agent 间的协作与通信，包括分布式问题求解和多 Agent 系统(Multi – Agent System, MAS)两个领域。分布式问题求解是把一个具体的求解问题划分为多个相互合作和知识共享模块或节点。多Agent 系统由多个自主或半自主的智能体组成，每个 Agent 或者履行自己的职责，或者与其他Agent 通信获取信息互相协作完成整个问题的求解。

由于多 Agent 系统更能体现人类的社会智能，具有更大的灵活性和适应性，更加适合开放、动态的世界环境，因而受到越来越多人的重视。关于智能体、多智能体系统的研究已成为人工智能和计算机科学的研究热点。

5. 人工生命

人工生命(Artificial Life)是指用计算机和精密机械等生成或构造表现自然生命系统行为特点的仿真系统或模型系统。人工生命的提出推动了新的信息处理体系的形成，并成为研究生物学的有力工具。人工生命的研究将信息科学和生命科学结合起来，形成生命信息科学，它成为人工智能研究的一条崭新的途径。

自然生命系统的行为特点表现为自组织、自修复、自复制等基本性质，以及形成这些性质的混沌动力学、环境适应和进化过程。人工生命将会成为研究生物学的一个非常有用的工具，可以支撑有关生命问题的研究。长期以来,从有机体的简单模型到复杂生命现象的研究,在生物学方面已取得了一定的成果。人工生命研究的基础理论是细胞自动机理论、形态形成理论、混沌理论、遗传理论、信息复杂性理论等。

人工生命的研究平台的目标是通过计算机对生命行为特征的模拟,可以最终形成生命计算理论。计算机不会成为生命体,但可以作为研究人工生命的强有力工具,除了能表现出生命的一些基本行为,还能表现生命的一些特有行为,如自组织、自学习等。研究这些平台不仅有助于解释生命的全貌及探索生命的起源和进化,而且也为生物学研究提供了新的途径,同时也为人工生命的研究提供了有用的工具。人工生命的提出,不仅意味着人类试图从传统的工程技术途径,而且将开辟生物工程技术作为发展人工智能的新途径。

小　　结

人工智能是计算机科学的一个重要分支,是一门研究机器智能的学科。人工智能经过 50 年来的发展,取得了长足的进展和巨大的成就。本章着重介绍了人工智能的基本概念、研究方法以及人工智能的研究和应用领域。旨在对人工智能的研究思想有一个基本的认识;在对人工智能的各个领域有一定了解的同时,激发对某些人工智能问题的学习兴趣,为从事人工智能的进一步学习打下基础。

习　　题

1. 什么是人工智能?
2. 什么是弱人工智能和强人工智能?
3. 什么是中文屋问题?
4. 目前人工智能有哪些学派? 它们的认知观是什么?
5. 人工智能的研究途径有哪些?
6. 人工智能的发展经历了哪几个阶段?
7. 人工智能的主要研究和应用领域有哪些? 你对人工智能的哪一个方向感兴趣?

参考文献

[1] 王平立,王玲,宋斌.计算机导论[M].北京:国防工业出版社,2003.

[2] 袁方,王兵,李继民.计算机导论[M].北京:清华大学出版社,2004.

[3] 张彦铎.计算机导论[M].北京:清华大学出版社,2004.

[4] 谢希仁.计算机网络[M].4版.北京:电子工业出版社,2006.

[5] 杨小平.Internet 应用基础教程[M].北京:清华大学出版社,2005.

[6] 林福宗.多媒体技术基础及应用[M].北京:清华大学出版社,2006.

[7] 张敏霞,孙丽凤.大学计算机基础[M].北京:电子工业出版社,2005.

[8] TAY V.多媒体技术及应用[M].晓波,倪敏,译.北京:清华大学出版社,2004.

[9] 国林.多媒体技术[M].哈尔滨:哈尔滨工程大学出版社,2003.

[10] 陈新龙,王成良.多媒体技术与网页设计[M].北京:清华大学出版社,2006.

[11] 王庆延.多媒体技术与应用[M].北京:清华大学出版社,2006.

[12] 侯文彬,康辉.网页设计教程[M].北京:清华大学出版社,2004.

[13] 施伯乐,丁宝康,杨卫东.数据库教程[M].北京:电子工业出版社,2004.

[14] 苏新宁,杨建林,江念南.数据仓库和数据挖掘[M].北京:清华大学出版社,2006.

[15] 王行言,汤荷美,黄维通.数据库技术及应用[M].2版.北京:高等教育出版社,2004.

[16] 王珊,陈红.数据库系统原理教程[M].北京:清华大学出版社,1998.

[17] 杨毅.数据库系统原理及应用[M].北京:科学出版社,2004.

[18] 张俊玲,王秀英.数据库技术[M].北京:人民邮电出版社,2004.

[19] 张小全,柏海芸,刘梅,等.数据库原理及应用[M].上海:上海交通大学出版社,2004.

[20] 陆慧娟.数据库原理与应用[M].北京:科学出版社,2006.

[21] 陈文伟.数据仓库与数据挖掘教程[M].北京:清华大学出版社,2006.

[22] 王馨.SQL Server 2005 XML 高级编程[M].北京:清华大学出版社,2007.

[23] 夏邦贵,郭胜.SQL Server 数据库开发入门与范例解析[M].北京:机械工业出版社,2004.

[24] 何玉洁,顾小波.SQL Server 2005 开发者指南[M].北京:清华大学出版社,2007.

[25] 陈明编著.信息安全技术[M].北京:高等教育出版社,2003.

[26] 张焕国.密码学引论[M].武汉:武汉大学出版社,2003.

[27] 咸特曼,马特德.信息安全原理[M].齐立博,译.北京:清华大学出版社,2006.

[28] 凌捷,谢赟福.信息安全概论[M].广州:华南理工大学出版社,2005.

[29] 陈建伟.计算机网络与信息安全[M].北京:北京希望电子出版社,2006.

[30] 姜岩.信息安全.[M].西安:陕西人民教育出版社,2006.

[31] 贾可荣,张彦铎.人工智能[M].2版.北京:清华大学出版社,2006.

[32] ROB C.人工智能[M].黄厚宽,田盛丰,译.北京:电子工业出版社,2004.

[33] 侯炳辉.计算机原理与系统结构[M].北京:清华大学出版社,1994.